Bott/v. Haas · Verdichteter Wohnungsbau

Helmut Bott
Volker v. Haas

Verdichteter Wohnungsbau

Verlag W. Kohlhammer
Stuttgart Berlin Köln

Die Deutsche Bibliothek – CIP-Einheitsaufnahme

Bott, Helmut:
Verdichteter Wohnungsbau /
Helmut Bot : Volker v. Haas. –
Stuttgart ; Berlin ; Köln : Kohlhammer, 1996
  ISBN 978-3-8348-1659-7   ISBN 978-3-322-97857-8 (eBook)
  DOI 10.1007/978-3-322-97857-8

NE: Haas, Volker v.:

Alle Rechte vorbehalten
© 1996 W. Kohlhammer GmbH
Stuttgart Berlin Köln
Verlagsort: Stuttgart
Umschlag: Data Images audiovisuelle Kommunikation GmbH
Umschlagfoto: Rüdiger Kramm
Gesamtherstellung:
W. Kohlhammer Druckerei GmbH + Co Stuttgart

Inhalt

Vorwort 7

I. Einleitung 9

II. Soziale und historische Aspekte des Wohnens . . . 11
  Funktionstrennung – Funktionsmischung 11 – Öffentlichkeit –
  Halböffentlichkeit – Privatheit 15 – Segregation – Integration 20
  – Individualisierung – Spezialisierung der Räume 22

III. Entwurfsgrundlagen 25

Das Quartier 25

Städtebauliche Grundmuster im Wohnungsbau 25
  Freistehender Baukörper, offene Bauweise 26 – Geschlossene
  Bauweise, zweiseitig angebaut 28 – „Back-to-back"-Bebauung,
  dreiseitige Grenzbebauung 37 – Hofbebauung als allseitige
  Grenzbebauung/Atrium 38

Wohnungsnahe Freiflächen 39
  Öffentliche Freiflächen, Quartiersplätze, Siedlungsmitte 39 –
  Halböffentliche Flächen 39 – Private Freiflächen 40

Ruhender Verkehr 42
  Zentraler Parkplatz am Siedlungsrand 42 – Stellplätze im
  Straßenraum 42 – Garagenhöfe, Carports mit Ergänzungsnutzungen 42 – Tiefgarage unter den wohnungsnahen Freiflächen 43 – Tiefgarage unter dem Haus 43

Dichte 44
  Dichte kann nicht „nach oben offen" sein 44 – ÖPNV-
  Erschließung 45 – Leitungsgebundene Energieträger 45
  – Aspekte, die gegen hohe Verdichtung sprechen 46
  – Schlußfolgerungen 46

Die Wohnung 47

Erschließung 47
  Horizontale Erschließung 47 – Vertikale Erschließung 48
  – Mischtypen 49

Orientierung der Wohnung 49
  Mehrseitige Orientierung 50 – Außenecke 50 – Zweiseitige
  Orientierung 50 – Einseitige Orientierung 51 – Innenecke 51
  – Innenorientierung, Atriumwohnungen 51
  – Vertikale Ausdehnung, mehrgeschossige Wohnungen 51

Gliederung der Wohnung 52
  Spezifische Wohnungen 52 – Variable Wohnungen,
  veränderbare Grundrisse 53 – Flexible Wohnungen, funktionsneutrale Grundrisse 53 – Formale Prinzipien der Wohnungsgliederung 54

Konstruktion der Wohnung 55
   Anforderungen an die Tragsysteme 55 – Scheibentragwerke 56
   – Skelett-Tragwerke 60 – Die Verbindung von Elementen
   verschiedener Systeme 61

IV. Beispielsammlung 62

Steidle, Volpinistraße 64
Kollhoff und Timmermann, Malchower Weg 66
Engel und Zillich, Spruch 68
Léon, Wohlhage, Schlesische Straße 70
Mateo, Dedemvaartsweg 74
Metron AG, Röthenbach 76
Pfeiffer, Kirchhölzle 80
Luscher, Habitat Industriel 82
v. Sambeek und v. Veen, Haarlem 86
Bauförsche, Schlierbacher Weg 88
Atelier 5, Fischergarten 90
Riegeler und Riewe, Strassgang 92
Kramm, Am Burghof 94
Morger und Degelo, Mühlheimer Straße 98
Uitenhaag, De Droogbak 102
Richter, Brunner Straße 106
Casa Nova, Osloer Straße 108
Herzog und de Meuron, Pilotengasse 112
Alder, Vogelbach 116
Steidle, Wienerberggründe 120
Hayakawa, Labyrinth 122
Atelier 5, Ried W2 124
Henke und Schreieck, Wien 128
Diener und Diener, Riehenring 130
Kladler, Tiefenbrunnen 134
Kollhoff, Piraeus 136
Schröder und Widmann, Passau 140
Neutelings, Antwerpen 142
Koolhaas, Nexus Wold 144
Pruscha, Traviatagasse 148

Literatur 152

Abbildungsnachweis 153

Vorwort

Bis vor wenigen Jahren war der großmaßstäbliche Neubau von Wohnungen völlig aus dem Blickfeld der akademischen Diskussion verschwunden. Es war die Zeit der Stadthallen, Museen, High-Tech-Fabriken und „Grands Projets". Der Wohnungsbau war für Hochschulentwürfe, Diplomarbeiten oder Wettbewerbe kein Thema mehr. Wenn, dann wurde er primär in Einzelprojekten, Baulücken und Stadterneuerungsmaßnahmen realisiert.

Der Schrecken über die Ergebnisse des Großsiedlungsbaus saß über Jahre so tief, daß aus der Kritik an ihrer Monofunktionalität und Maßstablosigkeit keine neuen Leitbilder entwickelt wurden. In den sechziger und zu Beginn der siebziger Jahre waren die Großsiedlungen wie Berlin-Märkisches Viertel, Köln-Chorweiler oder München-Neuperlach, die „urbane" Antwort auf den Zeilenbau der fünfziger Jahre, fertiggestellt worden und recht bald in die Schußlinie der Kritik geraten. Die Kritik an den Großsiedlungen fiel zeitlich zusammen mit den ersten wachstumskritischen Debatten in der Folge der Ölkrise. Die Großsiedlungen der Epoche, in denen „Urbanität durch Dichte" – durch das Aufeinandertürmen großer Baumassen – entstehen sollte, wurden zu den Symbolen technokratischer und durch kurzsichtiges Wirtschaftlichkeitsdenken bestimmter Planung der sechziger und siebziger Jahre. An ihnen rieb sich eine vielschichtige Gesellschaftskritik wie zu Beginn des Jahrhunderts an den Hinterhöfen der Gründerzeit. Die Antwort waren labyrinthisch erschlossene Reihenhaussiedlungen – die neue Gemütlichkeit des „smal is beautiful".

Darmstadt-Kranichstein, typische Großsiedlung der sechziger Jahre.

In den Großsiedlungen, auf die sich die Diskussion der Zeit konzentrierte, waren aber nur ca. 500 000–600 000 Wohnungen gebaut worden – nicht einmal 10% der Gesamtproduktion. Abseits der akademischen Wahrnehmungen und der Diskussion in den Medien wurde kräftig in die „Breite" entwickelt und der Flächenverbrauch kontinuierlich fortgesetzt. In den achtziger Jahren wuchs die Siedlungsfläche in der Bundesrepublik von 11,1 auf 12,2%, wobei das größte Wachstum in den Regionen mit Verdichtungsansätzen und ländlichen Regionen stattfand. In diesen Gebieten, wo 39% der westdeutschen Bevölkerung auf 71% der Fläche wohnen, fand ein weithin verstecktes Wachstum statt.

In der akademischen Debatte verschwand der Außenbereich aus dem Blickfeld, die Innenentwicklung wurde das Konzept der Städtebaupolitik. Die Architekturöffentlichkeit schaute nach Berlin, wo die IBA die Rekonstruktion der Stadt zelebrierte. Die „erhaltende Stadterneuerung" hegte und pflegte den Stadtraum und die städtischen Quartiere – ein Prozeß, in dessen Folge die Bewohnerdichte der Altbauquartiere kräftig sank. Gleichzeitig wurden in Westdeutschland die großen Bauflächen an der Peripherie zu den stets nachgefragten und politisch leichter durchsetzbaren Einfamilienhausgebieten umgewidmet. Die partielle Ausblendung des enormen Flächenverbrauchs und der Bevölkerungsentwicklung aus der öffentlichen Wahrnehmung und Diskussion führte zu einer Verdrängung des real stattfindenden Städtewachstums und dessen mangelnder planerischer Steuerung. Der aktuelle Wohnungsbauboom traf auf ein gewisses Vakuum an Konzepten und Planungsstrategien.

Die Vernachlässigung des Wohnungsbaus in den alten Bundesländern überlagert sich heute mit dem unerwarteten Zusatzbedarf aus den neuen Bundesländern. Zwar werden Prognosen über die weitere Bevölkerungsentwicklung in der Bundesrepublik und damit die Entscheidungsgrundlagen für Planungen unsicher bleiben; auf absehbare Zeit ist aber von einem anhaltenden Bedarf an neuen Wohnungen auszugehen. Gleichzeitig ist die Bevölkerung der Bundesrepublik in den letzten Jahren durch Zuwanderungen aus ehemaligen Ostblockstaaten wieder angestiegen. Diese Zusatznachfrage verschärft sich durch eine andere Entwicklung, die allerdings allein hausgemacht ist: die kontinuierliche Zunahme des Wohnflächenverbrauchs pro Kopf der Bevölkerung.

Flächenfraß durch Einfamilienhäuser.

Die Ursachen dafür liegen in verschiedenen, sich verstärkenden gesellschaftlichen Entwicklungen, die in der Bundesrepublik wie auch in anderen, vergleichbaren europäischen Ländern einen ähnlichen Verlauf nehmen.

- Die durchschnittliche Haushaltsgröße ist in den letzten Jahren stark zurückgegangen. Immer mehr Menschen leben in Single-Haushalten oder als Alleinerziehende. Diese Kleinhaushalte beanspruchen mehr Funktionsflächen (Flur, Bad, Küche) pro Bewohner und nutzen ihre Wohnräume weniger intensiv.

- Der wachsende Anteil älterer Menschen führt zu einer verstärkten passiven Flächenhortung. Große Wohnungen oder Einfamilienhäuser werden von Familien bezogen und nach dem Auszug der Kinder meist nicht aufgegeben. Sie bleiben bei zunehmender Lebenserwartung auch länger untergenutzt.

- Mit steigendem Einkommen wird immer mehr Wohnfläche in Anspruch genommen. Wohnfläche wird wie andere Güter einkommensabhängig konsumiert und ist entsprechend ungleich verteilt.

- Die verschiedenen Subventionen von Wohnungskonsum verringern die individuellen Wohnkosten sowohl im Miet- als auch im Eigentumssektor und animieren damit zum Flächenverbrauch. Die quantitative Verbesserung der Wohnungsversorgung und die Schaffung von Wohnungseigentum (möglichst im flächenintensiven Eigenheim) sind immer noch parteiübergreifende politische Ziele.

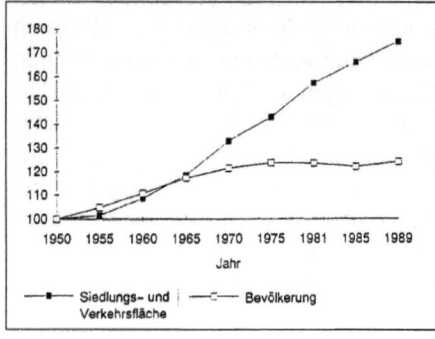

Entkopplung von Bevölkerungs- und Siedlungsflächenentwicklung.

Jahr	Wohnfläche pro Kopf in m³
1950	14,3
1960	19,0
1978	31,3
1981	34,0
1987	35,5

Wohnfläche in der Bundesrepublik pro Kopf in m² (1950–1987).

Die Durchschnittswerte Schwedens (40 qm Wohnfläche pro Kopf) oder der Schweiz (50 qm) zeigen, daß der Nachfrage nach Wohnraum keine Grenzen nach oben gesetzt sind. So ist auch für die nächsten Jahre von einem weiter steigenden Wohnflächenverbrauch auszugehen. In der Bundesrepublik stagnierten die Werte in den letzten Jahren zwar, doch dies ist nur auf die besonderen Bedingungen nach 1989 zurückzuführen. Es sind bisher keine Indizien für eine Sättigung der Nachfrage oder einen Wertewandel hin zu einer freiwilligen Selbstbeschränkung zu erkennen. In Abhängigkeit von Konjunkturzyklen werden die ökologischen Probleme – anhaltender Flächenverbrauch besonders an der Peripherie, zunehmendes Verkehrsaufkommen und damit weiter steigender Energieverbrauch – auch erneute Debatten über zeitgemäßen Wohnungsbau nötig machen. Die nach oben offene Skala der persönlichen Wohnflächenansprüche ist ein Indiz dafür, daß die Wohnraum-Nachfrage langfristig nicht allein durch den Neubau von Wohnungen zu befriedigen sein wird. Wohnungsmangel wird auch zukünftig vorrangig ein politisches Problem, ein Verteilungsproblem bleiben.

Neubau kann nicht den preiswerten Wohnraum ersetzen, der durch auslaufende Sozialbindung und eine verschärfte Mietgesetzgebung vom Markt verschwindet. Eine Entspannung auf dem Wohnungsmarkt kann es daher nur durch zusätzliche politische Maßnahmen geben. Die Luxusabgabe für überdurchschnittlichen Wohnraumverbrauch – auch gerade im Bestand – wird vielleicht bald eine der neuen Umweltsteuern sein. Sparsamer Umgang mit Fläche muß zukünftig ebenso finanziell interessant gemacht werden wie geringer Verbrauch von Energie. Ein verstärktes Problembewußtsein in dieser Frage könnte einen Wertewandel einleiten – hin zu einer Selbstbeschränkung derer, die ohne Not wohnen. Die lebendige Wohnumgebung wäre der ideale Ausgleich für eine freiwillige „Flächenaskese". Doch eine solche Beschränkung des Flächenwachstums wird erst langfristig wirksam werden. Für die nähere Zukunft ist noch mit kräftigem Zuwachs der Wohnungsbautätigkeit zu rechnen. Prognosen des Ifo-Instituts gehen von einem weiteren Bedarf von über drei Millionen Wohnungen bis zum Jahr 2000 aus.

Gerade angesichts der unzähligen neuen Wohnungen, die derzeit vor allem an den Siedlungsrändern aus dem Boden gestampft werden, scheint es uns nötig, auch im Rahmen eines solchen allgemeinen Lehrbuchs den Schwerpunkt auf den Aspekt der Verdichtung zu legen. Wohnungsneubau heute muß ein qualitativ verdichteter Wohnungsbau sein. Verdichtung muß aber eben mehr bedeuten als die alleinige Verdichtung in der Fläche. Sie ist auch zu fordern als eine Dichte im übertragenen Sinne – als eine „gedankliche und emotionale" Dichte im zeitgemäßen Wohnungsbau. So müssen Nutzungsmischung, Gebrauchswert, attraktives Wohnumfeld und eben auch eine anspruchsvolle Architektur der Ausgleich für eine Beschränkung in der Fläche sein.

I. Einleitung

Die Annäherung an den Wohnungsbauentwurf soll in diesem Buch von verschiedenen Seiten her erfolgen. Zum einen durch Exkurse zu einigen historischen und sozialen Aspekten des Wohnens, zum anderen durch die Darstellung städtebaulicher und gebäudekundlicher Grundlagen.

Anhand von Begriffspaaren soll zunächst eine gewisse Bandbreite der Diskussion über gesellschaftliche Aspekte des Wohnens aufgefächert werden. Im Entwurfsteil wird eine Typologie für die drei Dimensionen des Wohnungsentwurfs – Quartier (Stadt), Haus und Wohnung entwickelt. Diese beschreibende Typologie versteht sich als Materialsammlung für die Annäherung an den Entwurf. Sie kann und will weder vollständig noch endgültig sein. Deutlich unterscheidet sie sich von anderen Typologien dieser Art durch die Reihenfolge der Präsentation und durch die Einbeziehung städtebaulicher Aspekte. Sie ist mit dem Schwerpunkt auf Verdichtung auch eine wertende Auswahl zu aktuellen Fragestellungen. Viele andere, vor allem ökonomische und technische Fragen der derzeitigen Debatte – Standardreduzierung, Vorfertigung und Energieeinsparung – sollen hier unberücksichtigt bleiben. Dies sind jeweils eigenständige Themen von solcher Komplexität, daß sie einer umfassenderen eigenständigen Behandlung bedürfen.

Die Synthese der verschiedenen Aspekte von Architektur ist immer ein ganzheitlicher, letztlich kaum systematisierbarer Vorgang – das Entwerfen. Er läßt sich nicht auf die geschickte Auswahl aus einer Typologie reduzieren. Dennoch erscheint uns die Beschäftigung mit einer systematischen Darstellung wichtig. In jedem Fall verhindert das „Entwerfen nahe am Typus" und die Suche nach der „strukturellen Kongruenz", z. B. eines Grundrißtypus einerseits und eines Tragwerksystems andererseits, das additive Aneinanderfügen von Nutzungsbereichen ohne übergreifende Gestaltungs- und Konstruktionsprinzipien.

Es gibt kein Architekturdogma, das die Kombination eines bestimmten Gebäudetypus mit einem Erschließungstyp vorschreibt oder das einen Grundrißtyp kanonisch einem Tragwerksystem zuordnet. Die konsequente Beschränkung des Entwurfs auf einen Typus ist keineswegs die Voraussetzung für den Zugang zur Höheren Schule der Architektur. Neues ist stets die Überschreitung einer gegebenen Systematik. Und dennoch geht es bei der Entwurfsentscheidung im Wohnungsbau auch um die bewußte Auseinandersetzung mit einer Typologie. Sofern Nutzungs- und Gestaltungsanforderungen die „Entfernung vom Typus" oder die „inkonsequente" Anwendung der „charakteristischen Möglichkeiten eines Strukturtypus" erfordern, so ist dies sicher legitim.

Der planende Architekt sollte allerdings soweit qualifiziert sein, daß er diese Entscheidungen bewußt trifft, daß er genau weiß, warum und wo er sich möglicherweise Probleme einhandelt, wenn er den spezifischen Möglichkeiten eines bestimmten Typs widersprechende Entscheidungen trifft und sich dann z. B. erhöhtem konstruktiven Aufwand gegenübersieht. Er sollte Vor- und Nachteile dieser Entscheidung abwägen und bewerten können. Das Aufspüren „Struktureller Kongruenzen" zwischen den Anforderungen der Bauaufgabe, den Bedingungen des Standortes und *typischen* Entwurfs- und Konstruktionslösungen (nichts anderes sind Typologien) ist ein wesentlicher Bestandteil des Entwerfens. Die Kenntnis typischer Entwurfs- und Konstruktionslösungen schafft ein Fundament, auf dem die kreative Weiterentwicklung bekannter Lösungen oder gar die „Neuerfindung", vor allem aber die Aufgaben- und standortspezifische Optimierung des Entwurfs leichter fallen.

Das will dieses Buch also leisten: Hilfestellung zur Erarbeitung einer systematischen gedanklichen Grundlage für den Wohnungsbauentwurf. Kopierbare Mustervorlagen zu liefern, ist nicht seine Absicht. Insofern ist die Auswahl der Beispiele nicht als „Rezeptsammlung" zu verstehen, sondern als Anschauungsmaterial für die dargestellte Systematik. Sie ist, wie jede Auswahl, wertend und subjektiv.

II. Soziale und historische Aspekte des Wohnens

Funktionstrennung – Funktionsmischung

Bis zur Entstehung und Entfaltung der bürgerlichen Gesellschaft war „Wohnen" als eine gesonderte „Funktion", herausgelöst aus dem gesamten Lebenszusammenhang von Arbeiten und Ruhen, Alltag und Feiertag, nicht denkbar. Die Planung eines besonderen Stadtteils und/oder besonderer Gebäude nur für den Wohnzweck war die Ausnahme. Das Gebäude der Sippe oder Großfamilie, sei es als Gehöft (agrarische Siedlung), als Adelssitz (bis hin zum Fronhof oder Gutshof), als Handwerkerhaus, Kaufmannshaus oder als Tagelöhnerhütte, war immer auch Ort des „Haushaltens". Das Gebäude, in dem die Menschen einen großen Teil ihres Lebens verbrachten, diente vielfältigen Funktionen. Dabei war immer die Hausarbeit (Nahrung zubereiten, Vorräte anlegen und haltbar machen, Kleidung herstellen und in Stand setzen, Hausgeräte und Werkzeuge herstellen, reparieren etc. etc.) in den Alltag im Gebäude oder im unmittelbaren Umfeld des Gebäudes integriert.

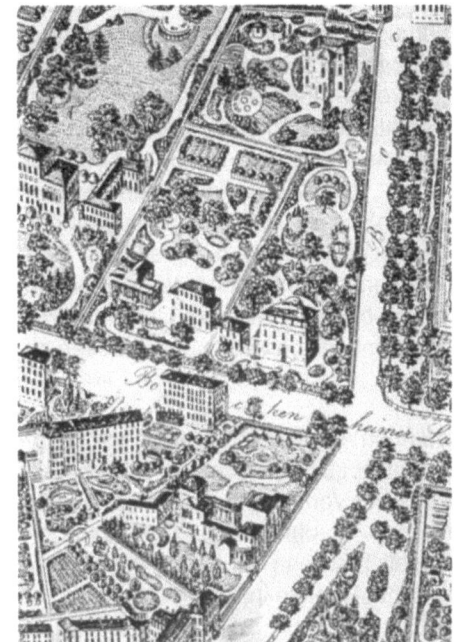

Bürgerliche Wohnhäuser in den Gärten vor der Stadt: Das Frankfurter Westend im 19. Jahrhundert.

Reine „Wohnanlagen" waren ganz selten. In Mitteleuropa entstanden sie als frühe Formen des „Sozialen Wohnungsbaus" seit dem Mittelalter in der Regel als religiöse oder patronale Stiftungen (z. B. Fuggerei), als Wohnstift für spezielle Gruppen (z. B. Beginenhöfe, d. h. Wohnstifte für unverheiratete Adelstöchter) oder Witwensitze (z. B. von Handwerkerzünften oder Kaufmannsgilden wie die Krameramtswohnungen in Hamburg). Die Regel, und durchaus auch das Ideal, war jedoch bis zum Ende des 18. Jahrhunderts das „Ganze Haus", der „Oikos": die Großfamilie mit dem „Hausvater" als dem Vorstand und der „Hausmutter" an seiner Seite hierarchisch organisiert: Kinder, Gesinde, unverheiratete Anverwandte und Schutzbefohlene, Lehrlinge und Gesellen im Handwerkerhaushalt, Knechte und Mägde auf dem Land, Hauslehrer und Schreiber im städtischen Patriziat. Selbst die Adelspaläste und Schlösser waren mit den Versorgungseinrichtungen für das adelige und höfische Leben in der Regel räumlich eng verbunden. Die Funktionen Verwalten, Herrschen/Regieren, Buchhaltung und Rechnungsführung, Vergnügen, Muse und Familienleben waren keineswegs scharf getrennt. Dies alles fand bestenfalls in verschiedenen Teilen der Anlage statt.

Die allmähliche Herauslösung der Wohnfunktion aus dem städtischen Alltag begann in Mitteleuropa als Nachahmung des adeligen Lebens auf den Sommersitzen durch das gehobene Bürgertum. Vor den Toren vieler großer Städte entstanden am Ende des 18. Jahrhunderts, mehr noch im 19. Jahrhundert auf den Gartengrundstücken ganze „Kolonien" von bürgerlichen „Lusthäusern". Mit der neuen bürgerlichen Wohnform entwickelte sich im Gegensatz zu den repräsentativen Lebensformen des Adels, in denen öffentliche und private Momente verbunden waren, eine neue Qualität: die Privatheit im doppelten Sinne. Die Privatsphäre der Familie im Gegensatz zur Öffentlichkeit einerseits und Intimsphäre des Individuums innerhalb der Familie andererseits.

Architektonisch blieben die Bürgervillen zunächst noch Imitation der Adelsvillen, noch orientierte man sich am Lebensstil der führenden Schicht. Die Villa wurde im Laufe des 19. Jahrhunderts nachgerade zum Ideal großbürgerlichen Wohnens. Ihre Kümmerform schließlich, das deutsche Drumrumgeh-Einfamilienhaus, ist, glaubt man den Umfragen, bis heute das Ideal der deutschen Bürger geblieben. Mit dieser neuen Form bürgerlich-städtischen Lebens in den Villenvorstädten eng verbunden war die Herauslösung eines wichtigen Teils des bürgerlichen Lebens: die Erwerbstätigkeit des „Haushaltsvorstandes". Durch die Verlagerung des „reinen" Wohnens in die Vorstadtvillen wurde ein wichtiger Teil des Lebenszusammenhangs, das Erwerbsleben, aus dem Alltag der übrigen Familienmitglieder ausgeblendet. Für Handwerker und Bauern galt dies lange Zeit noch nicht. Parallel (in Deutschland phasenverschoben ab 1850) zur allmählichen Durchsetzung der Lebensform der neuen bürgerlichen Oberschicht vollzogen sich die ersten großen Entwicklungsschübe der Industrialisierung, in deren Gefolge die Trennung von Wohnen und Arbeiten auch bei der neuen Unterschicht, dem Industrieproletariat, allmählich erzwungen wurde.

Arbeiterquartiere, wie sie die Industrielle Revolution hervorgebracht hat.

Wuppertal am Ende des 19. Jahrhunderts.

Die Entstehung von „Arbeitersiedlungen" zog sich in Deutschland im 19. Jahrhundert über viele Jahrzehnte hin. Am Ende des 18. Jahrhunderts waren Tagelöhner in den Städten noch als „Bettgänger" oder „Aftermieter" in einen städtischen Haushalt integriert, wenn auch unter ärmlichsten Bedingungen, oder sie besaßen in einem Armenviertel am Rande der Stadtbefestigung oder direkt davor eine eigene bescheidene Hütte. Vereinzelt existierten außerhalb der Städte und den Regeln des zünftigen Handwerks ländliche Manufakturen, die ähnlich wie ein Gutshof organisiert waren. Weit verbreitet war die Existenz als „Teilzeitbauer" auf einem „Kotten" (frühe Bergarbeiter und Kleinbauern in Westfalen). Eine wichtige Form frühkapitalistischer Arbeitsorganisation war das Verlagswesen, bei dem die „Verleger" Rohstoffe an im eigenen Haus arbeitende Heimarbeiter lieferten und deren Produkte wiederum ankauften. Auch bei dieser Form von häufig bereits arbeitsteiliger Produktion blieb das „Ganze Haus", die räumliche Einheit von Leben und Arbeiten zunächst gewahrt.

Industriesiedlung als große Hofanlage: Verbindung aller Lebensbereiche in einer Bauanlage.

Erst ab der Mitte des 19. Jahrhunderts entstanden Arbeiterwohnsiedlungen vor allem in den industriellen Ballungsräumen, die nicht konzentrisch von einer bereits bestehenden Stadt aus wuchsen, sondern aus der Vernetzung vieler Fabrik- oder Grubenstandorte. Spätestens seit der Mitte des 19. Jahrhunderts erlaubten die neuen Formen industrieller Produktion schon allein wegen der Größe der Maschinen nicht mehr die Verbindung von Wohnen und Arbeiten in einem Gebäude.

Die Gegenentwürfe der utopischen Sozialisten (Robert Owen, Charles Fourier, Etienne Cabet) waren Versuche, diesen Prozeß der Auflösung und Entfremdung umzukehren und neue Formen der Einheit von Arbeiten, Wohnen, Erziehung, Versorgung und Vergnügen zu finden. Sie scheiterten alle samt. Im Leitbild der Gartenstadt wurde der Prozeß der Abtrennung der Wohnfunktion zunächst in eine „milde" Form gebracht. Die Gartenstädte nach dem Konzept von Ebenezer Howard waren Wohnsiedlungen im Kleinstadtformat. Ihnen sollten gewerbliche Arbeitsplätze und Versorgungseinrichtungen in ausreichender Zahl zugeordnet sein. In der Praxis jedoch blieben alle Gartenstädte meist reine Wohnsiedlungen, in denen die Wohnfunktion bereits vom Arbeitsalltag abgetrennt war. Die großzügigen Gartenparzellen erlaubten jedoch, ähnlich wie in den frühen Arbeiterkolonien, noch eine geringe „Selbstversorgung" mit Nahrungsmitteln, also Restformen des Wirtschaftens im „Ganzen Haus".

Ausschnitt aus Tony Garniers Vision der Cité Industrielle.

In konsequenter Form zu Ende gedacht und entworfen wurde die Trennung der alltäglichen Lebensfunktionen in der Industriestadt von Tony Garnier. Sein Entwurf der Cité Industrielle von 1900 beinhaltet die Aufgliederung der Stadt in drei Bereiche: Industriell-gewerbliche Arbeit im Industriegebiet, dann Wohnen – Versorgung – Verwaltung, schließlich Erholung – Freizeit. Er zog aus der Konzentration der industriellen Arbeitsplätze in immer größeren Fabriken und den ungeheuren Emissionen den Schluß, daß diese Form von Arbeiten in der Stadt der Zukunft nicht mehr mit dem alltäglichen Leben der Menschen außerhalb der Arbeitszeit verbunden sein könne.

Letztlich sind die auf den CIAM-Kongressen in den zwanziger und dreißiger Jahren unseres Jahrhunderts formulierten Thesen zur Stadt der Zukunft nur die Weiterentwicklung der von Tony Garnier bereits prinzipiell vorformulierten „Trennung der Funktionen" – allerdings nun noch erweitert um die erkennbaren Perspektiven der individuellen Mobilität durch das Automobil und die „Optimierung" des Wohnungsbaus nach den Kriterien Sonne, Licht, Luft, Grünflächen.

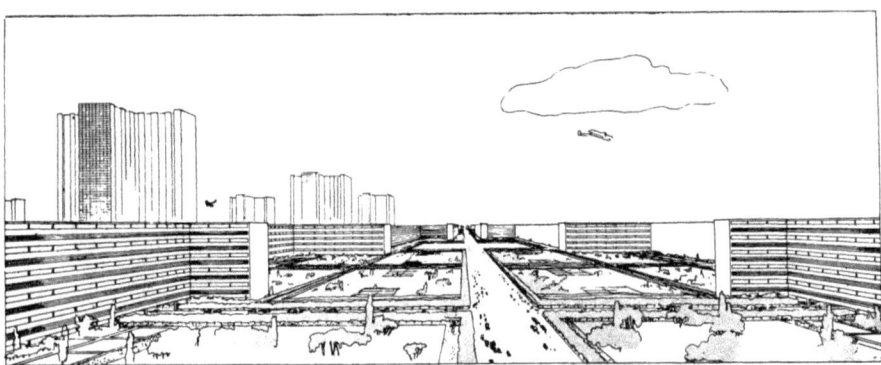

Ville Contemporaire, eine moderne Stadt für 3 Millionen Einwohner, Trennung der Funktionen, Le Corbusier 1922.

Nach dem 2. Weltkrieg verstärkte sich die Verdrängung ökonomisch schwacher durch ökonomisch starke „Funktionen" (oder Baulandnutzungen) vehement. Dabei setzte sich in der Stadtmitte der „tertiäre Sektor" durch, verwandelte die historische Stadt in ein Dienstleistungs- und Verwaltungszentrum und verdrängte das Wohnen in die Randbereiche. Diese über den Bodenmarkt gesteuerten Prozesse wurden durch das Prinzip der Funktionstrennung nachgerade zum Ideal erhoben. Am Ende der Entwicklung wurde der „Tod der Stadt" beklagt. Mit der Krise der Moderne in Architektur und Städtebau brach schließlich das jahrzehntelang hochgehaltene Ideal der funktionalen Stadt mit der funktional entworfenen, optimal besonnten Wohnung zu Beginn der siebziger Jahre in sich zusammen.

Der Zwang zur Beschäftigung mit den historischen Strukturen der Stadt – Flächensanierungen waren gegen die neu entstehenden Bürgerinitiativen nicht mehr problemlos durchzusetzen – bewirkte nicht nur die Wiederentdeckung der Qualität des traditionellen Stadtraums. Die Vielfalt städtischen Lebens, und nicht allein die Dichte (= Zahl der Passanten), wurde zum Kriterium urbanen Lebens erhoben. Anhand der Analyse dicht bebauter, gemischter Altbauquartiere demonstrierte eine Generation von Planern und Architekten, daß städtische Vielfalt, hohe Dichte und hohe Wohnqualität durchaus vereinbar sein können und daß der Bezug der Menschen zum Wohnumfeld, zum Quartier, daß die emotionale Bindung an einen Ort oder Stadtteil („Heimat") keineswegs irrelevant geworden waren.

Bereits am Ende der sechziger Jahre erschien die erste systematische Untersuchung der Möglichkeiten von Funktionsmischung (Zuordnung von Wohnen und Arbeiten) von J. Wiegand. Die Systematik dieser (in vielen statistischen Daten und ökonomisch-technischen Grundlagen veralteten) Untersuchung ist bis heute gültig und kann als theoretische Grundlage dicht gemischter städtischer Quartiere genutzt werden. Die wichtigsten Argumente für die Mischung der Funktionen in der Stadt sind:

Die *Funktionstrennung* hat
- zur Verarmung der Vielfalt im städtischen Raum geführt. Wohnquartiere sind tagsüber, Dienstleistungszentren, Gewerbe- und Industriegebiete sind abends „tot", unsicher, unwirtlich, weil leer;
- einen Wahrnehmungsverlust gesellschaftlicher Zusammenhänge bewirkt und die nicht berufstätigen Menschen in verödeten, monofunktionalen Wohnquartieren „isoliert";
- zur Zerrissenheit des Alltags und permanenter Zwangsmobilität der Berufstätigen und Familienmitglieder geführt (Wege zur Kita, von dort zur Arbeit, von dort zum Arbeiten, von dort zur Wohnung, zur Freizeit);
- zur Maximierung des Ziel- und Quellverkehrs in Wohn- und Gewerbegebieten sowie zu einer asymmetrischen, unwirtschaftlichen Ausnutzung der aufwendigen Verkehrsinfrastruktur, ÖPNV-Linien sowie der Straßen und Parkplätze geführt.

Funktionsmischung dagegen bewirkt die Belebung des öffentlichen Raumes eines Stadtteiles über den ganzen Tag und erzeugt städtische Vielfalt, bietet auch den

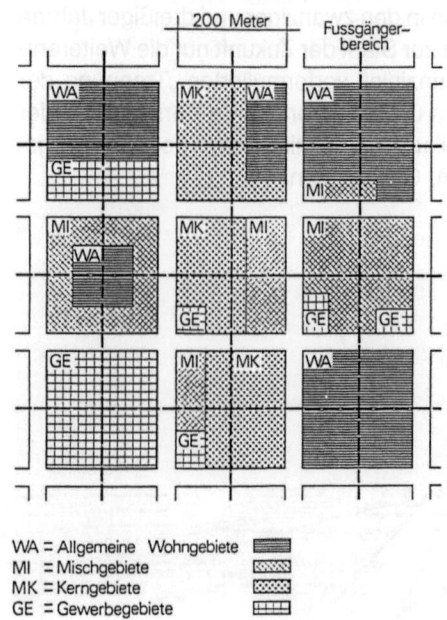

WA = Allgemeine Wohngebiete
MI = Mischgebiete
MK = Kerngebiete
GE = Gewerbegebiete

Schema einer Quartiermischung.

nicht berufstätigen Bewohnern eines Stadtteiles eine große Wahrnehmungsvielfalt. Sie stützt die Vielfalt städtischer Handels- und Dienstleistungsstrukturen durch die differenzierte Nachfrage von Beschäftigten und Einwohnern. Ein funktionsgemischter, dicht bebauter Stadtteil bietet eher die Möglichkeit städtischer Kommunikation, kann eher zur „Identifikation" mit einem Stadtteil („Heimat"), zum Gefühl von „Sicherheit" beitragen als das vergleichsweise „wahrnehmungsarme" Alltagsleben in einem monofunktionalen Stadtteil.

Funktionsmischung läßt sich nach der Maßstäblichkeit der Mischung typisieren:

1. Stadtteilmischung
2. Quartiersmischung
3. Nachbarschaftsmischung
4. Gebäudemischung
5. Geschoßmischung.

Die Bedingungen für die Möglichkeit der „Mischung" oder besser der Zuordnung von Wohnungen und Arbeitsstätten ergeben sich aus

– der Emissionsintensität der Arbeitsstätten: je emissionsintensiver ein Betrieb, desto größer muß die räumliche Distanz bzw. desto aufwendiger muß der Immissionsschutz sein;
– den Transport- und Andienungsbedingungen;
– der Art und dem Umfang des Ziel-/Quellverkehrs.

Gebäude- und Nachbarschaftsmischung: Siedlung Fischergarten, Solothurn (Architekten: Atelier 5, Bern).

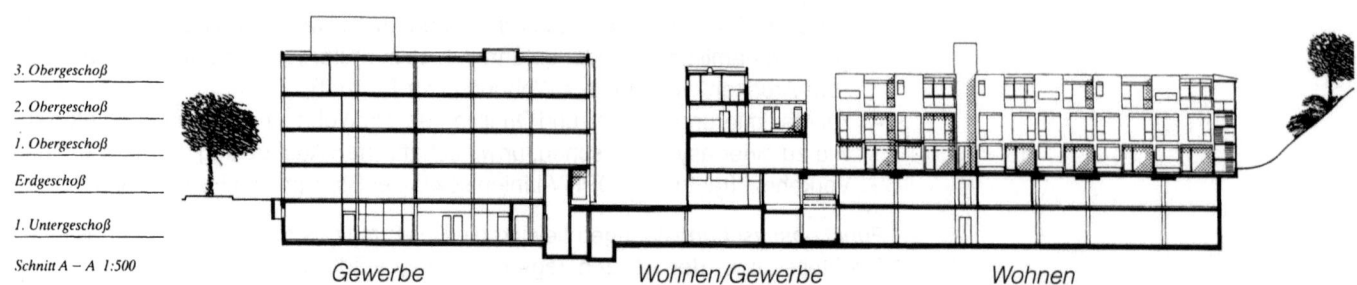

Öffentlichkeit – Halböffentlichkeit – Privatheit

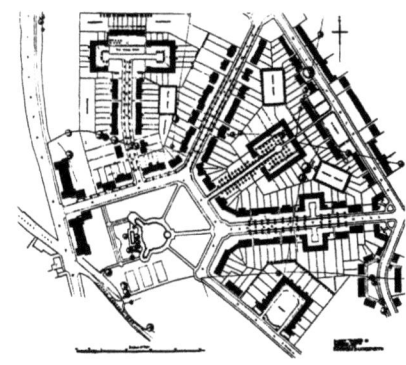

Gartenstadt Hampstead: Bildung überschaubarer Straßen und Hofräume, die von einer kleinen Zahl von Anliegern genutzt werden.

Die Beziehung der Wohnung und der Bewohner zum Wohnumfeld hängt eng mit der Gestaltung, Ausprägung und Zuordnung der privaten, halböffentlichen und öffentlichen Bereiche zusammen. Die Gestaltung dieser Bereiche wechselte mit dem Wandel der Leitbilder in der Entwicklung des modernen Städtebaus und der Architektur explizit, teilweise implizit. Wohnungsbau und Wohnumfeldgestaltung können mit dem Ziel und dem Angebot zur Entfaltung starker *nachbarschaftlicher Kontakte* oder mit dem Ziel stärkerer *Anonymität* und der Behinderung nachbarschaftlicher Kontakte geplant werden – ohne Verhaltensweisen direkt erzeugen oder verhindern zu können. Einen zwingend-kausalen Zusammenhang zwischen bestimmten Architekturformen und Verhaltensweisen und Empfindungen gibt es nicht. Architektur kann Angebote machen, kann mit bestimmten Verhaltensweisen kongruent sein, sie fördern, aber nicht zwingend und originär auslösen.

In der Gartenstadtbewegung am Ende des 19. und zu Beginn des 20. Jahrhunderts wurde die Aufhebung der großstädtischen Anonymität zum Ziel erhoben. Die Straßenraum- und Hofbildung bei vielen Gartenstädten z. B. sollte bewirken, daß immer nur ein begrenzter, kleiner Bewohnerkreis einen überschaubaren, nachbarschaftlichen Raum benutzt. Dieses am Ende des vorigen Jahrhunderts im Gefolge der Theorien Ebenezer Howards nach dem Vorbild der Kleinstadt entwickelte Prinzip wurde immer wieder aufgegriffen und unter unterschiedlichsten Bedingungen angewandt.

Ralph Erskine machte die Gestaltung halböffentlicher, durch kleine Nachbarschaften genutzter Räume immer wieder zum Entwurfsthema. In der Wohnsiedlung Byker in Newcastle zu Beginn der siebziger Jahre baute er sogar kleine, jedoch nicht mit Schlössern versehene Tore an das Ende solcher nachbarschaftlichen Räume, um Besucher auf den besonderen Charakter dieses Freiraums hinzuweisen – und möglicherweise ein diskreteres Verhalten als auf einer öffentlichen Straße zu bewirken. Bei dieser Form der Bildung nachbarschaftlicher Räume wird der öffentliche Raum in kleine, übersichtliche Teile zerlegt und geht somit, wenn auch nicht juristisch, so doch in der Art der Benutzung in einen quasi halböffentlichen Raum über.

In der Stadtbau- und Wohnungsbaugeschichte waren öffentliche und halböffentliche Freiräume stets unterschieden: Höfe innerhalb eines Baublocks wurden häufig von mehreren Familien genutzt, mehrere Wohnungen wurden durch Treppen und Gänge, mit oder ohne Blickbezug zu den Innenhöfen von diesen Höfen aus erschlossen. Hier entstand eine spezielle Form der Halböffentlichkeit, die zweifellos auch mit sozialer Kontrolle verbunden war. Die Kritik an den „versteinerten Blocks" der Gründerzeit führte in den zwanziger Jahren zunächst nicht zur sofortigen Aufgabe der Blockrandbebauung, sondern zur „reformierten Blockbauweise", bei der die Blockinnenbereiche als halböffentliche Grünanlagen angelegt wurden. In vielen Wohnbauprojekten dieser Zeit wurden nun die Hauseingänge/Zugänge zu den Treppen bewußt auf die Blockinnenseite der Anlage gelegt. Man tritt also aus dem öffentlichen Straßenraum zunächst in den halböffentlichen Hof. Dort kann man von den Bewohnern der Anlage gesehen werden. Erst danach erreicht man über die Treppen die private Wohnung.

Ein konsequentes Beispiel für eine sehr stark nachbarschaftlich orientierte Wohnanlage als „reformierter" Block ist der vom Büro Brinkmann entworfene Galeriebau in Rotterdam-Spangen. Zwischen 1919 und 1921 realisiert, sah der städtebauliche Entwurf für das Quartier Spangen eine gründerzeitliche Blockstruktur mit Achsen, Symmetrien und geometrischer Gesamtfigur vor. Die Stadt Rotterdam drängte auf höchste Dichte. Die geplante Blockeinteilung wurde durch Teilung „nachverdichtet". Das Büro erhielt die Vorgabe, eine Dichte von ca. 1000 EW pro ha zu erreichen. So entstanden 274 Wohnungen in einem Baublock.

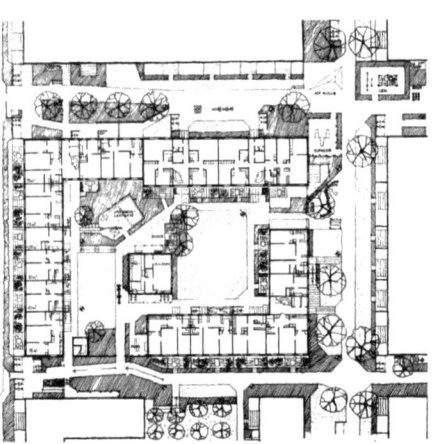

Siedlung Bruket, Sandriken (Schweden): Die Innenhöfe mit Gemeinschaftshaus bilden einen geschützten, halböffentlichen Raum, der nur von den Anliegern genutzt wird.

Der Galeriebau Spangen war als städtische Wohnanlage konzipiert und auf die nahen Arbeitsplätze der Werften des Hafens bezogen. Die 4-geschossige Anlage besteht aus einem Block (oder besser Hof), dessen Inneres man durch große, expressionistisch überhöhte Tore erreicht. Alle Wohnungen werden vom Blockinnenbereich aus erschlossen. Die Bewohner müssen somit täglich den halböffentlichen Hof durchqueren, werden von den Nachbarn gesehen. Die Erschließung *aller* Wohnungen und Treppen vom Hof aus bewirkt eine deutliche Trennung der Öffentlichkeit der Straßen des Quartiers von der Halböffentlichkeit des Wohnhofs. Alle

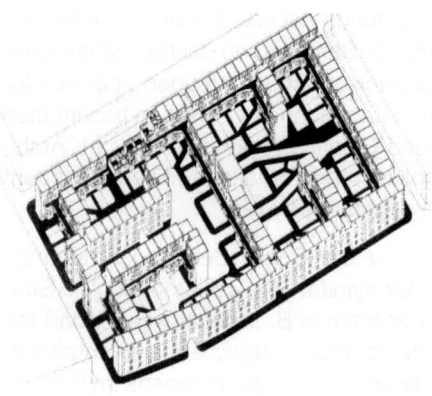

Wohnungen orientieren sich in gleicher Weise nach innen – unabhängig von der Himmelsrichtung. Dies unterstrich den Gemeinschaftsgedanken des Projektes und unterschied es von der traditionellen Blockbebauung.

Die Erschließung der einzelnen Wohnungen jedoch brachte in die Anlage im Vergleich zu anderen gemeinschaftsorientierten Projekten als Spannungsmoment die Individualisierung des Wohnungszugangs, die Betonung der Individualität des privaten Bereichs der Wohnung: Jede Wohnung hat ihre eigene Haustür, die Wohnungen im EG mit direktem Zugang; die Wohnungen im 1. OG durch eine Haustür im EG und über eine individuelle Treppe zur Wohnung. Die Wohnungen im 2. und 3. Obergeschoß sind Maisonetten. Sie werden über zentrale Treppenhäuser bzw. Aufzüge und Laubengänge erschlossen. Auch die Wohnungen im Obergeschoß haben eine eigene Haustür mit eigenem Briefkasten. Jede Wohnung verfügt eine Terrasse oder einen Balkon bzw. eine Loggia, die nach außen orientiert ist.

Im Spannungsverhältnis zu dieser Betonung der Individualität und Privatheit der Familie stand wiederum der Bau gemeinschaftlicher Bäder und Waschküchen, die von allen Familien benutzt wurden und die in einem mächtigen Kubus in der Mitte der Anlage zusammengefaßt waren. Die nicht der Erschließung dienenden Freiflächen des Blockinnenbereichs wurden im Gegensatz zu den Gemeinschaftsanlagen nicht gemeinschaftlich genutzt und verwaltet, sondern den einzelnen Wohnungen und Familien zugeordnet. Im Innenhof entstand eine Idylle von gepflegten Vor- und Kleingärten.

Allen Berichten aus mehreren Jahrzehnten zufolge wurde diese Anlage von den Bewohnern der ersten Generation „gut angenommen" und funktionierte im Sinne der Zielsetzungen. Die Wohnungen wurden zunächst von jungen Arbeiterfamilien bezogen, die vor allem im Hafen und Werftbereich arbeiteten. Soziale Homogenität, ähnliche Sozialisation und parallele Lebenszyklen waren offenbar eine günstige Voraussetzung für die sehr stark nachbarschafts- und gemeinschaftsorientierte Wohnanlage. Die mit der Einblickbarkeit der Wohnungseingänge und der Gärten verbundene soziale Kontrolle scheint demnach kein Problem dargestellt zu haben.

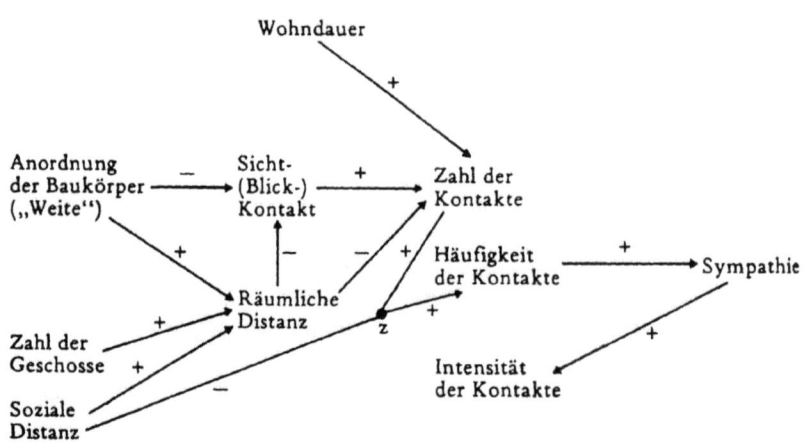

Wirkungsdiagramm zur Häufigkeit und Intensität nachbarschaftlicher Kontakte nach J. Friedrich.

In Fachzeitschriften und in Exkursionsberichten wurden immer wieder die Belebtheit der Anlage und die angenehme Wohnatmosphäre beschrieben. Auf dem 2,50 m breiten Galeriegang fuhren Bäcker und Lebensmittel-, Milch- und Fischhändler mit ihren kleinen Wagen, mit denen sie bis in die siebziger Jahre hinein durch die Quartiere der holländischen Großstädte zogen, und boten ihre Waren an den Wohnungstüren an. Der Laubengang war Wohnstraße, Spielstraße und Ort der Nachbarschaft. Er war unerreichtes Vorbild vieler Laubengänge in den Niederlanden und in Europa. Die Gemeinschaftsanlagen wurden intensiv genutzt und unterhalten, die Gärten im Blockinnenbereich liebevoll gepflegt.

Die städtebaulich architektonischen Randbedingungen stark nachbarschaftlich orientierter Wohnanlagen sind also:

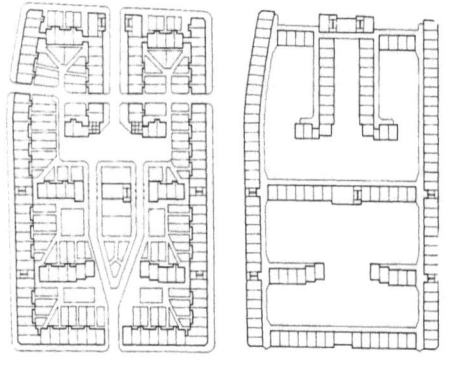

Der Wohnhof in Rotterdam/Spangen.

Wohnanlage Bessunger Straße: Transparenz von Treppenhäusern und Laubengängen.

1. Klare räumliche Definition eines halböffentlichen oder eingeschränkt öffentlichen Bereichs.
2. Begrenzung der Zahl der Bewohner, die diesen Bereich benutzen.
3. Sicherstellung der Einsehbarkeit dieses Bereichs von den Wohnungen aus (Wiedererkennen der Nachbarn) und verbunden damit die Möglichkeit der Zuordnung der Bewohner zu bestimmten Hauseingängen oder gar Wohnungen. Dies bedeutet in der Konsequenz die Transparenz von Treppenhäusern und Laubengängen, so daß der Weg eines Bewohners zu seiner Wohnung vom Hof aus erlebbar ist.
4. Schaffung von Möglichkeiten zu Blickkontakten (Wiedererkennen) und Kontakten bei gleichzeitiger Vermeidung erzwungener Nähe eines großen und jeweils unterschiedlichen Benutzerkreises eines halböffentlichen Raumes (wie etwa im Aufzug eines Wohnhochhauses).
5. Schaffung übersichtlicher, geschützter, teilweise überdeckter Zonen für den Aufenthalt im nachbarschaftlichen Bereich.
6. Regulierbare Einblickbarkeit von Teilen privat nutzbarer Freibereiche.

Über diese räumlich architektonischen Bedingungen hinaus müssen natürlich eine Reihe weiterer Bedingungen gegeben sein: Nutzung und Selbstverwaltung gemeinschaftlicher Einrichtungen, soziale Nähe zumindest bei einem großen Teil der Bewohner einer solchen Anlage.

Der Innenbereich der Wohnanlage Bessunger Straße mit den Mietergärten.

Die Wohnanlage in der Bessunger Straße in Darmstadt (sozialer Wohnungsbau, Arbeiterbauverein, Büro Rüdiger Kramm, Darmstadt 1983–86) erfüllt die o. g. Randbedingungen: die Wohnungen werden durch einblickbare Treppenhäuser und kurze Laubengänge erschlossen. Die Nachbarn sehen und begegnen sich im Alltag. Zwischen den Zeilen wurden von den Wohnungen einblickbare Spielplätze und Mietergärten angelegt. Ein Kinderhaus wird von interessierten Eltern in Eigenregie als Krabbelstube betrieben.

Ein ausgewogenes Verhältnis ausgeprägter Privatheit der Wohnung und privater Bereiche einerseits und gemeinschaftlicher (halböffentlicher) Nutzungen andererseits in Wohnsiedlungen herzustellen, war von Beginn an das Thema des Architekturbüros Atelier 5 in Bern. Immer wieder diskutierter, besichtigter und zitierter Prototyp einer solchen Anlage ist die erste Siedlung von Atelier 5, Halen in Herrenschwanden bei Bern (Planung 1955, Fertigstellung 1961, Gesamtfläche der Siedlung 2,5 ha, 78 Reihenhäuser, 5 Ateliers). Die Siedlung Halen wurde zunächst als genossenschaftliches Projekt konzipiert, wegen Realisierungsproblemen dann jedoch an einen privaten Bauträger übergeben.

Die Siedlung lebt aus dem Spannungsfeld von *geschützter Privatheit* der Wohnung und der privaten Freiflächen auf der einen und *starker Gemeinschaftsorientierung* auf der anderen Seite:

Isometrie

- Vorgarten als geschoßhoch ummauerter Hof („Patio") mit verschließbarer Tür, vor Einblicken geschützter Übergangsbereich Haus – Garten (Loggia, Sitzbereich). Die Tür zum „Patio" kann von den Bewohnern geöffnet werden, also Einblicke zulassen. Dies signalisiert gleichzeitig die Bereitschaft zu spontaner Ansprechbarkeit;
- gemeinschaftlich genutzte Einrichtungen (Klubraum, Kindergarten, Waschsalons, Schwimmbad, Laden/Restaurant, Tankstelle und Gemeinschaftsgarage, Gemeinschaftsheizung, zentraler Dorfplatz) und Verzicht auf „individuelle Gestaltung" der einzelnen Reihenhäuser, die als Gesamtgebäude erscheinen.

Zwei terrassenförmig gestaffelte Parallelzeilen mit jeweils nordseitiger Erschließung bilden durch ihren Versatz die öffentlichen Räume („Dorfstraße, den Dorfplatz und Gassen") nach der klassischen „Windmühlenflügelform". Der gewünschten Bedeutung dieser öffentlichen Bereiche widersprach jedoch von Anfang an die „reine", einseitige Zeilenerschließung. Die Bewohner der nordwestlichen Zeile müßten, um von der Gemeinschaftsgarage über die Dorfstraße zu ihrer Wohnung zu gelangen (Teilnahme an der „Öffentlichkeit"), einen Umweg inkauf nehmen – was sie faktisch selten tun. Atelier 5 zog in dem folgenden Entwurf (Thalmatt 1) die Konsequenz aus dieser Erfahrung und bezog alle Wohnungseingänge auf eine zentrale „Gasse".

Luftfoto der Gesamtanlage Halen in Herrenschwanden bei Bern.

Anders als die Bedingungen nachbarschaftlich orientierter Wohnanlagen lassen sich die Bedingungen für die Schaffung anonymerer Wohnanlagen folgendermaßen definieren:
1. Unmittelbare Erschließung der Wohnung von einem stark belebten öffentlichen Raum aus oder über Erschließungselemente, die von den anderen Wohnungen der Anlage nicht einsehbar sind; oder über Erschließungselemente, die von einem sehr großen Bewohnerkreis stark frequentiert werden.
2. Vermeidung der Einblickbarkeit von Wohnungseingängen, Terrassen, Balkonen oder Innenhöfen.
3. Minimierung der Wegzeiten vom Betreten der Wohnanlage bis zum Erreichen der Wohnungstür.

Laubengang ohne Aufenthaltsfunktion mit sehr vielen Anliegern.

Innenorientierung der Wohnungen und Minimierung der Sichtbeziehungen zur halböffentlichen oder öffentlichen Erschließungsgasse.

Anonymere Wohnformen wären also z. B.:
- Wohnhochhäuser mit Loggien, kurzen Wegen vom Fahrstuhl zur Wohnung mit ungenutztem, vor allem nicht privat verfügbarem „Abstandsgrün";
- Spännertypen, die unmittelbar von einer belebten Straße oder mit direktem Zugang von der Tiefgarage zum Fahrstuhl erschlossen werden;
- Atriumhäuser und/oder Winkeltypen, möglichst ohne Fenster zum kleinen Erschließungsweg.

Die Planung nachbarschaftlich orientierter Wohnquartiere und Anlagen war keineswegs immer unumstritten. Die Kritik in den 60er Jahren an der Planung von Wohngebieten als „Nachbarschaften" nach englischem Vorbild bezog sich nicht nur auf den Mangel an Dichte und „Urbanität". Die in der Gartenstadtbewegung und in der konservativen Ablehnung der Großstadt enthaltene Kritik großstädtischer Anonymität wurde immer wieder hinterfragt. In empirischen Studien wurden anhand häufiger Umzüge vieler Familien in der Nachkriegszeit der Ortsbezug der modernen Großstadtmenschen und ihre „Identifikation" mit einer Nachbarschaft in Zweifel gezogen.

Sozialwissenschaftler (z. B. H. P. Bahrdt) verwiesen darauf, daß modernes urbanes Leben geprägt sei durch die Polarität von Privatheit in der Familie/Wohnung und Anonymität in der Öffentlichkeit. Kontakte unter Großstadtbewohnern entstünden in der Privatheit durch den gezielten Besuch von Freunden. Und die müßten nicht in der Nachbarschaft leben. Großstädtische Kontakte können aber auch zufällig, spontan und ohne Aufgabe der Anonymität (häufig als nonverbale Kommunikationsformen – sich Darstellen, Beobachten) entstehen. Enge soziale Kontrolle in der Nachbarschaft, bei der die Privatsphäre teilweise aufgehoben werde, sei jedenfalls eher eine typisch ländlich-kleinstädtische Lebensform.

Großstädtisches Leben war seit Durchsetzung der bürgerlichen Gesellschaft stets mit einem Öffentlichkeitsbegriff verbunden, der über enge soziale Kontrolle hinauswies und in sich ein aufklärerisches, emanzipatorisches Element barg, das gerade gegen die Bewahrung kleiner sozialer Einheiten und fester räumlicher Bindungen gerichtet war: Der Markt ist prinzipiell grenzenlos und gegen die Beschränkung auf kleine räumliche Einheiten und räumliche Besonderheiten gerichtet. Die Bildung der öffentlichen Meinung ist ein ständiger, offener und nicht auf eine kleine Gruppe eingrenzbarer Diskurs. Das Eingreifen in diesen Diskurs, die Teilnahme an den Kommunikationsformen bürgerlichen Öffentlichkeit und ihren Deformationen in Gestalt der modernen Massenmedien ist prinzipiell schrankenlos.

Anonymere Wohnformen haben zweifellos, insbesondere für bestimmte Schichten und Altersgruppen, ihre Berechtigung. Die Identifikation mit einem Stadtteil gibt es je nach Alter und Zugehörigkeit zu einer Gruppe oder Schicht in allen Abstufungen. Die Erhebung nur *einer* Dimension des Verhaltens im öffentlichen Raum zum richtigen Verhalten darf nicht zur Grundlage städtebaulichen Entwerfens gemacht werden. Unter der Maßgabe der „Sozialen Mischung" ergibt sich also die Forderung, in einem Quartier höchst unterschiedliche Formen des Bezuges zum halböffentlichen Raum vorzusehen und anonymere neben stark gemeinschaftsorientierten Wohnformen anzubieten.

Segregation – Integration

Biologistische Analogien zu Segregation und Integration nach B. Reichow	
Trennung im ungesunden Wirtschaftswald	Mischung der Baumarten im gesunden Mischwald

Aus: Hans Bernhard Reichow: Organische Stadtbaukunst, 1948.

Bei der Planung von Wohngebieten und Wohngebäuden war die Frage nach der Mischung oder Trennung sozialer Schichten und ethnischer Gruppen zumindest im 20. Jahrhundert stets Gegenstand theoretischer Erörterungen, ideologischer Auseinandersetzungen und praktischer Versuche. In den Großstädten im 19. Jahrhundert barg der Block bis in die Gründerzeit häufig nicht nur die Funktionsmischung, sondern auch die „Soziale Mischung". Von der „Belle étage", der Vorderhauswohnung im 1. OG, bis zur nur einseitig belüfteten, schlecht belichteten Kleinwohnung im dritten Hinterhof erfolgte eine schichtenspezifische Staffelung. Gleichzeitig gab es in der Stadtgeschichte stets auch die verschiedensten Ebenen der Segregation nach Berufsgruppen und sozialem Status, nach Religion und ethnischer Herkunft. Extremstes Beispiel dafür waren die Ghettos der Juden (als erzwungene Segregation).

Mit dem Bau von reinen Arbeitersiedlungen im 19. Jahrhundert, häufig als Werkssiedlungen auf einen bestimmten Betrieb bezogen, begann sich die Segregation, die soziale Entmischung jedoch in größeren räumlichen Einheiten zu vollziehen. Gerade der soziale Wohnungsbau der ersten Hälfte des 20. Jahrhunderts hatte durch die gezielte Zugangsberechtigung zu Gebäuden oder ganzen Siedlungen, bedingt durch die genossenschaftliche, oft gar berufsgruppenspezifische Errichtung der Anlagen, diese Entwicklung fortgesetzt und teilweise noch verstärkt. Diese Form räumlicher Segregation war im modernen Städtebau nie explizit zum Planungsziel erhoben worden. Sie wurde jedoch in bestimmten historischen Epochen positiv eingeschätzt (z. B. innerhalb der Arbeiterbewegung: Bildung einer spezifischen Vereinsstruktur, Solidarität, Klassenbewußtsein). Der soziale Wohnungsbau des sozialdemokratischen Wien der zwanziger Jahre, besonders in den großen Projekten wie dem Karl-Marx-Hof, Engels-Hof etc., war pathetischer Ausdruck dieser Haltung. Der Nachkriegswohnungsbau jedoch war weitgehend von der Vorstellung geprägt, daß die „Soziale Mischung" positiv sei. Ideologisch überhöht wird diese Forderung z. B. in den biologistischen Theorien Bernhard Reichows, der die soziale Mischung mit dem artenreichen, gesunden Mischwald, die Trennung in schichtspezifische Quartiere mit den „ungesunden" Monostrukturen der Wirtschaftswälder verglich: ideologisch belasteter Ausdruck sozial-politischer Stabilitätsziele der Nachkriegs-Wohnungspolitik.

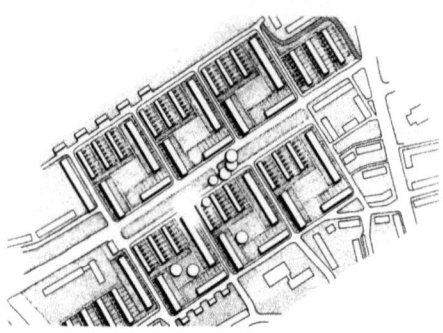

Wohnquartier Klein-Driene, Büro Bakema und van den Broek. Durch „Wohnungsgemenge" sollte die Mischung unterschiedlicher sozialer Schichten und Altersgruppen gewährleistet werden.

Soziale Mischung wurde durch das Angebot unterschiedlicher Wohnungs- und Gebäudetypen in unmittelbarer Nachbarschaft zu erreichen versucht: Geschoßwohnungsbau mit unterschiedlichsten Wohnungsgrößen und -typen neben Reihen-, Atrium- und Kettenhäusern, eingerahmt durch freistehende Einfamilienhäuser. Manchmal wurde die Notwendigkeit sozialer Mischung auch mit der erzieherischen Ausstrahlung aufstrebender Mittelschichtsfamilien auf Problemfamilien begründet. Dieses „Nebeneinander" brachte für die Kinder in den Kindergärten, Grundschulen und auf den Spielplätzen durchaus die Chance schichtübergreifender Kontakte und Freundschaften mit entsprechenden Erfahrungen. Die Abwägung der Vor- und Nachteile der Segregation/Integration ist in der „Zwei-Drittel-Gesellschaft" mit einem hohen Anteil an Immigranten schwieriger und umstrittener geworden. Vieles spricht für die soziale und ethnische Homogenität in der engsten Nachbarschaft (gleicher Lebensrhythmus und -stil minimiert Störungen, schafft Verhaltenssicherheit im Alltag). Aber gerade dies läßt sich auch hinterfragen. Zweifellos führt erzwungene Nähe heterogener Familien zu schärferen Konflikten, wenn aus der Nähe kein nachbarschaftliches Verhalten, sondern Ablehnung entsteht. Auf der anderen Seite bietet größere Nähe heterogener Bewohner schneller die Chance, Vorurteile abzubauen.

Zumindest sollte soziale und ethnische Heterogenität im Wohnumfeld und im Quartier (Möglichkeit des Kennenlernens unterschiedlicher Lebensbedingungen und -stile, anderer kultureller und ethnischer Hintergründe) möglich sein, um für Kinder eine Perspektive der Integration und der Ausweitung gesellschaftlicher Erfahrung bieten zu können. Auf der anderen Seite setzt die Wahrung kultureller, religiöser Identität sowie der Anspruch auf spezifische öffentliche und private Versorgungseinrichtungen eine gewisse Konzentration einer bestimmten Gruppe (ethnisch, Lebenszyklus, soziale Schicht, Ausbildung) voraus: Pflege speziellen ethnischen Brauchtums, Religionsausübung, Nachfrage nach bestimmten Nahrungsmitteln, nach bestimmter Kleidung oder Literatur, Mindestzahlen für öffentliche Einrichtungen wie Kita, Jugendclub, Altentreff etc. Auf eine einfache Formel gebracht: Es sollte ein Spannungsfeld von Homogenität in der Nachbarschaft zur Heterogenität im Quartier geben.

Planerisch läßt sich die Entstehung gemischter Quartiere auf mehreren Ebenen beeinflussen, sofern entsprechende politische und ökonomische Bedingungen gegeben sind: Zum einen kann in der Bauleitplanung sichergestellt werden, daß in bestimmten Teilen eines Baugebietes Sozialer Wohnungsbau für bestimmte Gruppen errichtet werden darf. Dadurch kann z. B. der einseitige Bau teurer Wohnungen zumindest eingedämmt werden. Zum anderen läßt sich durch den oben bereits angesprochenen „Wohnungsmix" bei der Gebäudeplanung die Belegung einer Nachbarschaft mittelbar beeinflussen. Die wichtigere Beeinflussung der sozialen und ethnischen Zusammensetzung eines Quartiers läuft jedoch über sehr viel komplexere ökonomische, sozialpsychologische und institutionelle (Wohnungszuweisung durch entsprechende Ämter) Randbedingungen und unterliegt einem kontinuierlichen Wandel. Bereits in den sechziger Jahren gab es Wohnungsbaukonzepte, bei denen in einem Gebäude sehr unterschiedliche Wohnungen für verschiedenste Nutzergruppen angeboten wurden. Friedrich Spenglin kombinierte in der Wohnanlage Holsteiner Chaussee 1964 Wohnungen mit den Charakteristiken des Einfamilienhauses (Atrium, Maisonette) mit kleinen Geschoßwohnungen, die teilweise als Schaltzimmer den Familienwohnungen zugeordnet werden konnten.

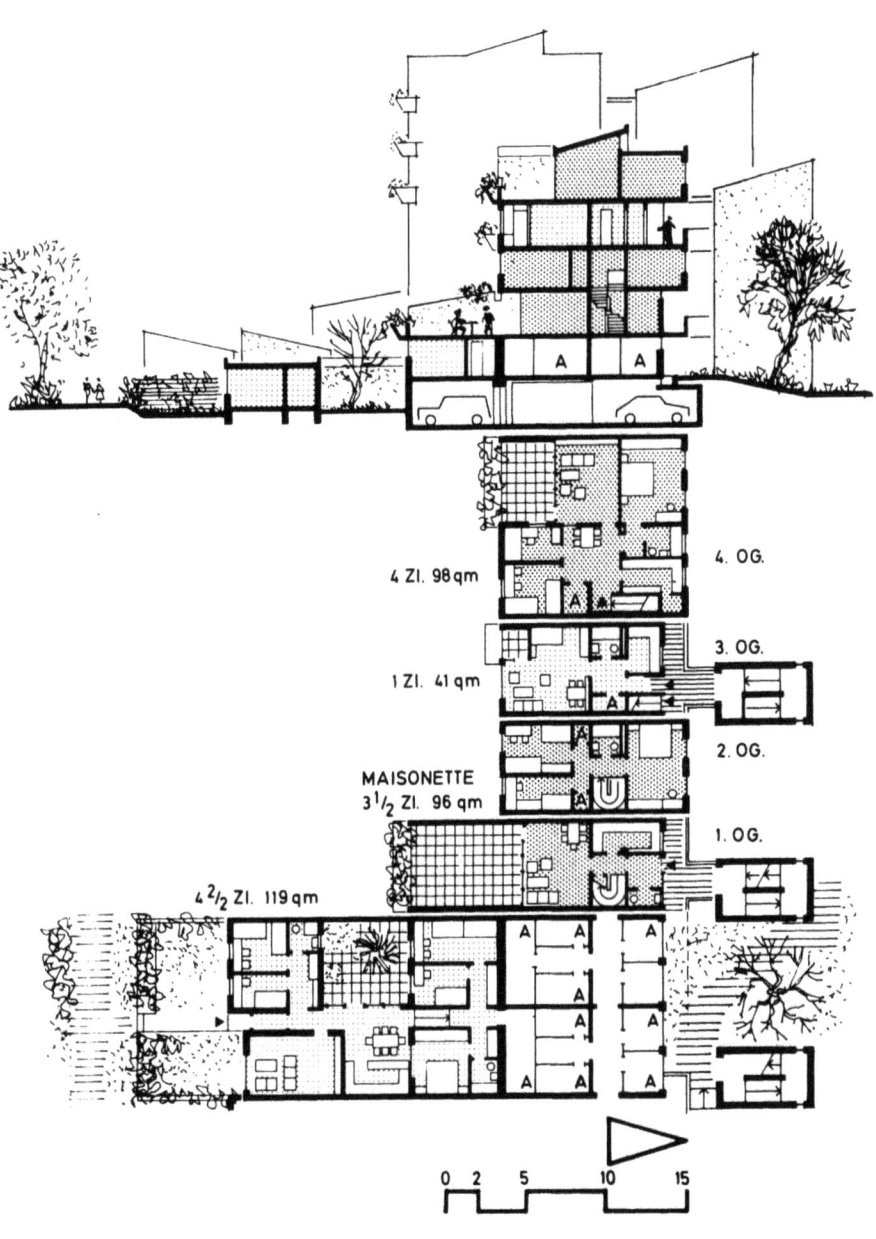

Wohngebäude Holsteiner Chaussee, Hamburg (Architekt: F. Spenglin, 1964).

Individualisierung – Spezialisierung der Räume

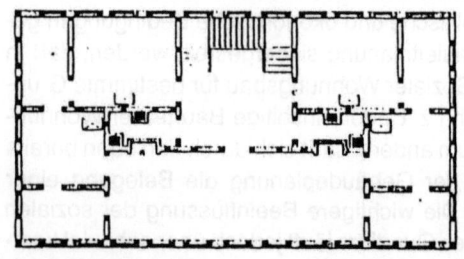

Die Wohnung als Abfolge nicht separat erschließbarer Räume. Bürgerliches Wohnhaus von Penther, 18. Jahrhundert.

Wohnungsbau war in der vorbürgerlichen Gesellschaft in der Regel die Zuordnung von annähernd gleich großen und ähnlich gestalteten Räumen. Die Nutzung der Räume war, von der Feuerstelle bzw. der Kocheinrichtung einmal abgesehen, im Prinzip austauschbar.

Das Recht und Bedürfnis nach der Ausbildung einer individuellen Intimsphäre innerhalb der Wohnung, über die das Individuum weitgehend alleine verfügen konnte, entstand in ausgeprägter Form erst mit der Durchsetzung der bürgerlichen Gesellschaft und zwar zuerst in der akademisch-gebildeten Oberschicht. Die Herauslösung der Körperlichkeit und Sinnlichkeit aus der Großfamilie in die Intimsphäre des Individuums vollzog sich konsequent zuerst in den neuen bürgerlich-städtischen Schichten am Ende des 18. bzw. am Beginn des 19. Jahrhunderts.

Die Entdeckung der Individualität und die Entfaltung einer geschützten Intimsphäre erforderte eine Veränderung der bis dahin üblichen Grundrisse, in denen auch bei großen Wohnungen die Räume in aller Regel als „Durchgangszimmer" aneinandergeschaltet waren. Die individuelle Erschließbarkeit jedes einzelnen Raumes von einem Flur oder einer zentralen Diele aus war noch im 18. Jahrhundert weitgehend unüblich. Die Wohnräume bildeten „Verbände", Suiten – also eine Folge von untereinander verbundenen Räumen.

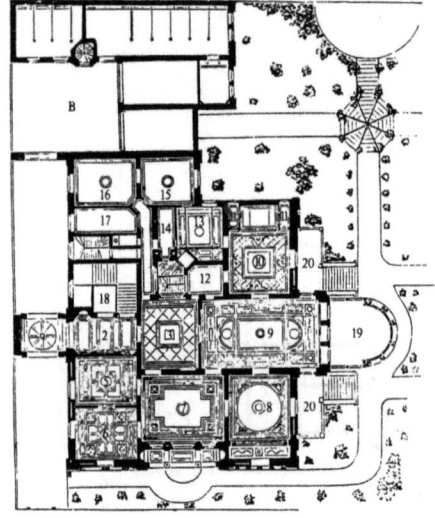

Villa Hirschberg 1879, zentrale Hallenerschließung erlaubt die individuelle Nutzung der Räume.

Das Bürgerhaus des 19. Jahrhunderts wies bereits in aller Regel einen Grundriß mit zentralem Gang bzw. zentraler Diele auf, von der jeder Raum individuell zugänglich war. Verbunden hiermit war die Differenzierung der Raumnutzung, ihre Spezialisierung: Einzelzimmer für die größeren Kinder, ungestörte Studier-/Arbeitszimmer wurden zur selbstverständlichen Ausstattung bürgerlicher Wohnungen. Ebenso die Abtrennung der Körperpflege und jeder Äußerung sexueller Bedürfnisse in die Intimsphäre des einzelnen und der Paare. Daß sich hier ein grundlegender Wandel vollzog, der auf alle Schichten – nach oben zum Adel und nach unten in das Kleinbürgertum – ausstrahlte, wurde von konservativen Kritikern jener Zeit sehr wohl erkannt:

„In den modernen großstädtischen Privathäusern sind fast alle dem ganzen Hause dienenden Räume auf das dürftigste Maß beschränkt: die breiten Vorplätze sind zu einem armseligen schmalen Hauseingang geschrumpft, statt der Familie und der Hausgäste tummeln sich nur noch Mägde und Köchinnen in der profanierten Küche... Für den Einzelnen ist das moderne Haus wohnlicher, geräumiger geworden, für die Familie enger und ärmer...

Das architektonische Symbol für die Stellung des Einzelnen zur Familie war im alten Hause der Erker, der eigentlich zum Familienzimmer, zur Wohnhalle gehört, hier findet der Einzelne wohl seinen Arbeits-, Spiel- und Schmollwinkel, er kann sich dorthin zurückziehen: aber er kann sich nicht abschließen, denn der Erker ist gegen das Wohnzimmer offen... So soll auch der Einzelne zur Familie stehen, und nach diesem Grundgedanken müßte von Rechts wegen das ganze Haus konstruiert sein" (W. H. Riehl: Die Familie. Stuttgart 1861, S. 205).

In der Gegenüberstellung dieser beiden Wohnideale drücken sich bereits die Grundkonflikte aus, die sich durch die Wohnungsbaudiskussion auch in unserem Jahrhundert ziehen:
– Wohnformen mit ausgeprägten „Kommunikationsbereichen", die auf der engen räumlichen Beziehung des Individuums zur Familie/Gemeinschaft basieren;
– Wohnformen, bei denen die Abgeschlossenheit, der Schutz und die großzügige Ausbildung der Intimsphäre im Vordergrund stehen.

So waren z. B. in den Konzepten der utopischen Sozialisten im 19. Jahrhundert und in Kommunebauexperimenten nach der Oktoberrevolution in Rußland Teilbereiche des Familienlebens ausgegliedert (Kochen, Essen) und in Gemeinschaftseinrichtungen verlagert. „Wohnen" war in solchen Konzepten auf die Intimsphäre zum Schlafen und Teile der Freiheit reduziert. Alle sonstigen Wohnfunktionen waren durch Gemeinschaftseinrichtungen abgedeckt – also vergleichbar mit einer Heimsituation oder einem Kloster. Der Normalfall in der Entwicklung des Wohnungsbaus in der Moderne wurde jedoch die Wohnung mit geschützter Individualsphäre (Elternschlafzimmer, Kinderzimmer, großes Wohnzimmer, Küche und Bad).

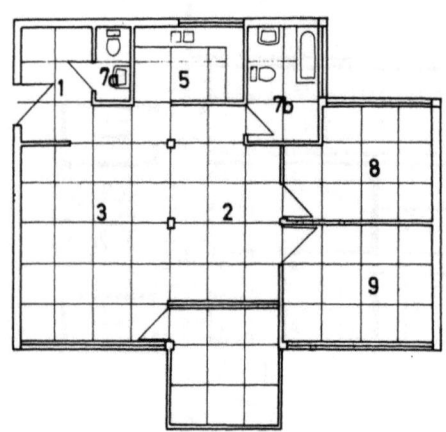

Beispiel eines „kommunikativen" Grundrisses nach Deilmann u. a. (Architekt: T. Sittmann 1968).

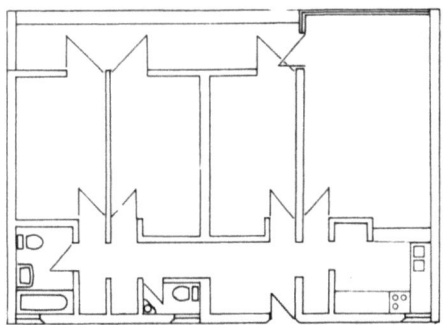

Beispiel einer „individualisierten" Wohnung nach Deilmann u. a. (Architekt: P. Hodgkinson).

H. P. Bahrdt folgte in seiner sozialwissenschaftlichen Abhandlung Humaner Städtebau aus dem Jahre 1968 ganz der Zweckbestimmung der Kinderzimmer, Elternschlafzimmer, Wohnzimmer und wies ihnen spezifische Funktionen und Größen zu. Zum Zentrum der Kommunikation machte er den Eßplatz, da der Eßtisch im Gegensatz zum Wohnzimmertisch auch für andere kommunikative Nutzungen (gemeinsame Gesellschaftsspiele, Basteln, Schularbeitshilfe etc.) geeignet sei. Das Wohnzimmer ist zwar der größte Raum in seiner Theorie – aber aus dem Alltag herausgehoben und tabuisiert: „Auf jeden Fall ist das Wohnzimkmer nicht reine Konsumfläche. Es muß auch Platz für ernsthaftere Betätigungen bieten" (H. P. Bahrdt, S. 52).

Deilmann, Kirschenmann und Pfeiffer definierten 1973 in ihrem Buch „Wohnungsbau" das Verhältnis von „Individualbereich" zu „Kommunikationsbereich" als ein zentrales Kriterium der Klassifikation von Wohnungstypen. Alle Wohnungstypen lassen sich in ihrer Typologie zwischen den Extremen sehr kommunikativer und sehr individualisierter Wohnungen einordnen. Zwar ordnen die Autoren diese Wohnungstypen der Kleinfamilie mit Kindern unterschiedlichen Alters zu (kleine Kinder = kommunikative Wohnung, große Kinder = individualisierte Wohnung). In der Systematik dieses Wohnungsbauklassikers spiegeln sich aber die Wohngemeinschaftserfahrungen der 68er Generation wider, in der die Individualisierung erneut hinterfragt wurde und ein anderes Verhältnis von Gruppe und Individuum, intensive Formen von Kommunikation und Auseinandersetzung gesucht wurden. Diese Erfahrungen wurden in der Regel in innerstädtischen Altbauquartieren in einer Bausubstanz gemacht, die viele gleichwertige Räume bot: gründerzeitlicher Geschoßwohnungsbau. Diese Wohnerfahrungen zeigten, daß solche Grundrisse (Diele mit von dort aus zugänglichen Einzelzimmern) vielfältiger nutzbar und interpretierbar waren als die ausdifferenzierten Grundrisse des Sozialen Wohnungsbaus.

Mit der längst vollzogenen Auflösung der Großfamilie, der allmählichen Erosion der Kleinfamilie und der Ausbreitung von Kleinsthaushalten (Singles, alleinerziehende Elternteile, kinderlose Paare) sowie Wohngemeinschaften unterschiedlichster Größen, Nähe und Altersgruppen stellt sich die Frage nach der Spezialisierung der Räume, nach dem Verhältnis von Individualbereich und Kommunikationsbereich jeweils ganz spezifisch. Während in den Nachkriegsjahrzehnten die Lebensgewohnheiten und Familienstrukturen so stabil zu sein schienen, daß die Kleinfamilie mit den spezialisierten Räumen bedenkenlos in Beton gegossen werden konnte, tendieren heute selbst manche Wohnungsbaugesellschaften dazu, neben den funktionsbestimmten „Naßräumen" eher gleichwertige, vielfältig nutzbare Räume und vergrößer-/verkleinerbare Wohnungen (z. B. durch das Zuschalten oder Auskoppeln von Zimmern) zu planen. Die flexiblere Wohnung ist bei der schwer abwägbaren gesellschaftlichen Entwicklung die langfristig ökonomisch vorteilhaftere.

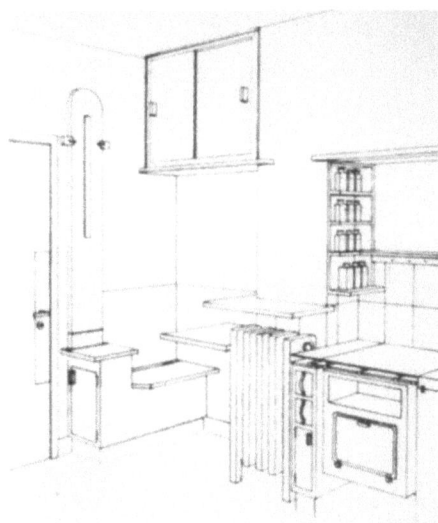

Entwurf von Grete Schütte-Lihotzky zur „Frankfurter Küche", 1926.

Neben der Spezialisierung der Räume und dem Grad der Individualisierung war die Funktion der Hausarbeit, insbesondere des Kochens, Gegenstand der Diskussion. Der Forderung nach einer Wohnküche als dem Zentrum der Wohnung und Familie, als Ort der Hausarbeit und des Spielens stand die Idee der rationellen Arbeitsküche gegenüber, die nach ergonomischen Gesichtspunkten mit modernen Geräten ausgestattet und räumlich minimiert keinerlei Aufenthalts- und Kommunikationsfunktion hat. In der Wohnküche ist leicht die alte „Wohnstube" erkennbar, in der sich vielfältige Nutzungen überlagern. Sie wurde in allen Jahrzehnten unseres Jahrhunderts propagiert, auch von Architekten der klassischen Moderne (Bruno Taut z. B.). Die „Arbeitsküche" entstand in der Konsequenz des funktionalistischen Denkens der zwanziger Jahre (z. B. die „Frankfurter Küche", entworfen von der Architektin Grete Schütte-Lihotzky). Sie entsprach der „Zerlegungstendenz" des Funktionalismus, der alle Teilfunktionen nach ihren spezifischen, eigenen Gesetzmäßigkeiten optimierte. Sie ist die Weiterentwicklung jener bereits 1861 von Riehl beklagten „Profanierung" der Küche im Bürgertum, nun aber ohne Köche und Mägde: Ort der aus dem Zusammenhang der Familie herausgelösten Hausarbeit der Hausfrau. In den Nachkriegsjahrzehnten der Bundesrepublik schien der Siegeszug der „Funktionsküche" unaufhaltsam:

„Die Küche wurde im Neuen Frankfurt zur Matrix der Ökonomie der insgesamt durchrationalisierten neuen Wohnungen. Unter der Leitung der Wiener Architektin Grete Lihotzky konnte das Neue Frankfurt ab 1926 in hoher Stückzahl einen Küchentyp in die Wohnungen einbauen, ... den Lihotzky bereits 1922... erstmals vorgestellt hatte. Dieser dann als ‚Frankfurter Küche' in die Geschichte eingegangene Typ verdrängte die große Wohnküche mit freistehenden Möbeln zugunsten von Küchen mit eingebauten Schränken mit Gas- oder Elektroherd, Metallspüle und viel griffbereitem Zubehör. Die 1,90 m × 3,44 m messende Küche war als Einbauküche für Siedlungs- und Einfamilienhäuser vorgesehen. Leerstehende und nicht ausgefüllte Winkel gab es darin nicht mehr... In dieser Küche hatten die Möbel zum Beispiel auch keine Füße oder Sockel. Alles sollte praktisch sein, zeitsparend wirken und die Hausarbeit erleichtern" (Christoph Mohr; Michael Müller: Funktionalität und Moderne. Das neue Frankfurt und seine Bauten. Frankfurt 1984, S. 122–124).

„Die Küche, der wichtigste Arbeitsraum der Hausfrau, verdient genauso nach den Grundsätzen betrieblicher Rationalisierung durchdacht zu werden, wie ein Arbeitsplatz in der Industrie... In verschiedenen Wohnungswunschbefragungen hat sich herausgestellt, daß die Wohnküche herkömmlicher Art abgelehnt wird, zunehmend auch in der Arbeiterschaft" (H. P. Bahrdt).

Der Wandel der Familienstruktur, die Emanzipation der Frauen und die ausgeprägte „Abwesenheit und Außenorientierung" vieler Mittelstandsfamilien haben in den letzten beiden Jahrzehnten jedoch zu einer Neuorientierung in dieser Frage geführt. Das gemeinsame Kochen und Essen wird zu einem gemeinschaftsstiftenden Familienerlebnis, das nicht auf seine Funktionalität reduziert werden kann.

Schließlich fordern Eltern aus der Erziehungserfahrung mit kleinen Kindern, die den Sichtkontakt der Mutter und des Vaters suchen, die Integration der Hausarbeit und vor allem des Kochens in den Wohnbereich – zumindest in der Phase der Kleinkindererziehung.

Fassen wir zusammen: Das *eine* Wohnideal, das für alle Phasen des Lebenszyklus Gültigkeit hat, ist kaum noch formulierbar. Familien mit kleinen Kindern nutzen ihre Wohnung anders als Familien mit erwachsenen Kindern. In Wohngemeinschaften wird sich ein jeweils spezifisches Verhältnis von Individualität und Kommunikation einstellen. Eine alleinerziehende Mutter wird in einer bestimmten Phase ein engeres Verhältnis zu einem Einzelkind haben als Eltern von drei Kindern. Ein Single wird je nach Altersgruppe seine Wohnung unterschiedlich intensiv nutzen und sein Bezug zum Wohnumfeld, zum Quartier wird in der Regel weniger eng sein als der einer Familie mit Kindern im Kita- und Grundschulalter.

III. Entwurfsgrundlagen

Das Quartier

Städtebauliche Grundmuster im Wohnungsbau

Soziale und „physische" Ebenen haben in Architektur und Städtebau eine *relative* Selbständigkeit. Wir können in der Städtebaugeschichte feststellen, daß in einer Epoche, deren ökonomische, soziale und politische Bedingungen sich präzise definieren lassen, bestimmte formale Prinzipien entstanden sind und in vielen Städten und Ländern gleichzeitig angewandt wurden. Es gibt also einen durchaus faßbaren Zusammenhang zwischen einem bestimmten gesellschaftlichen Zustand und der Entstehung (oder „Erfindung") bestimmter formaler Entwurfsprinzipien. Das heißt nun aber nicht, daß beim Wandel der gesellschaftlichen Grundstruktur die früher entstandenen städtebaulichen Elemente nicht mehr benutzbar seien. Vielmehr prägen einmal etablierte Grundprinzipien den Stadtgrundriß über Jahrhunderte hinweg und werden immer wieder neu „interpretiert" oder „angeeignet". Einige Theoretiker sprechen deshalb von „Archetypen", die quasi zeitlos die Architektur der Stadt prägen (Rossi).

Die Prinzipien einer Epoche werden zu einem späteren historischen Zeitpunkt „wiedergeboren" und, möglicherweise in anderem Verständnis, wieder benutzt und aufgegriffen. Eine einfache Typologie städtebaulicher Grundelemente muß also die Historizität der Elemente und ihre überhistorische Anwendung gleichzeitig berücksichtigen. Im Laufe der Stadtbaugeschichte sind Grundmuster entwickelt worden, die sich 1. chronologisch nach ihrer Entstehungszeit und 2. logisch nach ihren geometrisch-funktionalen Bedingungen (Kombinations-, Reihungsprinzipien der Baukörper, Erschließung und Charakter/Zuordnung der Freiflächen) klassifizieren und ordnen lassen.

Die hier dargebotene Typologie ist die Ableitung städtebaulicher Elemente und Anordnungsprinzipien aus 4 Grundtypen, die nach der Art der Verbindung der Gebäude oder Grundeinheiten von Gebäuden mit den Nachbareinheiten definiert sind. In Analogie zur planungsrechtlichen Definition der „Bauweise" sind Begriffe abgeleitet, die „städtebaulichen Figurationen" zugrunde liegen – *nicht* aus gebäudekundlichen oder formalen Prinzipien. Eine gebäudekundliche Typologie des Wohnungsbaus folgt im nächsten Abschnitt. Unabhängig von formalen Prinzipien (freie Formen, Schiefwinkligkeit, Polygone statt Rechtecke etc.) läßt sich das gesamte Repertoire der städtebaulichen Anordnung von Wohnungsbau auf den Grundstücken in Bezug zur Erschließung und der Zuordnung der öffentlichen Flächen aus dieser einfachen Typologie der „Bauweise" entwickeln. Dabei wurde die Reihenfolge vom Einfachen (isoliert, nicht angebaut) zu immer komplexeren Verbindungen gewählt: vom Punkt zur Linie zur flächenhaften Vernetzung. Diese Grundmuster ergeben in der Anwendung auf konkrete städtebauliche Situationen immer wieder neue, individuelle Erscheinungsformen.

Freistehender Baukörper, offene Bauweise

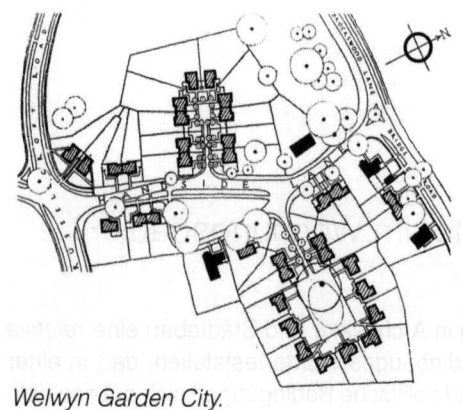

Welwyn Garden City.

Die offene Bauweise wurde in der Entwicklung der Stadt erst seit dem Ende des 18. Jahrhunderts als *städtische* Wohnhausform in größerem Umfang benutzt (freistehende Adels-/Bürgervilla). Bei bestimmten städtebaulichen Vorgaben oder Bedingungen (Integration vorhandener Vegetation, Eingehen auf bestehende, offene Bebauung) kann die Verwendung offener Bauweise geboten sein. Die Beispiele zeigen, daß auch bei offener Bauweise Verdichtung im Wohnungsbau möglich ist.

Mit „offener Bauweise" wird zunächst sicher weniger städtisches Wohnen oder gar verdichteter Wohnungsbau verbunden. Sie war von Anfang an „vorstädtisch" – zunächst Ideal großbürgerlichen Wohnens in den Gärten jenseits der aufgelassenen Wallanlagen. Vermittelt über die *Gartenstadtbewegung* fanden kleine Hausgruppen und Doppelhäuser Eingang in Siedlungskonzepte der klassischen Moderne auch für Wohnsiedlungen in Randbereichen von Großstädten. Eines der bekanntesten Beispiele hierfür ist wohl die *Stuttgarter Weißenhofsiedlung* (ähnlich die Werkbundsiedlung in Wien), die mit dem Anspruch auftrat, zeitgemäße städtische Wohnformen zu demonstrieren.

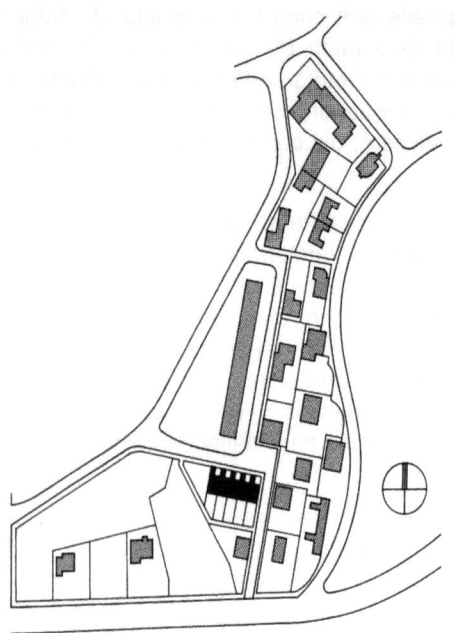

Weißenhofsiedlung in Stuttgart, 1927 (Städtebauentwurf: Mies van der Rohe).

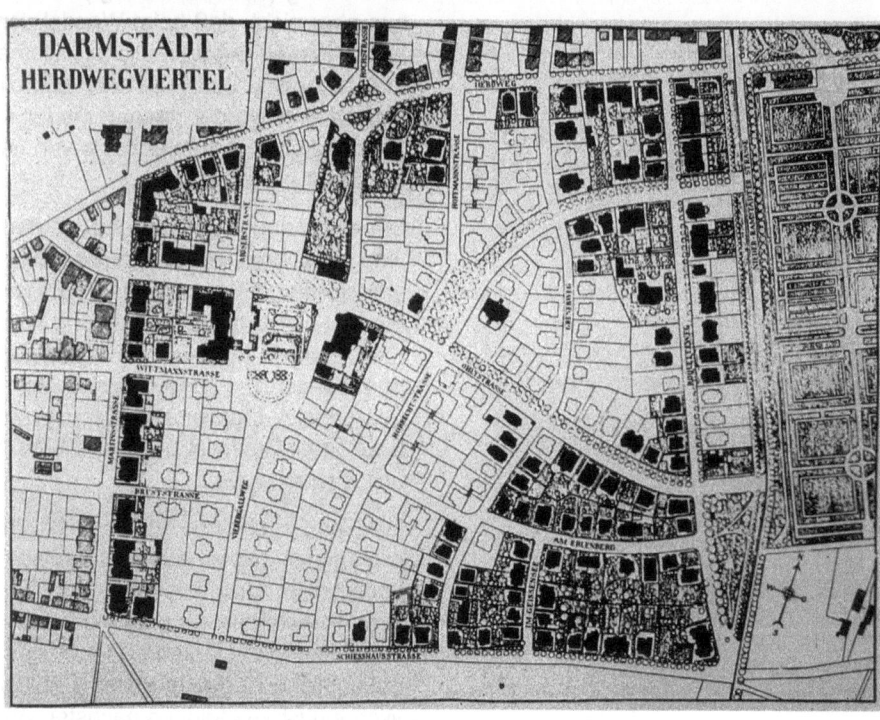

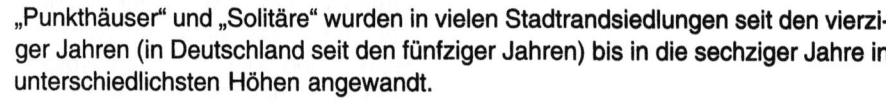

Villenkolonne Paulusviertel Darmstadt (Städtebauentwurf: Pützer)

„Punkthäuser" und „Solitäre" wurden in vielen Stadtrandsiedlungen seit den vierziger Jahren (in Deutschland seit den fünfziger Jahren) bis in die sechziger Jahre in unterschiedlichsten Höhen angewandt.

Wurden offene Bauweise und „Solitäre" nachgerade zum Sündenbock für den Raumverlust im Städtebau, für Baulandfraß und Orientierungslosigkeit gemacht, so zeigen jüngere Beispiele, daß gerade aus städtebaulichen Gründen offene Bauweise geboten sein kann: Um den städtebaulichen Charakter eines Quartiers nicht

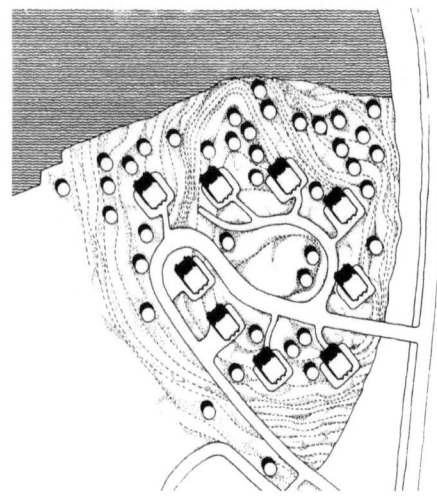

Punkthochhäuser, Stockholm Davidsklippen, 1945.

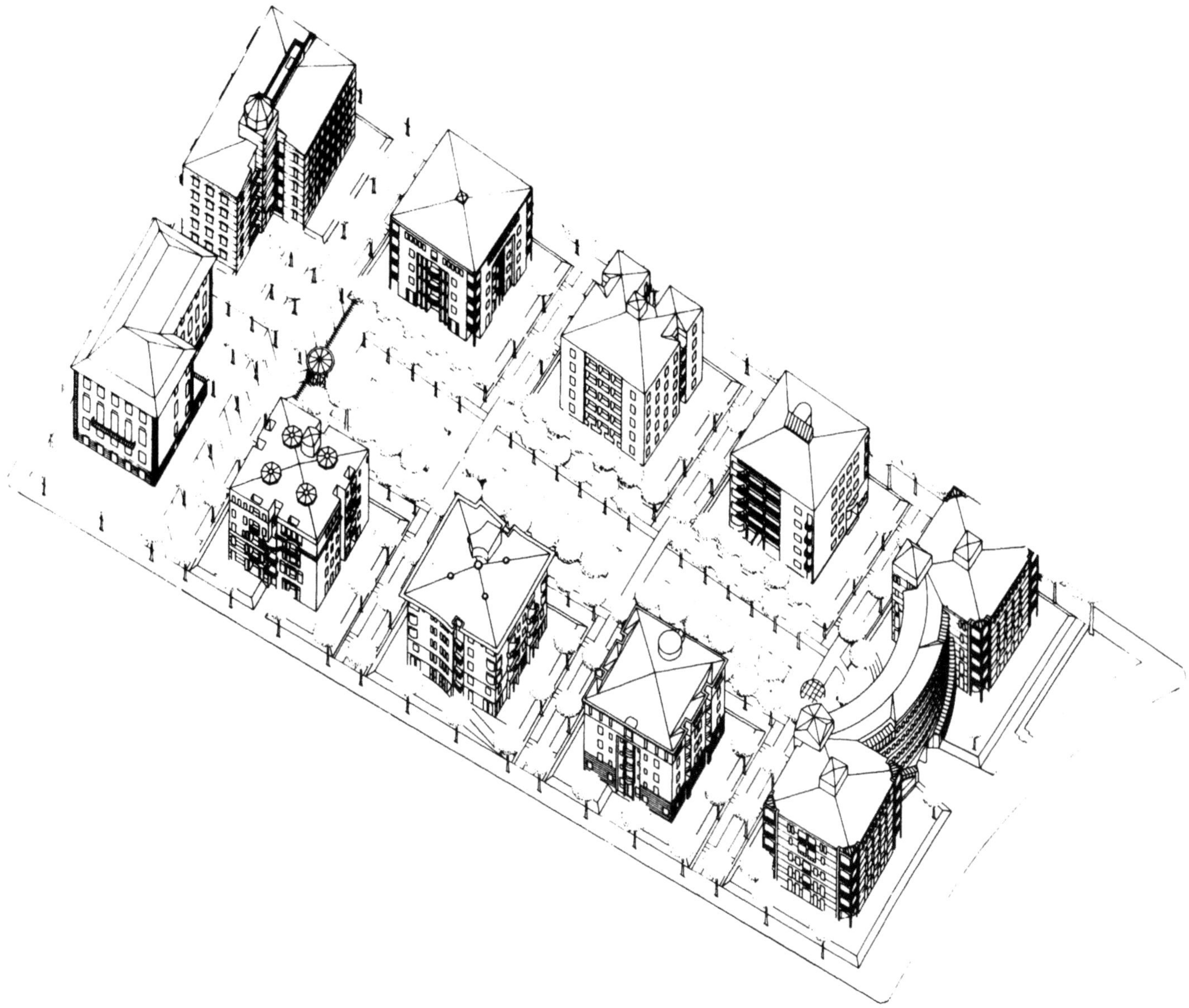

Stadtvillen Rauchstraße, Berlin.

Entwurf Gartenstadt Falkenberg, Quick, Bäckmann, Quick Berlin.

zu zerstören, sondern ihn weiterzuentwickeln, kann die Fortsetzung der im Quartier vorhandene offenen Bauweise durchaus sinnvoll sein. Und dabei kann wider Erwarten verdichteter Wohnungsbau und sogar sozialer Wohnungsbau entstehen.

Im Vergleich der Beispiele werden die unterschiedlichen Prinzipien der Bildung städtebaulicher Figurationen bei offener Bauweise deutlich:

– Straßenbegleitende, traditionelle raumbildende Stellung der Solitäre mit dem Ziel der Bildung einer Gesamtfiguration, die durch den Grundriß der Straßen bzw. Höfe entsteht (Villenkolonie Paulusviertel, Höfe in Welwyn Garden City, Stadtvillen Berlin-Rauchstraße, Wohnanlage München-Neuhausen);

– die Bildung „fließender Räume", die unabhängig von der Straßenführung durch den Versatz der Baukörper entstehen (Weißenhofsiedlung Stuttgart, Davidsklippen, Stockholm).

Geschlossene Bauweise, zweiseitig angebaut

Die geschlossene Bauweise ist die seit dem frühen Mittelalter in Europa übliche Anordnung städtischer Gebäude, zunächst häufig mit „Bauwich" als minimalem Abstand, seit der Frühen Neuzeit in der Regel in direkter baulicher Verbindung zum Nachbargrundstück.

Geschlossene Bebauung ist der Regelfall im verdichteten städtischen Wohnungsbau. Geschlossene Bauweise ist nach planungsrechtlicher Definition bei einer zusammenhängenden Gebäudelänge von ≥ 55 m gegeben – unabhängig davon, ob diese Gebäudelänge aus einem Gebäude auf einem Grundstück oder durch mehrere Gebäude auf mehreren Grundstücken entsteht. Dabei können sehr unterschiedliche Grundelemente der Baustruktur entstehen, die unabhängig von formalgestalterischen Mitteln (Proportion, Gliederung, Winkel) nach der Art ihrer Erschließung, Beziehung zu und Bildung von Freiräumen in Zeilenbau, Block-/Hofbebauung und Atriumhausstrukturen gegliedert werden können. Zwischen diesen Formen gibt es jeweils mannigfaltige Übergangsformen – etwa zwischen Zeilen und Blöcken solche Elemente wie Winkel und Kämme.

Die Entwicklung der geschlossenen Bauweise führt zwischen 1890–1930

- vom traditionellen Baublock mit der Blockrandbebauung zum öffentlichen Straßenraum und innenliegender Hofbebauung und Nebengebäuden,
- über die „reformierte Blockbebauung" mit innenliegenden privaten Gärten oder gemeinschaftlichen Grünanlagen
- und die straßenbegleitende Zeilenbebauung
- zur „reinen, einseitig erschlossenen Zeilenbebauung".

Diese einfache Typologie kann man um Winkel, versetzte Zeilen und senkrecht zueinander stehende Zeilen erweitern. In der folgenden Darstellung wird nicht die chronologische Reihenfolge, sondern die Entwicklung vom funktional und gestalterisch Einfachen zur komplexeren Form der Anordnung gewählt: *Vom reinen Zeilenbau zum Block.* Diese Vorgehensweise entspricht der Tatsache, daß nahezu *alle* Grundmuster im Verlaufe der Entwicklung unseres Jahrhunderts mehrfach „wiederentdeckt" wurden, eine einfache Chronologie also gar nicht möglich ist.

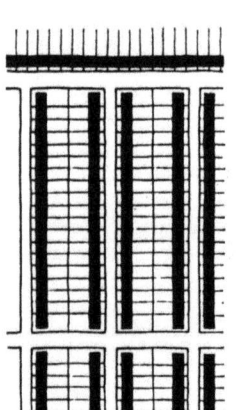

Parallel-Zeilen mit einseitiger Erschließung

Sie wurden in der zweiten Hälfte der zwanziger Jahre aus folgenden Zielvorstellungen heraus entwickelt:

- Allen Wohnungen sollten die gleichen Wohnqualitäten unter den Bedingungen optimaler Erschließung, Wohnungsorientierung sowie Belichtung ermöglicht werden.
- Der Wohnungsbau sollte standardisiert werden, um wirtschaftlicher möglichst viele Wohnungen angesichts großer Wohnungsnot und Mittelknappheit realisieren zu können.
- Das Bauland sollte möglichst rationell erschlossen und parzelliert werden.

Der Summe dieser Anforderungen entspricht der einseitig (von Norden oder Osten) erschlossene Zeilenbau, bei dem die Orientierung des Wohnzimmers jeweils von der Erschließungsseite weg zur Süd- bzw. Westseite gewählt wird.

Der einseitig erschlossene „reine" Zeilenbau ermöglicht die einfachste Form der Reihung mit einem Minimum an Elementen.

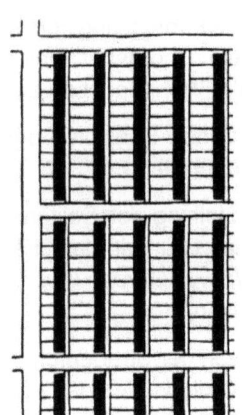

Geschlossene Bauweise: Vom Block zur Zeile.

Frankfurt Westhausen, 1929–31 (Architekten: Ernst May, Herbert Böhm, Wolfgang Bangert).

Beim „klassischen Zeilenbau" der Siedlung Frankfurt Westhausen waren allen Wohnungen Mietergärten zugeordnet. Straßen und Gebäude hatten das gleiche geometrische Bezugssystem. Auch bei vielen Wohnsiedlungen der Nachkriegszeit wurde auf den Zeilenbau der zwanziger Jahre zurückgegriffen. Jedoch stellte man Zeilen häufig „frei" in die „Stadtlandschaft". Bei Geschoßwohnungsbau entstand auf diese Weise eine Grünfläche, die ohne direkte Zuordnung zu den Wohnungen „anonymes Abstandsgrün" wurde: weder privat noch halböffentlich noch wirklich öffentlich.

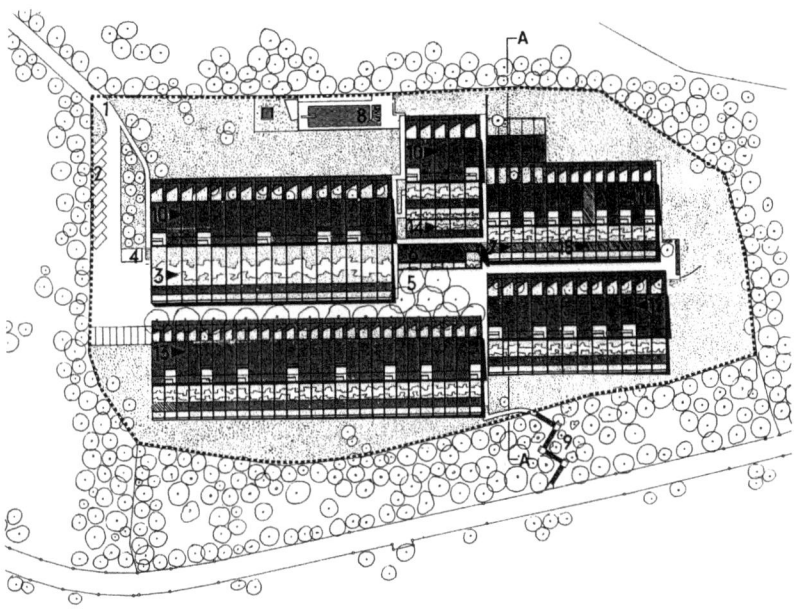

Siedlung Halen, Gesamtplan (Architekten: Atelier 5).

Bei der Siedlung Halen bei Bern (Atelier 5, 1955–61) bilden zwei terrassenförmig gestaffelte Parallelzeilen mit jeweils nordseitiger Erschließung durch ihren Versatz die öffentlichen Räume („Dorfstraße, den Dorfplatz und Gassen"), die nach der klassischen „Windmühlenflügelform" organisiert sind.

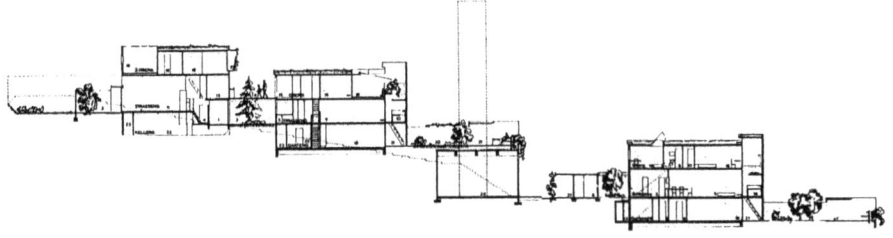

Siedlung Halen, Schnitt

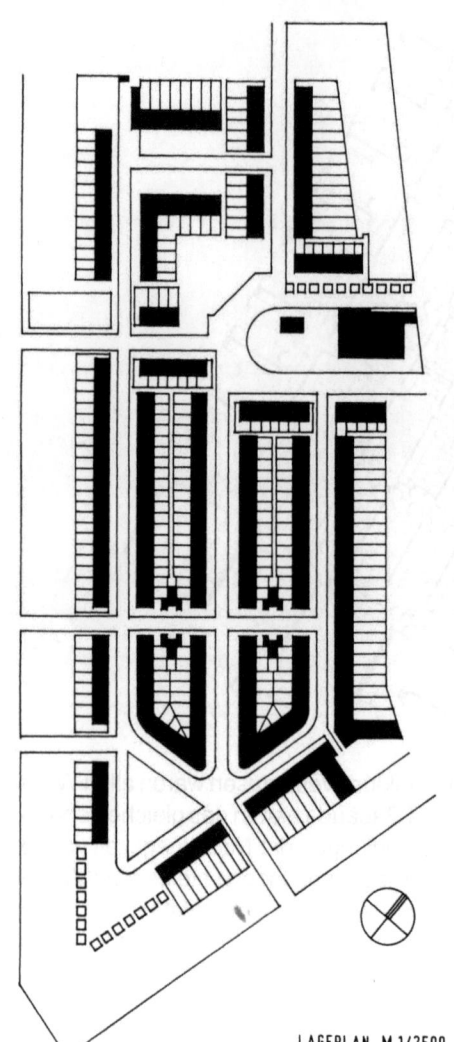

Siedlung De Kiefhoek, Rotterdam, 1925 (Architekt: J. P. Oud).

Mit der Siedlung Röthenbach (Metron Architekten) wird der einseitig erschlossene Zeilenbau als Ost-Westzeilenbau, also mit südorientierten Wohnungen weiterentwickelt (Möglichkeit passiver Solararchitektur). Halböffentliche Gemeinschaftsflächen entstehen aus der Verschwenkung der Zeilengruppen: Aus der Mittelerschließung der Wohnwege entsteht ein zentraler Raum, an dessen nördlichen Ende ein Gemeinschaftshaus liegt.

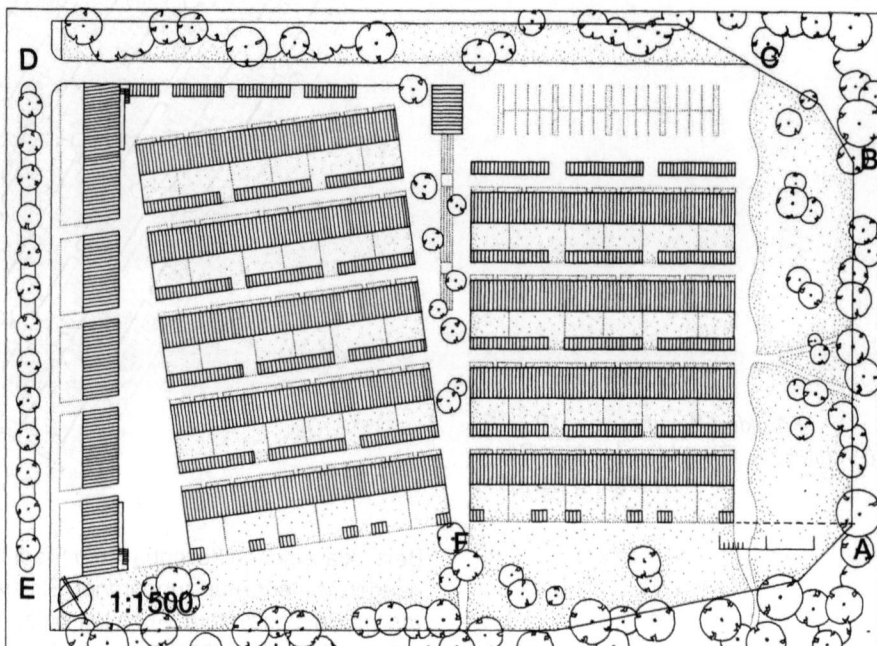

Doppelerschließung/Straßen- und Platzraum bildende Zeilen

Erschließt ein Wohnweg je zwei den Straßenraum begrenzende Zeilen, entsteht das Straßenbild der geschlossenen Bebauung. Die beiden Zeilen haben jeweils unterschiedliche Bedingungen in ihrer Orientierung – insbesondere, wenn die Zeilen in Ost-West-Richtung verlaufen, die Wohnungen also Nord-Süd-Orientierung haben. Als Beispiel kann hier die Römerstadt in Frankfurt dienen.

Obwohl die gesamte Siedlung aus Zeilenbau besteht, entsteht in den Straßen durch die Kurven und Versätze der Eindruck geschlossener Raumbildung. Zur Niddaaue hin markiert eine Mauer mit Bastionen eine harte Stadtgrenze. Der Einfluß der Gartenstadtbewegung ist an der Raumbildung und an der geringen Dichte noch deutlich zu spüren. Die Probleme, die sich aus der unterschiedlichen Erschließung der Zeilen, einmal von Norden (optimal) und einmal von Süden (Verkleinerung der Wohnseite durch Eingang und Flur) ergeben, werden aus städtebaulichen Gründen in Kauf genommen.

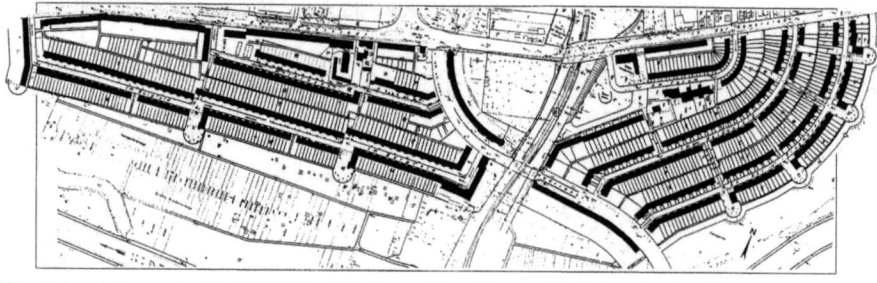

Frankfurt Römerstadt, 1926 (Architekten: Ernst May, Christian Rudloff).

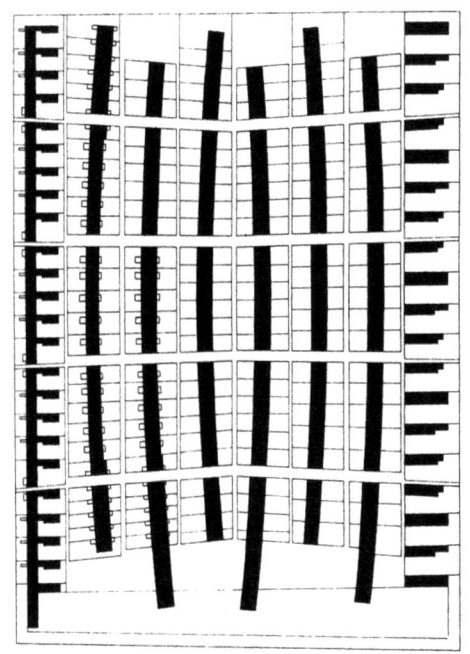

Siedlung Pilotengasse, Wien, 1987–92 (Architekten: J. Herzog, P. de Meuron, A. Krischanitz, O. Steidle).

Ein noch deutlicherer Bezug zur Blockstruktur und zur traditionellen Stadtraumbildung zeigt sich in der Siedlung De Kiefhoek (Rotterdam) von J. P. Oud 1925 entworfen. Die Erschließung folgt dem Schema der Blockrandbebauung. Gleichwohl sind, bis auf die zwei Blockfragmente in der Südostspitze, alle Gebäude zu langen Zeilen zusammengezogene Reihenhäuser. Oud läßt die Brüstung des OG durchlaufen, um trotz der individuellen Wohnform den Zeilencharakter und den einer Gesamtanlage entstehen zu lassen.

Bei der Pilotengasse in Wien wechseln die in Nord-Süd-Richtung verlaufenden Wohnwege im Zweierrhythmus: breiter Weg (Wohnweg, zur Andienung befahrbar), schmaler Weg (Gartenweg). Ein Erschließungsstrang erschließt zwei Zeilen, jeweils zwei Gartenzonen schließen aneinander an. Kleine Quergassen gliedern die langen Zeilen und verbinden die Wohnwege untereinander. Die Siedlung ist verkehrsfrei. Alle Stellplätze sind am Rande der Siedlung angeordnet.

Winklig zueinander stehende Zeilen, „fließende Raumbildung"

Die „Auflösung" klassischer Straßenraumbildung war ein zentrales Thema in der Entwicklung des modernen Städtebaus. Da straßenraumbildende Zeilen und einseitig erschlossene Zeilen in ihrer Führung und Geometrie noch eng mit der Straße als dem klassischen Element verbunden sind, spielten neue Formen der Raumbildung aus senkrecht zueinander stehenden, geknickten und geschwungenen Zeilen eine wichtige Rolle.

Hans Scharoun demonstriert mit dem Entwurf zur Siemensstadt in Berlin aus dem Jahre 1929 (zusammen mit Martin Wagner) die Möglichkeiten des freien Umgangs mit dem Zeilenbau. Der trichterförmige „Eingang" in die Siedlung, der eine S-Bahnunterführung als „Toreinfahrt" inszeniert, und die 500 Meter lange geschwungene Zeile nehmen spätere Entwicklungen vorweg. Ebenso die frei in der Grünanlage stehenden Querzeilen, die sich von Osten nach Westen dynamisch verlängern, und der keilförmige Grünzug.

Das Prinzip fließender Raumbildung mit rechtwinklig zueinander stehenden Zeilen wird am Beispiel der Siedlung Alsen Road, Islington in London, deutlich. Rechtwinklig zueinanderstehende Zeilen bilden Teil-Räume, die jedoch nicht vollständig erschlossen werden, sondern ineinanderfließen. Es entstehen hofartige, halböffentliche Grünflächen, die sich zu den Erschließungsstraßen und zum inneren, öffentlichen Grünzug hin jeweils durch Versatz und Verdrehung einer Zeile öffnen.

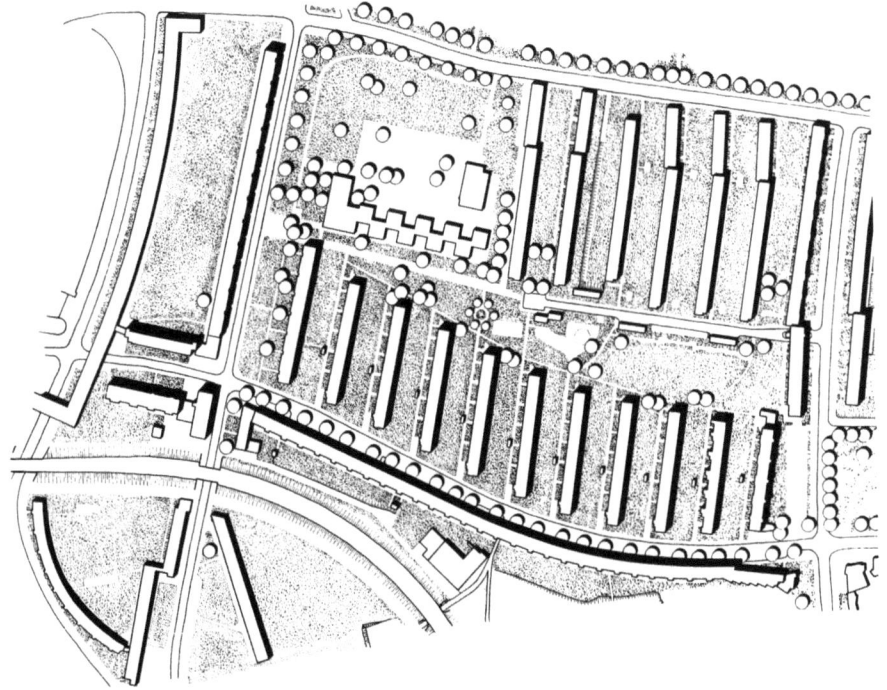

Siedlung Siemensstadt in Berlin, 1929 (Architekt: Hans Scharoun).

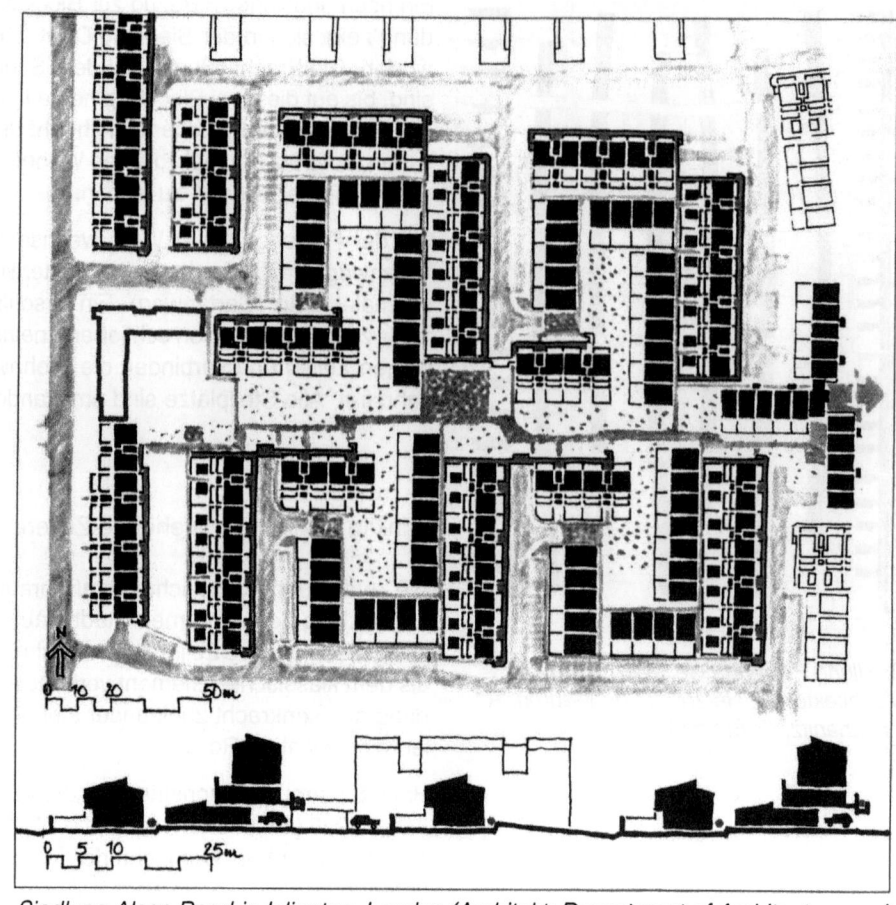

Siedlung Alsen Road in Islington, London (Architekt: Department of Architecture and Civic Design).

Auf diese Weise entsteht eine Folge von vernetzten Raumfragmenten, die jeweils unterschiedliche Öffentlichkeitsgrade und Funktionen übernehmen können. Die zangenförmige Straßenerschließung ermöglicht eine Pkw-freie Fußwegverbindung aller Wohnungen über den zentralen, öffentlichen Grünbereich.

Kombination verschiedener Zeilenformen

Bei größeren Siedlungen wird im städtebaulichen Entwurf eine Reduktion auf ein einziges Grundmuster kaum möglich sein. Ralph Erskine kombinierte bei der Siedlung Byker in Newcastle upon Tyne gezielt alle Formen des Zeilenbaus. Aus der

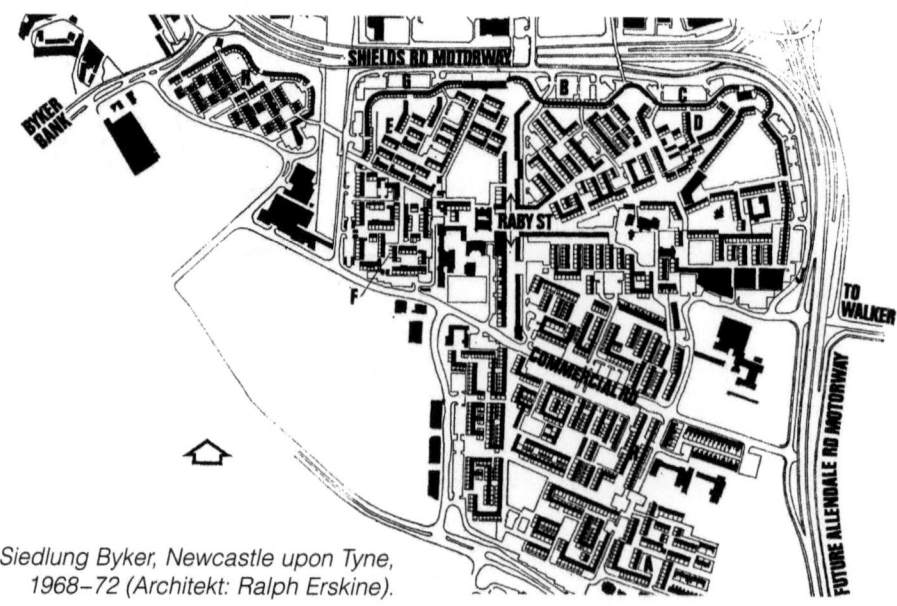

Siedlung Byker, Newcastle upon Tyne, 1968–72 (Architekt: Ralph Erskine).

Großform der geschwungenen Nordzeile, Wohnwegen mit unterschiedlichster Größe, aus der Komposition von Baukörpern mit 2 bis zu 8 Geschossen entstand ein komplexes städtebauliches Gesamtkunstwerk mit vielfältigen Raumbildungen und einem System von Freiräumen mit differenziert abgestufter Öffentlichkeit.

Blockbebauung

In den beiden Jahrzehnten um 1900 wurde, eingebunden in die allgemeine Kritik der „steinernen Blocks" des 19. Jahrhunderts, die in der Regel mit mehreren Hinterhöfen und -häusern dicht überbaut waren, die „reformierte Blockbauweise" entwickelt. Die Blockinnenbereiche wurden unter dem Einfluß der Gartenstadtbewegung, zunächst vor allem in den Vororten der Großstädte, von Bebauung freigehalten. Bei Blocks mit privaten Einzelbauten wurden die Blockinnenbereiche als Gärten angelegt, bei Anlagen von Wohnungsbaugesellschaften als Gemeinschaftsgrünanlage gestaltet. In einem zweiten Schritt, meist nach 1918, wurde die Blockrandbebauung teilweise geöffnet.

Eine der ersten größeren Anlagen mit „reformiertem Zeilenbau" ist der Stadtteil Duisberg in Hamburg. Stadtbaurat Fritz Schumacher setzte 1919 eine Überarbeitung eines bestehenden Entwurfs durch, der große Gründerblocks mit Hinterhofbebauung vorsah. Der realisierte Gegenentwurf führte einen 1 km langen Grünzug mit Bildungs- und Versorgungseinrichtungen durch das Gebiet. Die Blockzuschnitte wurden vereinfacht und so verkleinert, daß die wirtschaftlich erforderliche Dichte bereits durch die Blockrandbebauung mit innenliegenden Grünflächen gegeben war – ohne Hinterhäuser und Hinterhöfe. Auf diese Weise verband Schumacher neue Ideen des „reformierten" Städtebaus mit traditionellen Raumbildungsmustern der Stadtbaukunst.

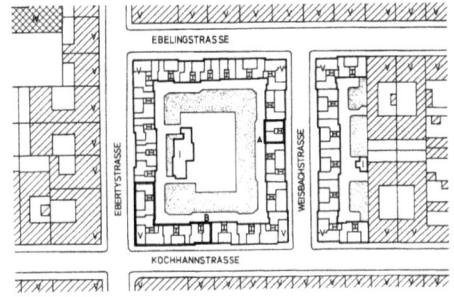

Reformierter Blockbau, Berlin 1899. Daneben die dichte Überbauung mit Hinterhöfen.

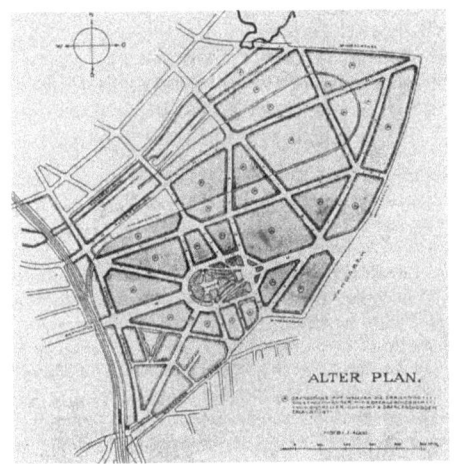

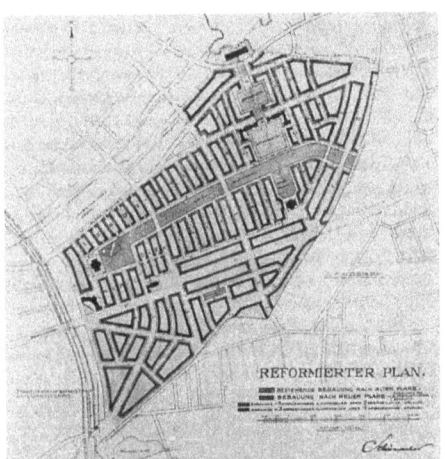

Alter und „reformierter" Plan des Duisberggebietes.

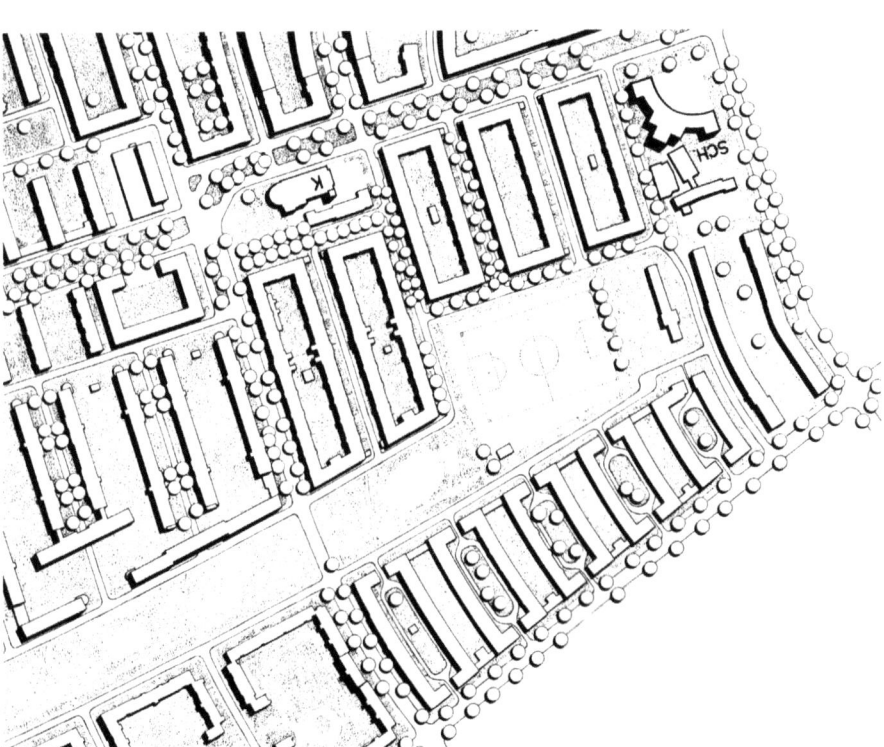

Siedlung Duisberg in Hamburg, 1919 (Städtebauentwurf: Fritz Schumacher).

Blockrandbebauung war seit den zwanziger Jahren bis zum Ende der siebziger Jahre im Wohnungsbau kaum gebräuchlich – wegen der mangelnden Durchlüftung und „Offenheit" der Raumbildung. Sie galt als überholt und wurde der grauen, versteinerten Stadt der Industriellen Revolution zugeordnet. Die Kritik an der Anonymität des „fließenden" Raumes in den Siedlungen der fünfziger und sechziger Jahre führte jedoch zu einer allmählichen „Wiederentdeckung" der reformierten Blockbauweise in den siebziger Jahren. Bei der reformierten Blockbauweise entsteht schon aus der Logik der Form, sofern sie konsequent angewandt wird, eine klare Zuordnung öffentlicher und halböffentlicher Freiflächen.

Ralph Erskine wählte 1971–76 für das innenstadtnahe Gebiet Bruket (Sandviken, Schweden) die klassische Form der reformierten Blockbauweise. Grundelement ist ein 63 × 46 m großer 2-geschossiger Block mit 35 Wohnungen. Die Wohnwege sind quartiersöffentlich, der Blockinnenbereich ist halböffentlich, also von allen Anwohnern des Blocks nutzbar. Die Blockrandbebauung ist zu den Wohnwegen hin teilweise geöffnet, also vom öffentlichen Raum teilweise einblickbar. In die halböffentliche Fläche jedes Blocks sind ein Gemeinschaftshaus, Spiel- und Aufenthaltsbereich integriert.

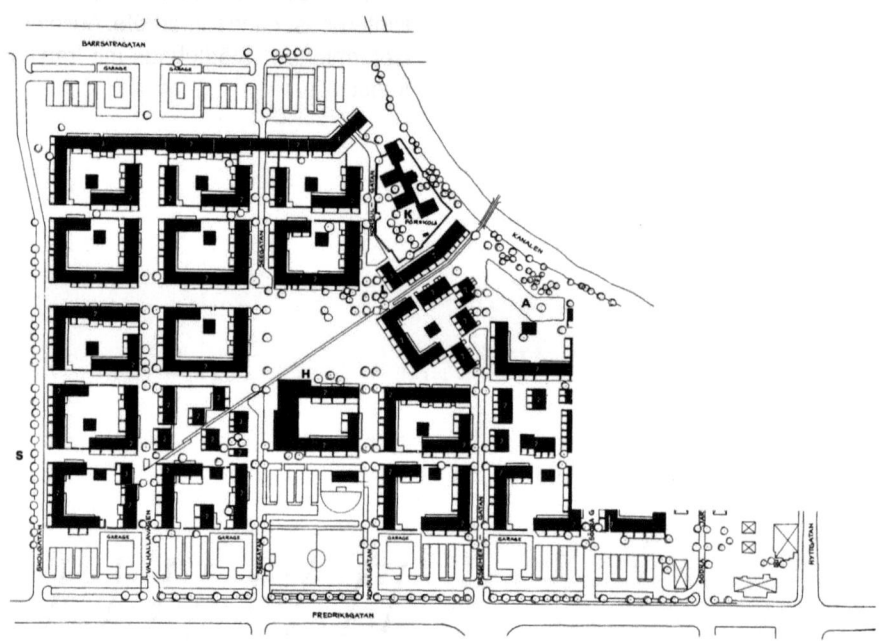

Bruket, Sandviken in Schweden, 1971–76 (Architekt: Ralph Erskine).

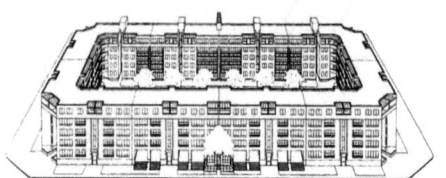

Isometrie Vineta Block (Architekt: J. P. Kleihues).

Bei Stadterneuerungsmaßnahmen oder gar bei der Rekonstruktion historischer Blockstrukturen wurden seit dem Ende der siebziger Jahre auch wieder geschlossene Blocks gebaut. Einer der ersten, seinerzeit vielbeachteten Blocks mit geschlossener Randbebauung war der „Vineta Block" von J. P. Kleihues, der im Berliner Stadtteil Wedding im Rahmen von Stadterneuerungsmaßnahmen entstand. Als Bestandteil der IBA in Berlin in den 80er Jahren wurden in der Südlichen Friedrichstadt nach einem Entwurf von Rob Krier größere Bereiche mit geschlossener Blockbebauung „rekonstruiert".

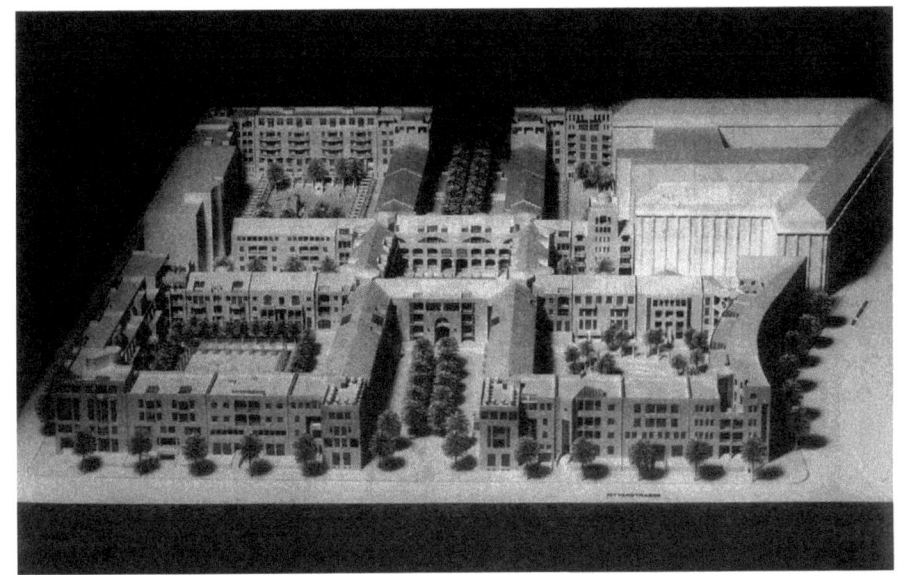

Südliche Friedrichstadt, Berlin 1984 (Städtebauentwurf: Rob Krier).

Siedlung Ried in Niederwangen, 1983 (Architekten: Atelier 5).

Aber auch die Entwicklung von Einbauten im Blockinnenbereich („Hinterhofbebauung") ist heute keineswegs mehr Tabu. Im Zuge der Nachverdichtung innerstädtischer und innenstadtnaher Gebiete und insbesondere bei Funktionsmischung Wohnen und Arbeiten sind Blockformen entworfen worden, bei denen von der „reformierten" Blockbauweise Schritte hin zum historischen Stadtblock gemacht wurden (große Bautiefen mit Lichthöfen, rückwärtige Hofeinbauten). Und dabei sind die rückwärtigen, zum Innenbereich orientierten Bauten keineswegs die ungünstigen Lagen, da sie gleichzeitig vom Verkehrslärm abgewandt sind.

Entwurf für zwei Blocks in der Innenstadt von Biel 1990 (Architekten: Atelier 5).

Hoferschließung in Rotterdam Spangen.

Inverse Blocks („Höfe")

Sie entstehen durch die Umkehrung der Erschließung und Orientierung bei der normalen Blockrandbebauung. Die Wohnungserschließung wird in den Innenbereich gelegt. Als frühes Beispiel eines solchen Hofes, bei dem diese Prinzipien sehr bewußt eingesetzt wurden, ist im Kapitel „Privatheit – Halböffentlichkeit – Öffentlichkeit" der Hof von Brinkmann in Rotterdam-Spangen besprochen.

Beim Entwurf der Siedlung Ried in Niederwangen hat Atelier 5 die Tradition der Hoferschließung wiederaufgenommen. Alle Wohnungen werden vom Innenraum der Höfe her erschlossen und haben direkten Blickbezug zum Hof und dem Hof zugeordneten Freibereichen (Terrassen/Loggien), können also am sozialen Leben des Hofes teilnehmen. Gleichzeitig orientieren sich die Privatgärten der EG-Wohnungen und die „Zweit-Terrassen" der OG-Wohnungen konsequent nach außen. Um die Außenseiten zur Landschaft offen zu halten, werden die Gevierte diagonal addiert.

Siedlung Ried in Niederwangen, 1983 (Architekten: Atelier 5).

Otto Häuselmayer erarbeitete bei der Siedlung Wienerberggründe in Wien einen Bebauungsentwurf, in dem unterschiedliche Gebäudetypen jeweils bezogen auf die Situation angewandt werden: Punkthäuser als Übergang zum Grünzug, reformierte Blocks und Zeilen im Bezug auf die Haupterschließungsstraße, die als geschlossener Raum erlebt werden soll. Ein innerer „grüner Weg" verbindet den Park und die Wohnhöfe nördlich der Erschließungsstraße mit den öffentlichen Einrichtungen (Kindertagesstätten, Schule, Gemeindezentrum).

Beim Projekt Britzer Straße in Neukölln, Berlin (Architekten: Kamman, Grossmann, Damosy, 1992), entwickelte sich von der Britzer Straße aus eine Folge von Räumen mit zunehmender Privatheit. Vom langen, achsialen Erschließungshof aus (eingeschränkt öffentlich) betritt man kleine, halböffentliche Höfe, die jeweils auch untereinander vernetzt sind. Von hier aus werden die Gebäudeteile erschlossen. Privatgärten, an die EG-Wohnungen angrenzend, wenden sich nach außen, von den Höfen weg. Die Anlage fällt von der Mittelachse als dem Rückgrat nach außen zur niedrigeren Nachbarbebauung ab.

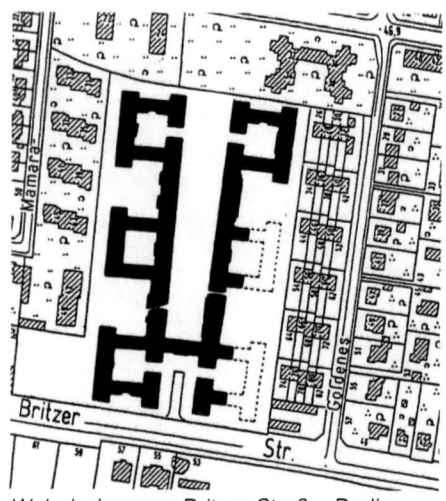

Wohnbebauung Britzer Straße, Berlin, 1992 (Architekten: Kammann, Grossmann, Damosy).

„Back-to-back"-Bebauung, dreiseitige Grenzbebauung

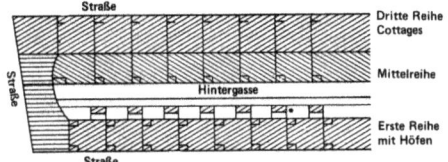

Wohnquartier aus dem Bericht Friedrich Engels „Die Lage der Arbeiterklasse in England".

Diese war in der ersten Phase der Industriellen Revolution weit verbreitet. Sie entstand auch häufig schon bei „Nachverdichtungen" innerhalb mittelalterlicher und frühneuzeitlicher Stadtkerne und Blockstrukturen des 19. Jahrhunderts als Grenzbebauung mit einseitiger Orientierung von Nebengebäuden. Sogenannte „Gänge" in norddeutschen Städten sind in der Addition „Back-to-back"-Bebauungen, die aus der Grenzbebauung mit einseitiger Orientierung auf tiefen Grundstücken entstanden sind.

In der Städtebaureform der zweiten Hälfte des 19. Jahrhunderts und der ersten Hälfte des 20. Jahrhunderts war „Back-to-back"-Bebauung wegen der fehlenden Querlüftung teilweise verboten, zumindest jedoch verpönt. In den letzten beiden Jahrzehnten wurde sie jedoch im Zusammenhang mit Stadterneuerungsmaßnahmen und Nachverdichtungen wiederentdeckt und auch bei Neubausiedlungen in neuer Interpretation wieder angewandt. Dabei sind einseitig (oder weitgehend einseitig) orientierte Parallelzeilen mit überdachtem Zwischengang Übergangsformen zwischen Zeilenbau und der „Back-to-back"-Bebauung.

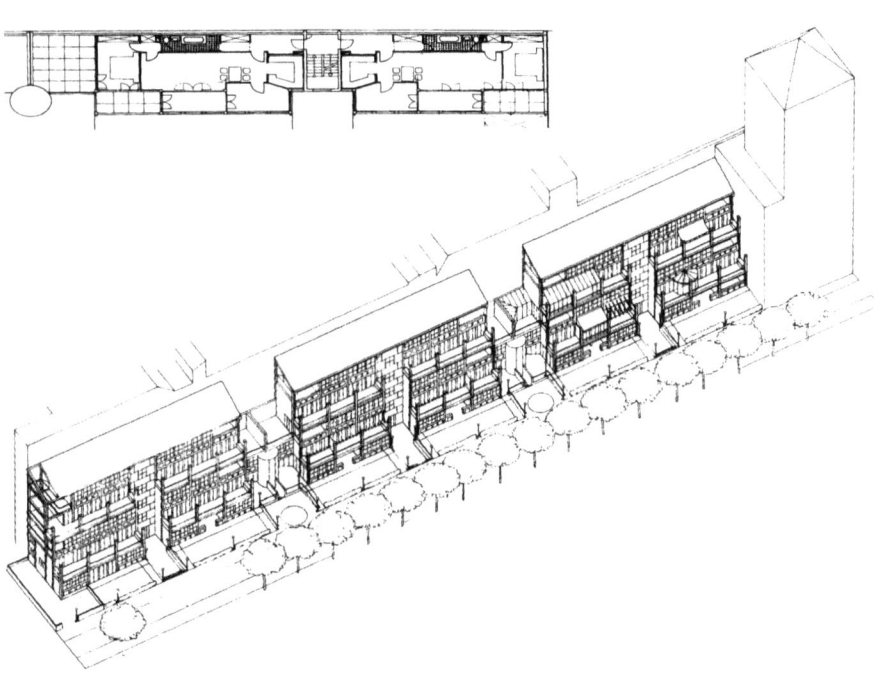

Brandwandbebauung Südliche Friedrichstadt, Berlin 1987 (Architekt: von der Beulwitz).

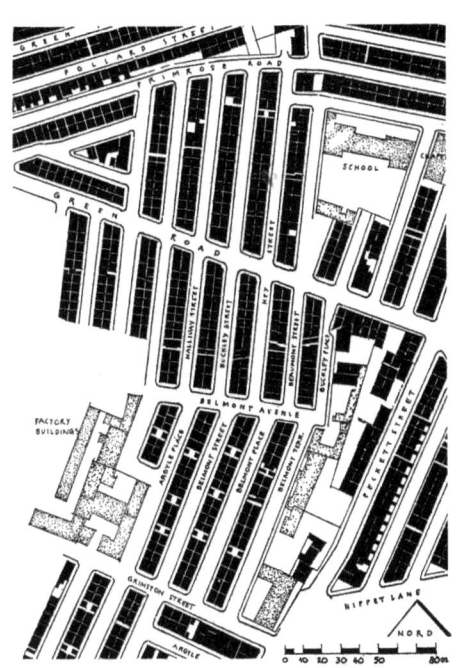

„Back-to-back"-Bebauung in England im 19. Jahrhundert.

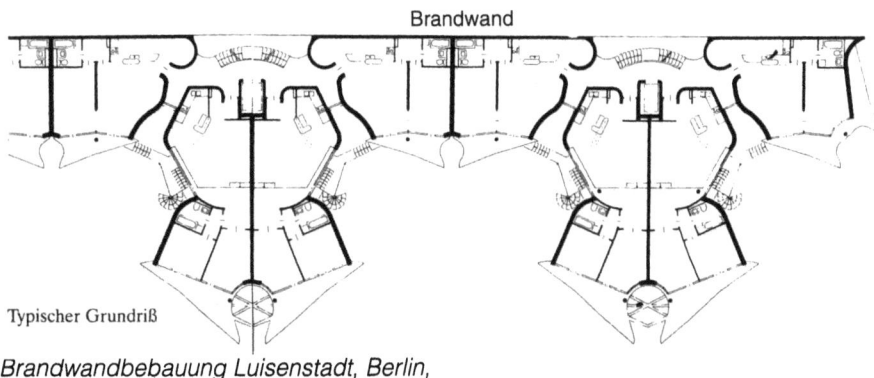

Brandwandbebauung Luisenstadt, Berlin, 1987 (Architekt: Hinrich und Inken Baller).

Hofbebauung als allseitige Grenzbebauung/Atrium

Historische Atriumhausstruktur

Sie bildet die älteste Form dichten städtischen Bauens. Städtische Baustrukturen bestanden über Jahrtausende hinweg fast ausschließlich aus dicht bebauten Atriumstrukturen mit allseitiger Grenzbebauung. Von den ersten großen Städten in den Bewässerungskulturen (Zweistromland, Ägypten) bis nach China und Japan, in der Antike und im gesamten islamischen Kulturraum prägten Atriumhäuser die Stadtstruktur – als Ort der Großfamilie, wo gewohnt und gearbeitet wurde.

In der klassischen Moderne wurde das Atriumhaus auch für den reinen Wohnungsbau entdeckt. Dabei blieben die Entwürfe jedoch in der Regel auf „verdichteten Flachbau" im Einfamilienhausbau bei Stadtrandsiedlungen beschränkt. Die Zahl der Wohnungen, die an einem Hof liegen, ist im Prinzip auf eine Wohnung begrenzt (Privatheit des Hofes). Hieraus folgt, in Verbindung mit Belichtungsanforderungen, daß die Geschoßzahlen in der Regel nicht über 2 Geschosse hinausgingen. Erst in den letzten Jahren wurden Projekte mit 3–4-geschossigen Atriumbebauungen mit städtischem Charakter realisiert (z. B. in der Siedlung Traviatagasse in Wien, siehe Beispielsammlung).

Atriumhausgruppe in Karlsruhe, 1960 (Architekt: Reinhard Gieselmann).

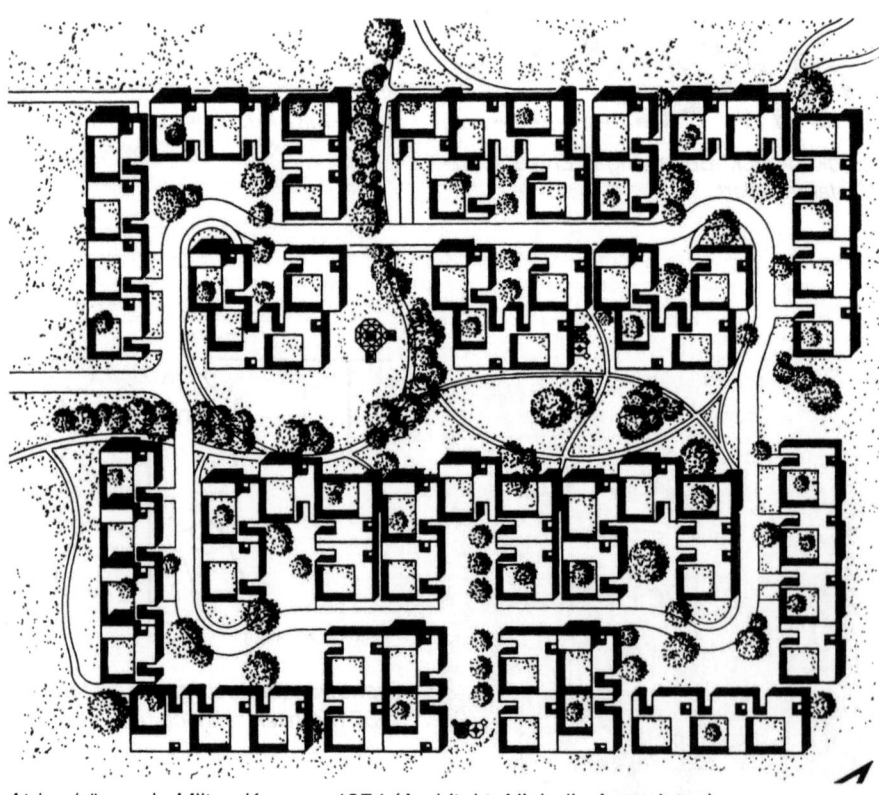
Atriumhäuser in Milton Keynes, 1974 (Architekt: Nicholis Associates).

Wohnungsnahe Freiflächen

Die Gestaltung der Wohnumgebung ist für die Qualität des Wohnens ebenso wichtig wie die Wohnung selbst. Eine über die engere Nachbarschaft hinausgehende „öffentliche" Nutzung wird erst durch Angebote wie ÖPNV-Haltestellen, öffentliche Gebäude, Arbeitsplätze und Gastronomie von quartiersübergreifender Bedeutung entstehen. Die geschlossenen Platzfiguren der aktuellen Vorstadtprojekte bieten heute zwar eher die gestalterischen Voraussetzungen öffentlichen Raums als die fließenden Räume der sechziger und siebziger Jahre – doch ohne die notwendige Mischungsdichte werden sie nicht die urbanen Qualitäten ihrer historischen Vorbilder erreichen. Es sind die wohnungsnahen öffentlichen Flächen für das Quartier, die gemeinschaftlichen Flächen für das Haus und die privaten Freiflächen für die Wohnung. Für alle drei Bereiche soll nachfolgend eine gewisse Bandbreite der Möglichkeiten dargestellt werden.

Siedlungsmitte als formales Element, Ij-Plein in Amsterdam (Architekten: OMA).

Öffentliche Freiflächen, Quartiersplätze, Siedlungsmitte

Erst durch die Definition öffentlicher Räume wird aus einer Ansammlung von Wohnhäusern eine Siedlung, ein Ort zum Wohnen, dessen Anspruch über die privaten Aspekte des Wohnens hinausweist. Mit Gassen, Straßen und Plätzen wurde in vielen neuen Stadtrandsiedlungen versucht, an traditionelles städtebauliches Vokabular anzuknüpfen. Ebenso gehört der grüne Anger als die ländliche Variante öffentlichen Raums heute wieder zum Standardelement vieler Siedlungsentwürfe.

Das Funktionieren einer solchen Öffentlichkeit ist nur schwer zu planen und entzieht sich auch einer eindeutigen Beurteilung. Begegnungshäufigkeit und Nutzungsüberlagerungen, typische Eigenschaften öffentlicher Räume, werden sich nur bei entsprechender Dichte der Bebauung, Überlagerung mit der Quartierserschließung und gemischter Randnutzung einstellen. In einer gering verdichteten reinen Schlafsiedlung mit ausreichender privater Freiraumversorgung werden Platzräume eher ungenutzt bleiben. Zugleich hat aber ein solcher leerer Raum auch Aufforderungscharakter und damit symbolische Funktionen.

Das Gegenkonzept der mittenlosen Siedlung (z. B. Pilotengasse, Wien) verweist den Anspruch eventueller Öffentlichkeit an die Umgebung – die Landschaft, benachbarte Siedlungskerne – oder zwingt zur Mehrfachnutzung anderer Flächen (z. B. Parkplätze).

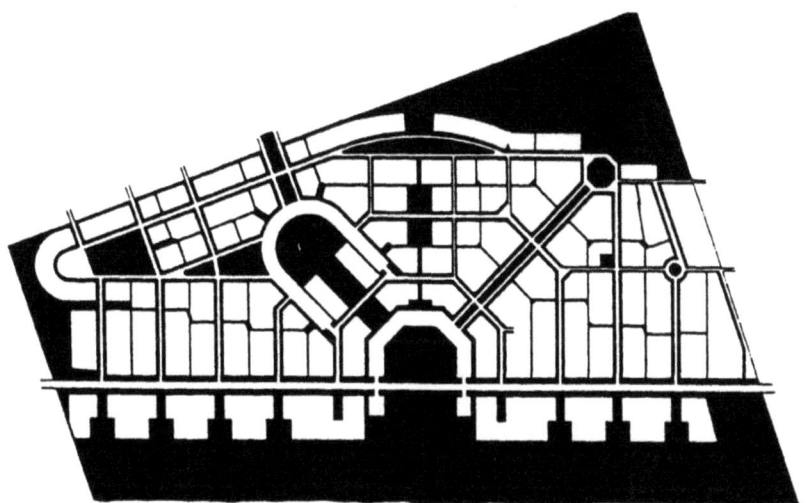

Differenziertes Gefüge öffentlicher Räume, Seaside, Florida, 1983 (Architekten: Duany und Plater-Zyberk).

Halböffentliche Flächen

Gemeinschaftlicher Hof

Bei einer Blockrandbebauung sind formelle und informelle Freiraumnutzung klar getrennt. Die Straße ist der Ort der alltäglichen Wege und der Besucher, der Innenbereich wird nur zu besonderen Anlässen in der Freizeit aufgesucht. Die Intensität

Gemeinschaftshof Ritterstraße, Berlin (Architekten: Rob Krier u. a.).

Erschließungshof, Siedlung Ried W2, Niederwangen (Architekten: Atelier 5).

Abstandsgrün bei typischer Nachkriegssiedlung.

Gemeinschaftliche Dachterrasse, Kruisplein in Rotterdam (Architekten: Mecanoo).

des Gebrauchs hängt damit in erster Linie von der Familienstruktur der Bewohner und der räumlichen Dichte des Quartiers ab. Der direkte Zugang aus den Wohnungen der unteren Geschosse kann den Gebrauchswert für deren Mieter erhöhen. Zugleich wird damit ein erster Schritt zur Privatisierung solcher Flächen gemacht. Das Ende solcher halböffentlichen Räume ist die Dominanz des privaten Gebrauchs durch die Aufteilung in Mietergärten. Die öffentliche Durchwegung solcher Blockinnenbereiche kann willkommene Abwechslung innerstädtischer Fußwegverbindungen sein. Diese Öffnungen der „privaten" Seite des Blocks erfordern dann eine klare räumliche Definition der Bereiche.

Zentrale Erschließungsfläche

Bei allen zentralen Formen der Haus- und Wohnungserschließung bietet sich die Überlagerung mit einer gemeinschaftlichen Freiraumnutzung an. Der Zugang zur Wohnung durch die Glashalle oder den Hof überlagert sich notwendig mit den Freiraumnutzungen wie Spielen oder Festefeiern. Diese Mehrfachnutzung ist flächensparend und bietet zugleich die räumlichen Voraussetzungen für eine gewisse soziale Dichte des Wohnumfeldes. Für die privaten Freiflächen bleiben damit nur die die Außenseite – der Garten zur Landschaft oder der Balkon im Obergeschoß zur Straße.

Offener Raum

Anders als bei den raumbildenden städtebaulichen Mustern ist die Abgrenzung eines Bereiches mit kontrollierter Öffentlichkeit im offenen Raum der Klassischen Moderne nur schwer möglich. Analog zum gemähten, zaunlosen Vorgarten bleibt die Grenze immateriell. Die Psychologie des Territorialverhaltens bestimmt hier das geduldete Maß der Annäherung eines Fremden an das Haus. Der Mangel an Grenzen verhindert den gemeinschaftlichen Gebrauch solchen Abstandsgrüns. Diese territoriale Unbestimmtheit mindert aber nicht den ästhetischen und ökologischen Wert solcher Freiflächen und paßt zu temporären oder anonymeren Wohnformen.

Dachterrasse

Der völlig von der näheren Umgebung losgelösten Wohnhausscheibe entspricht die Dachterrasse als Dampferdeck. Dieser Prototyp der Moderne hat sich im Mietwohnungsbau letztlich nicht bewährt. Die Dachterrasse, das Deck ohne Pool und Meeresblick, bietet kaum andere Qualitäten als der private Balkon und ist zuwenig in die alltäglichen Wege eingebunden. Für Apartmenthäuser oder Studentenwohnheime in städtischer Umgebung kann sie dennoch eine angemessene Lösung sein.

Gemeinschaftsräume

Mit der Verlagerung aller Hauswirtschaftsbereiche wie Waschen, Trocknen oder Lagerhaltung in die Einzelwohnung entfallen heute die meisten alltäglichen Anläße zur Benutzung gemeinschaftlicher Einrichtungen. Vielleicht werden die Rituale der Abfalltrennung hier neue Anläße schaffen – das Café am Container. Alle über den rein privaten Gebrauch hinausgehenden Angebote (Sauna, Pool, Werkstatt) erfordern daher eine gute Abstimmung auf das zu erwartende Bewohnermilieu. Zwecks ausreichender Frequentierung sollten Gemeinschaftsräume zentral in Sicht- und Wegeverbindung zu den Erschließungs- und Freiflächen liegen. Eine Mehrfachnutzung, z. B. für die Kinderbetreuung, oder die temporäre Nutzung als Büroraum oder Gästewohnung sollte vorgesehen werden.

Private Freiflächen

Die der Wohnung zugehörige private Freifläche macht einen großen Teil der Attraktivität des Wohnens im Eigenheim aus. Hierfür einen gewissen Ersatz in Form von gebauter Freifläche zu schaffen, ist für die Akzeptanz des verdichteten Wohnungsbaus besonders wichtig.

Garten

Der ebenerdige Zugang zum privaten Garten ist sicher eine der besonderen Qualitäten des Wohnens in einem Einfamilienhaus. Sie läßt sich auch im Geschoßwohnungsbau für die erdgeschossigen Wohnungen herstellen. Eine Treppe kann den

Gartenhof und Dachterrasse, Halen (Architekten: Atelier 5).

direkten Zugang zum Grün auch für die Etage über dem Erdgeschoß ermöglichen und so die Nutzungsintensität des Freibereichs steigern. Zur Vermeidung von Einblick in die unteren Wohnungen ist eine sorgfältige Plazierung nötig.

Die bauliche Abgrenzung der Terrasse durch eine Mauer erlaubt eine starke Verdichtung des Wohnumfelds, da die störungsfreie Nutzung und Annäherung ohne weitläufige Abstandsflächen gewährleistet ist. Die Möglichkeit zur temporären Öffnung von Türen oder Schiebeelementen erlaubt es, das Umfeld bei Bedarf kommunikativer zu gestalten. Ein solcher Gartenhof im Erdgeschoßwohnungsbau erlaubt dann freieren Gebrauch als der gerade noch finanzierbare Abstandssaum um das freistehende Eigenheim.

Terrassen über dem Erdgeschoß, Läden und Garage

Erdgeschossige Läden oder Gewerbenutzungen benötigen häufig größere Geschoßtiefen, so daß sich ihre Dächer als Terrassen für die Obergeschoßwohnungen anbieten. Besonders in stärker verdichteten innerstädtischen Mischgebieten kann durch solche Nutzungsstapelung ein Ersatz für fehlende Freiflächen geschaffen werden. Die Gärten im Obergeschoß sind als Dachbegrünung zudem ökologisch sinnvoll und besser belichtet als ebenerdige.

Auskragende Balkons

Völlig vom Boden entfernt bietet ein größerer Balkon Ersatz für das nicht zugängliche Grün. Er kragt vor der Fassade aus und bietet damit Ausblick und Austausch mit der Umgebung. Durch Gebäudeversatz, seitliche Schiebeelemente, Vorhänge oder die Kombination mit einer Loggia kann die Nuance zwischen genußvollem Ausblick und störendem Einblick bestimmt werden.

Wintergarten

Der Wintergarten bietet als wettergeschütztes „Grünes Zimmer" eine auch in Übergangsjahreszeiten nutzbare Ergänzung der Wohnung. Der Ausbau von Loggien und Balkons zu Wintergärten kann deren Gebrauchswert deutlich steigern, in lauten Wohnlagen als Lärmschutz dienen und spart zudem Energie.

Loggia

In exponierten städtebaulichen Situationen oder den obersten Geschossen wird die Nutzung eines auskragenden Balkons zu einer zugigen Angelegenheit. Hier kann die eingezogene Loggia, das offene Zimmer eine bessere Freiraumqualität bieten. Die Loggia ist ein geschützter Übergangsbereich von Innen und Außen, der sich hinter der Fassade entwickelt, ohne die Kubatur des Gebäudes zu überlagern. Durch die Ausdehnung über zwei Geschosse kann die Belichtung der Wohnräume erheblich verbessert werden.

Eckbalkon, Bauhaus Dessau (Architekt: Walter Gropius).

Wintergarten und Loggia, Berlin-Charlottenburg (Architekt: Hans Kollhoff).

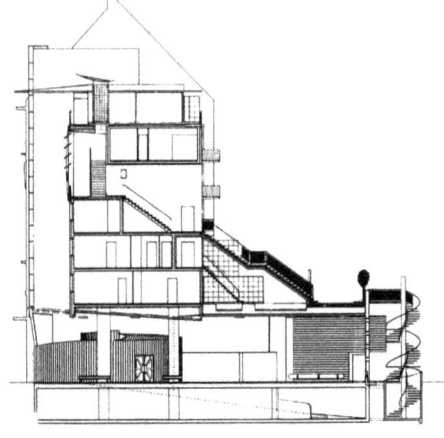

Terrasse und Erschließung über der erdgeschossigen Ladennutzung, Wohnhaus Berlin Friedrichstraße (Architekten: OMA).

Ruhender Verkehr

Versiegelte Parkplatzfläche am Ortsrand.

Parken im Straßenraum.

Der zunehmende Flächenverbrauch für den Bau von Wohnungen wird verschärft durch den Flächenbedarf für das Auto. Der ebenerdige Stellplatz ist flächenintensiv und bietet nur begrenzte Kapazitäten, eine Tiefgarage ist teuer und das Parkhaus keine Lösung für den Wohnungsbau. Der Bedarf an Stellplätzen ist abhängig von städtebaulichen Randbedingungen, von der Anbindung an den öffentlichen Nahverkehr, von der Alters- und Sozialstruktur der Siedlung. Die Bandbreite reicht von zwei Stellplätzen (und mehr) pro Wohnung im ländlichen Raum bis zu einem Parkplatz für zwei Wohnungen in City-Lagen. Planerisch festgelegt wird diese Anzahl durch den jeweils vorgeschriebenen Stellplatzschlüssel, die Anzahl unterzubringender Autos pro Wohnung. Dieser angenommene oder zugestandene Raum für das Auto wird zunehmend zu einem politisch diskutierten Wert, der in den Stellplatzverordnungen der Kommunen sehr unterschiedlich definiert wird. Hohe Dichten sind bei den derzeitigen Stellplatzschlüsseln von 1–1,5 Pkw pro Wohneinheit nur mit Tiefgaragen erreichbar. Inzwischen gibt es auch erste Initiativen für völlig autofreie Siedlungen, bei denen die Flächen und Kosten (bis zu 25 qm und 40 000 DM pro Pkw) für die Stellplätze und Teile der Erschließung eingespart werden können. Dieser radikale Ansatz erfordert eine gute Erschließung durch den öffentlichen Nahverkehr und zwingt den Bewohner zu einem weitgehenden Verzicht auf den privaten Pkw.

Entscheidend für die Dimensionierung der Erschließungsstraßen in einer Siedlung ist die Entfernung zwischen Autoabstellplatz und Wohnung. Vom Sammelparkplatz am Rand der Siedlung bis zur Garage im Haus sind eine Vielzahl von Varianten möglich.

Zentraler Parkplatz am Siedlungsrand

Der Sammelparkplatz am Siedlungsrand ist die flächenschonendste Stellplatzlösung. Die eigentliche Siedlung kann autofrei gehalten werden, und die interne Erschließung kann sparsamer, d. h. nur für Fußgänger, Radfahrer und Versorgungsfahrzeuge, dimensioniert werden. Kleineren Sammelstraßen am Rand der Siedlung können die Stellplätze direkt zugeordnet werden (senkrechte Aufstellung ca. 12 qm je Stellplatz). An stärker befahrenen Straßen müssen separat erschlossene Stellplatzflächen ausgewiesen werden (ca. 20–25 qm je Stellplatz). Die Entfernung zwischen Stellplatz und Wohnung sollte dabei 100 Meter nicht überschreiten. Bei solchen konzentrierten Stellplatzflächen ist eine gestalterische Einbindung in das städtebauliche Umfeld wichtig, um die Nachbarschaft oder den angrenzenden Landschaftsraum nicht zu beeinträchtigen.

Die flächensparende Stapelung in Form von abgelegenen Parkdecks oder Tiefgaragen am Rande von Siedlungen ist dagegen selten eine Bereicherung der Wohnumgebung und für den Nutzer nicht besonders attraktiv. Fehlt die soziale Kontrolle durch die Nähe zu den Wohnungen, wird der ängstliche Autobesitzer nach anderen Einstellmöglichkeiten suchen – der Leerstand ist vorprogrammiert.

Stellplätze im Straßenraum

Bei einem niedrigen Stellplatzschlüssel kann die Anordnung der Parkplätze entlang der Erschließungsstraßen ausreichen. Die Breite der Erschließungsstraßen läßt sich durch die Ausweisung von Mischflächen verringern. Alle Verkehrsteilnehmer, auch Autofahrer mit geringer Geschwindigkeit, benutzen eine ungegliederte Fläche, die zugleich wohnungsnahe Freifläche sein kann.

Der zusätzliche Stellplatzbedarf ist zugleich eines der Hauptprobleme bei der Nachverdichtung von bestehenden Siedlungen. Die autogerechten Großsiedlungen der siebziger Jahre bieten dabei die größten Potentiale durch den Rückbau von überdimensionierten Straßenräumen.

Garagenhöfe, Carports mit Ergänzungsnutzungen

Eine direktere Zuordnung der Stellplätze zum Haus ist die Anordnung in der eigentlichen Anliegerstraße – gegenüber der Hauszeile oder etwa als seitlicher Abschluß quer zu den Reihenhauszeilen. Die Nähe zur Wohnung erleichtert die anderweitige Nutzung des Stellplatzes, z. B. temporär als Spielfläche oder eine Umnutzung der Garage zur Werkstatt. Die Umnutzbarkeit von Stellplätzen zu Freiflächen könnte als Anreiz zum Verzicht auf das Auto stärker gefördert werden.

Tiefgarage unter den wohnungsnahen Freiflächen

Um höhere bauliche Dichten zu erreichen, können die Stellplätze (oder wenigstens ein Teil) unter den Freiflächen angeordnet werden. Die Trennung vom Wohnhaus verhindert die aufwendigen entwurflichen und konstruktiven Abhängigkeiten. Die Kellerräume bleiben als Nebenräume nutzbar oder können aus Kostengründen entfallen. Intensive Grünflächen (besonders Bäume) erfordern allerdings eine starke und damit statisch aufwendige und teure Erdabdeckung.

Eine andere naheliegende Variante ist die Anordnung der Tiefgarage unter der ohnehin versiegelten Erschließungsstraße. Dies wird aber durch die Überlagerung von Eigentumsrechten (private Tiefgarage unter öffentlicher Straße) und die traditionelle Form der Verlegung von Infrastrukturleitungen im Erdreich erschwert und selten praktiziert. In Kombination mit der Bündelung von Ver- und Entsorgungsleitungen in einem Infrastrukturkanal ist es aber eine durchaus sinnvolle Variante.

Tiefgarage unter dem Haus

Die direkteste Zuordnung von Auto und Wohnung ist der Stellplatz unter dem Haus. Der Autofahrer kann trockenen Fußes aus der Tiefgarage das Treppenhaus zu seiner Wohnung erreichen. Es ist eine konstruktiv und entwurflich aufwendige und damit teure Lösung, da Tiefgaragen- und Wohnungsmaße aufeinander abgestimmt werden müssen. Zweibündiges Parken ist mit 16 m breiter als gut belichtete zweiseitig orientierte Wohnungen (10–12 m). Deshalb muß ein Teil der Freiflächen unterbaut werden. Durch Anheben der Erdgeschoßebene kann eine räumlich abgesetzte Terrasse entstehen und die Tiefgarage natürlich belichtet und belüftet werden. (Die mediterrane Variante ist das Parken unter dem aufgeständerten Haus).

Die dezentrale Form des Parkens im Haus, die integrierte Einzelgarage, ist nur bei addierten Einzelhäusern (Teppich) oder Reihenhäusern möglich und baulich aufwendig.

Carports am Haus.

Parken unter Erschließungsstraße, Wohnhaus am Berlin Museum (Architekt: Hans Kollhoff).

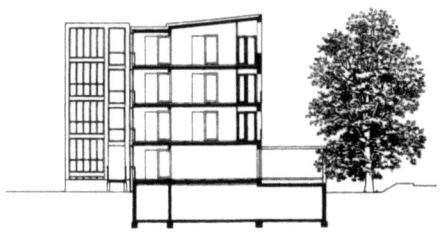

Dichte

Neben den angesprochenen ökonomischen und ökologischen Notwendigkeiten einer stärkeren Verdichtung in der Fläche sind Nutzungsvielfalt und Erlebnisdichte die wesentlichen sozialen Funktionen, die neue Siedlungen erfüllen müssen. Der Verbrauch unbebauter Landschaft für den Bau von Wohnhäusern ist natürlich nur ein Teil des enormen Flächenverbrauchs im Zuge zunehmender Suburbanisierung. Flächenintensive Gewerbebetriebe und expandierende Dienstleistungsbetriebe ziehen wegen steigender Bodenpreise ebenso in das Umland der Städte wie Großhandelsfirmen, Kinocenter oder Fitnesstudios. Ein Prozeß, der nur durch die allgemeine Automobilisierung möglich wurde. Ohne Pkw sind große Teile unseres Landes kaum noch bewohnbar. Das scheinbar preiswertere Wohnen an der Peripherie bedeutet heute Autofahren für fast alle Besorgungen auch des täglichen Bedarfs, den ständigen Chauffeurdienst für Kinder und tägliches Pendeln zum Arbeitsplatz.

Alle Vorstellungen von verstärkter Entwicklung im Außenbereich, von der Integration von Natur und Stadt in ausgedehnten Stadtlandschaften und Gartenstädten scheitern an den nicht gelösten Fragen der Mobilität. In den städtebaulichen Leitbilddebatten der letzten Jahre wurde die weitgehend ungeplante Ausdehnung der Siedlungsflächen ins Umland unter Titeln wie „Urban Sprawl", „Stadtlandschaft" gerne chaostheoretisch legitimiert und mit dem Blick auf die USA verklärt. Eine tragfähige Vorstellung von Stadt für die wesentlich beengteren Platzverhältnisse in Europa und für die ökologischen Probleme des späten 20. Jahrhunderts ist daraus bisher nicht entstanden. Nach „Urbanität durch Dichte" oder „verdichtetem Flachbau" muß der Begriff Dichte heute in neuem Kontext wiederentdeckt und mit neuen Inhalten gefüllt werden.

Dichte kann nicht „nach oben offen" sein

Ein „Optimum" oder Grenzwerte sind nicht präzise definierbar. Es lassen sich aber Randbedingungen und Ziele für Dichten formulieren, die freilich nie auf ein Grundstück oder eine Hausgruppe bezogen werden können, sondern auf Quartiersebene gelten.

Quartiersbildung und Versorgungseinrichtungen

Um alle öffentlichen und privaten Versorgungseinrichtungen des alltäglichen Bedarfs (Läden, Kita, Grundschule etc.) in einem Wohnquartier zu Fuß oder mit dem Rad zu erreichen – was Voraussetzung zur Reduzierung des Individualverkehrs in den Wohnquartieren ist –, müssen hohe Dichten erreicht werden. Dabei kann der Dichtebegriff nicht allein als Baudichte über die GFZ definiert werden. Vielmehr muß der bereits angesprochene Wohnflächenbedarf je Einwohner mit berücksichtigt werden.

Modellrechnungen mit verschiedenen Dichten zeigen, daß bei dem heutigen Wohnflächenbedarf pro Einwohner in einem reinen Wohngebiet erst ab einer Durchschnittsdichte von GFZ = 0.8 (bezogen auf das Nettowohnbauland) Quartiere entstehen, bei denen innerhalb einer Fläche von 75 ha Bruttobaugebiet über 6500 Einwohner wohnen können. Mit 6500 Einwohnern ist eine Quartiersgröße erreicht, bei der zwei Kindertagesstätten, eine Grundschule und eine Ladengruppe unter bestimmten Bedingungen (u. a. Erreichbarkeit) „tragfähig" werden können. 75 ha Bruttobaugebiet entsprechen, idealisiert dargestellt, einem Quadrat mit einer Seitenlänge von ca. 866 m.

Geht man davon aus, daß die Versorgungseinrichtungen *innerhalb des Quartiers* liegen, entstehen also selbst bei exzentrischer Lage des Quartierszentrums und der öffentlichen Einrichtungen von keiner Wohnung aus größere Entfernungen als 500 m zu Schulen, Kita und Versorgungseinrichtungen.

Nimmt man dagegen eine durchschnittliche Dichte mit einer GFZ von nur 0.4, so wird für die gleiche Zahl von Einwohnern eine Siedlungsfläche, idealisiert in einem Quadrat dargestellt, mit einer Seitenlänge von 1,2 km erforderlich. In einem Quartier mit einer solchen Dichte lassen sich nicht mehr alle Erledigungen problemlos ohne Pkw erledigen, und die Fußwege der Kinder zur Kita und zur Grundschule werden zu lang.

Bei einer GFZ von 1.0 dagegen entstünde ein Quadrat mit einer Seitenlänge von 775 m.

Da die Mischung von Wohnen und Arbeiten in unterschiedlichsten Formen anzustreben ist, müssen in gemischten Gebieten noch Abzüge für Gewerbliche Flächen gemacht werden.

In drei vergleichenden Rechnungen mit GFZ 0.4, 0.8 und 1.0 wurden jeweils 35% der Flächen für Gewerbe abgezogen. In diesem Fall ergibt sich ein entsprechend größerer Flächenbedarf:

GFZ von 0.4

Flächenbedarf = 230 ha,
entspricht einem Quadrat mit einer Seitenlänge von 1516 m.

GFZ von 0.8

Flächenbedarf = 115 ha,
entspricht einem Quadrat mit einer Seitenlänge von 1072 m.

GFZ von 1.0

Flächenbedarf = 93 ha,
entspricht einem Quadrat mit einer Seitenlänge von 964 m.

ÖPNV – Erschließung

Aus diesen Modellrechnungen ergibt sich auch die Schlußfolgerung, daß sich dichtere Quartiere besser durch den ÖPNV erschließen lassen. Bei der Dichte mit einer GFZ von 1.0 läßt sich ein reines Wohnquartier theoretisch mit nur einer einzigen, zentral gelegenen Haltestelle erschließen. Von allen Wohnungen aus würden dennoch nur Fußwege von max. 400 m entstehen, was für eine Straßenbahnhaltestelle durchaus vertretbar ist. Dies gilt auch noch bei einer GFZ von 0.8, bei der die längsten Fußwege ebenfalls noch unter 500 m liegen würden. Bei einer GFZ von 0.4 würden dagegen Fußwege von bis zu 750 m entstehen.

Dies sind freilich nur theoretische Werte, da in der Realität jeweils die spezifischen Bedingungen die Einhaltung dieser „reinen Werte" modifizieren, Wegführungen und Gestaltungsaspekt eine Rolle spielen.

Dennoch zeigt der Vergleich, daß Dichte neben der Art der Siedlungsstruktur (Konzentration auf Achsen und Zentren positiv oder flächig verteilt und dispers negativ) eine der entscheidenden Randbedingungen für eine wirtschaftliche Erschließung durch den öffentlichen Personennahverkehr ist.

Leitungsgebundene Energieträger

Unter ökologischen Zielsetzungen ist die Erschließung von Quartieren für Leitungsgebundene Energie (z. B. Abwärme aus Blockheizkraftwerken) eine wichtige Forderung. Dabei spielt die Dichte neben der Art der Baustruktur ebenfalls eine wichtige Rolle. Vereinfacht betrachtet kann man sagen, daß bei einer Dichte GFZ = 0.4 die Leitungslängen, die zur Erschließung eines Quartiers erforderlich werden, im Vergleich zu einer GFZ von 1.0 das 2,5-fache betragen. Dies gilt dann auch entsprechend für die Leitungsverluste. Ebenso wird in der Regel (nicht zwingend) bei GFZ 0.4 der Anteil offener Bauweise und somit die Gesamtfläche der thermischen Hülle, also auch der Transmissionswärmeverlust, vergrößert sein.

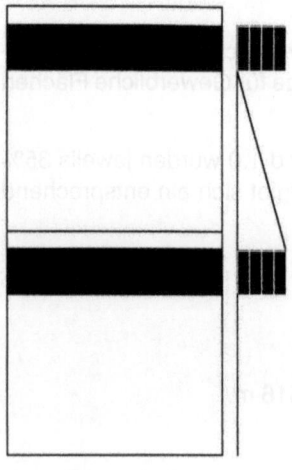

Verschattungswinkel 16°

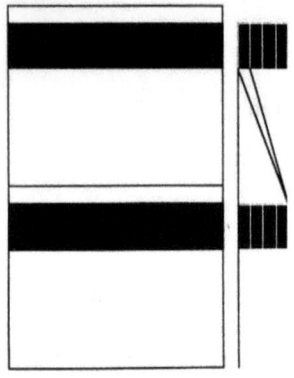

Verschattungswinkel 21°

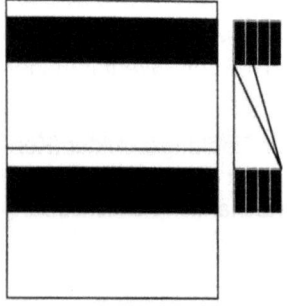

Verschattungswinkel 26°

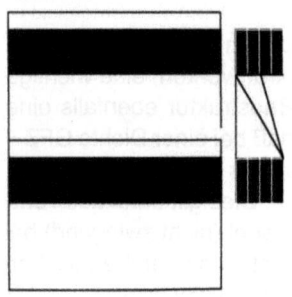

Verschattungswinkel 32°

Dichte und Verschattung bei viergeschossigem Zeilenbau.

Aspekte, die gegen hohe Verdichtung sprechen

Mit steigender Dichte, die schließlich die Konzentration von immer mehr Baumasse auf einer gegebenen Fläche bedeutet, entstehen zunehmend Probleme. Die sehr dichte Überbauung, die in der Regel (nicht zwingend) auch eine höhere GRZ bedeutet, also einen höheren Versiegelungsgrad, erzeugt gleichzeitig einen hohen Nutzungsdruck auf die nicht überbauten Flächen. Mit der Dichte steigt die Zahl der Einwohner und Haushalte je Hektar, dadurch auch die Zahl der erforderlichen Stellplätze, die Bestandteil des Nettowohnbaulandes sind.

Während bei einer GFZ von 0.8 die erforderliche Fläche für Stellplätze (1.5 Stellplätze je Haushalt) 18% des Nettowohnbaulandes beträgt, liegt dieser Anteil bei einer GFZ von 1.2 bereits bei 27%. Dies bedeutet, daß bei einer GRZ von 0.4 annähernd die Hälfte der Freiflächen der Baugrundstücke mit Pkw überstellt wäre. Freilich ist eine Dichte von 1.2 als Durchschnittsdichte in einem Quartier nur schwer zu erreichen – und vor allen Dingen nicht ohne Tiefgaragen oder niedrigeren Pkw-Besatz.

Tiefgaragen bedeuten aber einen noch höheren Versiegelungsgrad. Quartiere mit solchen Dichten erfordern, um eine drastische Verschlechterung des Mikroklimas zu vermeiden, eine Reihe von Ausgleichsmaßnahmen im Bereich der Gebäudebegrünung und der Retension. Zu diesem Problembereich gehört auch die Verschattung der Wohnungen. Die Grafik „Verschattung bei unterschiedlichen Dichten" zeigt, daß bei einer 4-geschossigen, südorientierten Bebauung

- bei einer GFZ von 0.8 beim tiefsten Wintersonnenstand mittags keine Verschattung der nördlich gelegenen Bebauung eintritt;
- bei einer GFZ von 1.0 beim tiefsten Wintersonnenstand mittags eine Verschattung des Erdgeschosses der nördlich gelegenen Bebauung eintritt;
- bei einer GFZ von 1.2 beim tiefsten Wintersonnenstand mittags bereits eine Verschattung der beiden ersten Geschosse der nördlich gelegenen Bebauung eintritt.

Eine solche Dichte, oder gar von 1.4, bringt also erhebliche Verschattungsprobleme mit sich, die allerdings bei einer Gebäudemischung von Wohnen und Arbeiten zu lösen sind, sofern man die Arbeitsplätze in die unteren Geschosse legt.

Schlußfolgerungen

Es kann keine zwingende Ableitung einer optimalen Durchschnittsdichte für ein Quartier geben. Quantitative Dichteangaben, die nur auf eine Einzelparzelle bezogen werden, besitzen nur wenig Aussagekraft. Ein Grundstück am Rande einer Siedlung, direkt an einem Grünzug gelegen, kann trotz einer GFZ von 1.2 keinerlei Verschattungsprobleme haben, über ein ausgezeichnetes Mikroklima verfügen etc. Erst mit der Ermittlung von Durchschnittswerten lassen sich aus der GFZ direkte Schlußfolgerungen bezogen auf die oben aufgelisteten Dichtekriterien ziehen. In der Zusammenschau aller oben angesprochenen Aspekte zeigt sich, daß bei baulichen Dichten mit GFZ-Werten zwischen 0.8 und 1.0 die möglichen Nachteile der Verdichtung noch ausgleichbar sind, andererseits aber bereits eine Quartiersbildung mit den Vorteilen der guten Erreichbarkeit von Versorgungseinrichtungen und der guten Erschließung durch den ÖPNV gegeben sind.

Wir definieren den Begriff „Verdichteter Wohnungsbau" folglich als Durchschnittswert auf Quartiersebene (bezogen auf das Nettobauland) ab GFZ ~ 0.8.

Die Wohnung

Der Bau von Wohnungen steht mehr als andere Bauaufgaben im Zusammenhang lokaler Lebensmuster und Baupraktiken und ist zugleich stark den jeweiligen wirtschaftlichen Rahmenbedingungen und Förderungsregelungen unterworfen. So gibt es gerade im Wohnungsbau eine scheinbar unendliche Vielfalt von Erscheinungsformen. Trotz der Besonderheiten lassen sich einige wenige Grundprinzipien der Erschließung von Wohnhäusern und der inneren Organisation von Wohnungen unterscheiden. Diese ergeben ein gewisses Repertoire an Möglichkeiten für die entwurfliche Entscheidungsfindung.

Grundsätzlich neue Entwicklungen hat es, soweit man im Wohnungsbau überhaupt noch davon sprechen kann, in den letzten Jahren nicht gegeben. Zu beobachten sind eher Themenverschiebungen, Wiederentdeckungen bekannter Muster. Geändert hat sich dagegen deutlich die Auswahl und ihre Anwendung im städtebaulichen Kontext. Während seit der Klassischen Moderne die einzelne Wohnung, ihre Orientierung zur Sonne, die Raumgrößen und die Zuordnung der Funktionen im Vordergrund des Entwurfsprozesses standen, ist im Zuge der „Rekonstruktion der Stadt" die städtebauliche Einordnung des Wohnhauses wieder wesentlicher Bestandteil des Wohnungsbauentwurfs geworden. Geändert haben sich auch die ökonomischen Rahmenbedingungen: vom „Wohnen als Statement" der achtziger Jahre zum „Schlichter Wohnen" der neunziger.

Erschließung

Die beiden einfachsten Möglichkeiten der Addition von Wohnungen sind die Reihung in der Horizontalen und die Stapelung in der Vertikalen. Diesen entsprechen die lineare Erschließung in der Horizontalen und die punktuelle Erschließung in der Vertikalen – Gangerschließung und Spännererschließung. Die Reihung von Wohnungen mit ebenerdigem Zugang oder am offenen Laubengang im Obergeschoß vermittelt stärker das Gefühl des Wohnens im eigenen Haus, während die vertikale Zuordnung am Treppenhaus eher dem Thema Wohnung als Teil des Hauses entspricht. Zugleich hat die Stapelung Züge des bürgerlichen Wohnhauses mit seiner klar abgestuften sozialen Hierarchie. Die Horizontale des Laubengangs bietet dagegen eine gewisse Gleichheit der Zugänglichkeit. Für beide Prinzipien sind diverse Varianten und auch Kombinationen entwickelt worden.

Horizontale Erschließung

Ebenerdiger Zugang

Direkte Erschließung, Reihenhäuser der Weißenhofsiedlung in Stuttgart (Architekt: Mart Stam).

Die gereihten Wohnungen werden einzeln vom Straßenniveau aus erschlossen, und wie beim Einzelwohnhaus hat jede Wohnung eine eigene Haustür direkt ins Freie. Es entsteht ein unmittelbarer räumlicher Bezug zwischen Privatsphäre und öffentlichem Raum, der durch Höhensprünge oder Vorbereiche gestaltet sein kann. Bei gleichzeitiger Zuordnung eines rückseitigen Gartens ist die gereihte Wohnung dann zugleich Haus. Die sinnvolle Bauhöhe ist auf max. 2–3 Geschosse beschränkt – verdichteter Flachbau oder Reihenhäuser. Eine im Mietwohnungsbau kaum verbreitete Bauform, die eine hohe Wohnqualität bietet und bei entsprechend kleinen Gartenhöfen auch höhere Dichten ermöglicht.

Besonders in den Niederlanden ist dieses Erschließungsprinzip auch für die Obergeschoßwohnungen verbreitet. Jede Wohnung hat dann eine eigene „Haustür" auf Straßenniveau und hinter dieser eine oft steile, eindeutig private Stichtreppe nach oben. Der Aufwand an vertikaler Erschließung pro Wohnung erlaubt aber nur eine begrenzte Stapelung. Solche Treppen können auch offen, z. B. in Kombination mit einem Balkon, geführt werden.

Sobald mehr als eine Wohnung von einer solchen Treppe erschlossen wird, ist der Übergang zum Spänner- oder Laubengangtyp fließend.

Wegen des unmittelbaren Zugangs vom Straßenraum zur Wohnung ist dieses Prinzip der direkten Erschließung eher für vorstädtische Situationen geeignet. In

Individuelle Erschließung auch bei gestapelten Wohneinheiten. Siedlung in Montreal/Kanada.

Ein Laubengang für drei Geschosse, Kruisplein in Rotterdam (Architekten: Mecanoo).

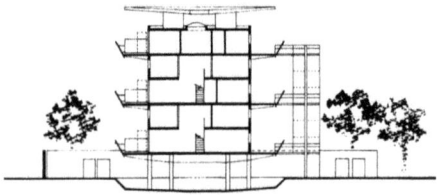

Maisonetten an Laubengänge Nemausus 1, Nîmes (Architekt: Jean Nouvel).

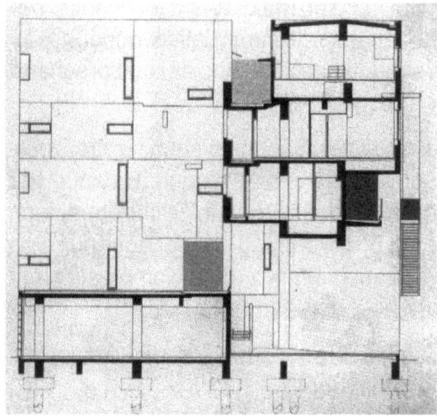

Unterschiedlich orientierte Laubengänge, Fukroka, Japan, (Architekt: Steven Holl).

Kombination mit Laubengängen in den Obergeschossen oder Spännertreppenhäusern zwischen den erdgeschossigen „Reihenhäusern" kann diese Form auch bei vier- und mehrgeschossigen Bauten verwandt werden.

Laubengang

Bei der Laubengangerschließung wird das Prinzip des ebenerdigen Fußwegs, von dem aus die Einzelwohnungen direkt erschlossen werden, ins Obergeschoß verlegt. Der Laubengang ist Bürgersteig im Obergeschoß – mit begrenzter Öffentlichkeit – und kann wie dieser gewisse Freiraumqualitäten bieten. Dies erfordert, gemessen an der reinen Erschließungsfunktion, Flächenüberschuß und die besondere Gestaltung des Übergangs zwischen der Privatsphäre und dem halböffentlichen Raum – dem Gang. Der Laubengang erlaubt die sparsame Verteilung von Treppenhäusern und Aufzügen und kann deshalb kostengünstiger sein als eine Spännererschließung. Diese Optimierung durch maximale Treppenhausabstände und geringe Gangbreiten hat aber auch das schlechte Image dieser Erschließungsform begründet. Für offenere Wohnformen (z. B. Studentenwohnungen) ist der Laubengang eine geeignete Erschließungsform wie auch für städtebauliche Sondersituationen, etwa die Überbauungen von Verkehrswegen oder Wohnungen über großflächigeren Ergänzungsnutzungen (z. B. Läden).

Zur Wahrung der Privatsphäre bedingt der Gang vor der Wohnungstür die einseitige, abgewandte Zonierung der Wohnung. In Mitteleuropa erlaubt nur die Ost-West-Orientierung der Wohnungen ein annäherndes Gleichgewicht der Qualitäten von privater und öffentlicher Seite. Ein stark verschatteter Laubengang auf der Nordseite wird selten mehr als eine Erschließungsfläche sein können.

Für Kleinwohnungen mit einseitiger Orientierung eignet sich ein Laubengang auf jeder Etage. Der hohe Anteil horizontaler Wegeflächen macht ihn aber zu einer teuren Form der Erschließung. Deshalb entstanden zahlreiche Formen der Bündelung des Zugangs zu mehreren Wohnetagen von einem Gang aus. Der Zugang zu den angrenzenden Geschossen über zusätzliche externe Stichtreppen oder durch die interne Treppe der Maisonetten erlaubt eine freiere Grundrißgestaltung. Die Aufenthaltsräume können in der Etage über oder unter dem Laubengang nach beiden Seiten des Gebäudes orientiert werden. Das Bild der gestapelten Reihenhäuser wird durch die Mehrgeschoßigkeit der Wohnung verstärkt.

Durch den Wechsel der Laubengangseite kann auf verschiedene städtebauliche Qualitäten, z. B. Lärm oder Aussicht, in den jeweiligen Geschossen reagiert werden.

Mittelgang

Innenliegende (Mittel-)Gänge bieten eine sehr flächensparende Erschließung, die es erlaubt, auch bei großen Gebäudetiefen Wohnungen zu beiden Gebäudeseiten zu öffnen. Dieses hotelartige Prinzip eignet sich vor allem für Kleinwohnungen und temporäre Wohnformen (z. B. Boardinghäuser). Mittelgänge ohne Außenbezug sind aber selten eine attraktive Wohnungserschließung.

Als Galerien mit Oberlicht gestaltet, die sich über mehrere Geschosse öffnen, können sie dagegen eine halböffentliche Sphäre schaffen, die vor allem für nachbarschaftliche Wohnformen geeignet ist. Der Übergang für Zentralerschließung, dem Hallenhaus, ist fließend.

Ein Klassiker der modernen Architektur ist die den Gang umgreifende Wohnung. Sie erlaubt eine beidseitige Orientierung der Wohnung und großzügige Raumhöhen durch Galeriegeschosse. Der Mittelgang ist bei dieser Erschließung nur noch auf jeder zweiten oder dritten Etage nötig und hier – ganz klassisch modern – als Ladenetage in der Luft aufgewertet. Ein mangels Bodenkontakt zur Laufkundschaft kaum tragfähiges Konzept.

Vertikale Erschließung

Die andere Form der Addition von Wohnungen ist die Stapelung ähnlicher Einheiten und ihre direkte Erschließung durch ein gemeinsames Treppenhaus. Diese Treppe wird zum vertikalen, halböffentlichen Wohnweg und schafft durch den Hauseingangsbereich eine gewisse Distanz zur Straße. Sie kann eine, zwei oder mehrere Wohnungen auf einer Etage erschließen und zugleich horizontal verknüpfen. Für diese verbreitete Form der Wohnungserschließung sind eine Vielzahl von Möglichkeiten – Spännertypen – entwickelt worden. Je nach Anzahl der erschlossenen Wohneinheiten, Lage der Treppe im Haus und Dimensionierung kann diese Erschließung unterschiedlichsten Charakter haben.

Einspänner

Die radikalste Umsetzung ist die Erschließung nur je einer Wohnung pro Etage. Jeder Bewohner erhält seine eigene Ebene, das Reihenhaus in der Vertikalen. Diese eindeutige Zuordnung ist eher akademisch interessant und eine nur bedingt flächensparende Erschließungsform. Bei Projekten mit gemischten Erschließungsformen bietet sich der einspännige Zugang zu Wohnungen vom Laubengangtreppenhaus an.

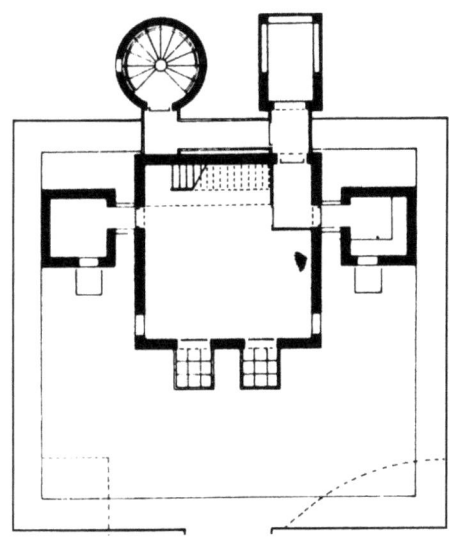

Einspänner, Wohnbebauung mit Atelierturm, Berlin (Architekt: John Hejduk).

Zweispänner, Dreispänner

Durch die Verbindung zweier Wohnungen entsteht eine Kleinstnachbarschaft auf dem Treppenpodest. Es ist die verbreitetste Form der Erschließung von Wohngebäuden im Nachkriegseuropa. Formal impliziert dieses Grundmuster eine gespiegelte Anordnung der Wohnungen, eine Symmetrie der Hauseinteilung. Variationsmöglichkeiten ergeben sich aus der Zuordnung von Treppenhaus und Wohnung. Wird das Treppenhaus in das Gebäude integriert, beeinflußt es deutlich den Zuschnitt der Wohnung. Es kann aber auch durchgesteckt, wie eine Lücke im Gebäude erscheinen oder als vertikaler Akzent vor die Fassade gestellt sein. Der Zweispänner erlebte durch die IBA Berlin in den achtziger Jahren eine gewisse Renaissance als komfortable Form der Wohnungserschließung im städtischen Umfeld.

Ökonomischer und bezüglich der Wohnungsmischung flexibler ist die Erschließung einer größeren Wohnungszahl von einem Treppenpodest. Eine häufig zu findende Variante ist der Dreispänner – zwei größere, beidseitig orientierte Wohnungen werden durch eine zwischengeschobene Kleinwohnung ergänzt, die dann nur einseitig orientiert sein kann. Die Variationsmöglichkeiten sind vielfältig. In Kombination mit einem engen Treppenhaus ergeben sich aber durch die Verschränkungen der Wohnungen keine großzügigen Grundrißlösungen und wenig attraktive interne Erschließungsflächen.

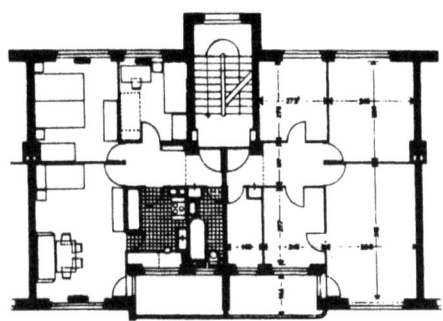

Zweispänner, Siemensstadt Berlin, 2½-Zimmer-Wohnung (Architekt: Fred Forbat).

Vielfachspänner, Zentralerschließung

Der Versuch, viele Wohnungen durch einen einzigen Kern aus Treppenhaus und Aufzug ökonomisch zu erschließen, führt letztlich zu zentralisierten Gebäudetypen. Die Möglichkeit, Wohnungen (einseitig orientierte oder Ecktypen) nach allen Himmelsrichtungen um das mittige Treppenhaus zu gruppieren, machen dieses Prinzip zur idealen Erschließungsform für das freistehende Wohnhochhaus.

Das Hallenhaus ist die andere bauliche Ausformung dieses Erschließungsprinzips. Der Treppenraum wird aufgeweitet zum halböffentlichen, von oben belichteten Gemeinschaftsraum in der Mitte des Hauses.

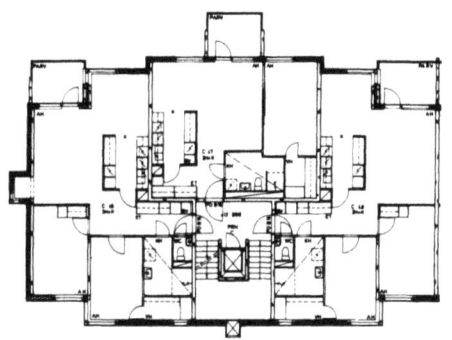

Dreispänner, Näkingpuisto Appartements in Helsinki (Architekten: Gullichsen, Kairamo, Vormala).

Mischtypen

Abweichend von solchen reinen Spänner- oder Ganglösungen machen gerade komplexere städtebauliche Situationen oder Nutzungsüberlagerungen die Kombination verschiedener Erschließungsformen sinnvoll und entwurflich interessant. So nutzt die Anordnung von Kleinwohnungen am Laubengang über großen Wohnungen am Treppenhaus die Qualitäten der unterschiedlichen Zugangsformen.

Orientierung der Wohnung

Die städtebauliche Anordnung des Wohnhauses und die Möglichkeiten der Orientierung der Wohnung sind Aspekte eines Entscheidungsprozesses. Die Ausrichtung der Wohnung nach allen Himmelsrichtungen einer parkartigen Umgebung ist nur mit einer offenen Bebauung möglich, die städtebauliche Entscheidung für einen Blockrand bedingt die zweiseitige Orientierung der Wohnung. Die nachfolgende Typologie ist analog zu den städtebaulichen Mustern gereiht. Von der mehrseitigen Außenorientierung hin zur reinen Innenorientierung des Atriums.

Vierspänner, Mauenheimer Straße, Köln (Architekt: O. M. Ungers).

Orientierung nach vier Seiten, Lützowstraße, Berlin (Architekt: Siegfried Gergs).

Blockecke, „Novocomum" Appartementhaus (Architekt: Giuseppe Terragni).

Innenecken, Außenecken, Moshe Safdie Expo Habitat, Montreal.

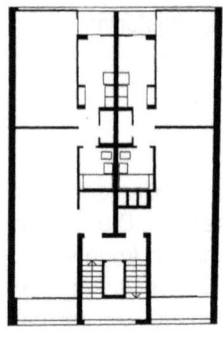

Zweiseitige Orientierung, Wohnhaus Salierring, Köln (Architekt: O. M. Ungers).

Mehrseitige Orientierung

Der Blick aus der Wohnung nach möglichst allen Himmelsrichtungen entspricht am ehesten den unbestrittenen Qualitäten des Wohnens in einem freistehenden Haus. Die allseitige Orientierung ist nur bei der Stapelung von je einer Wohnung pro Etage möglich. Dies bedeutet einen hohen Aufwand an Fassaden und Erschließungsflächen pro Wohnung und erlaubt nur begrenzte städtebauliche Dichten. Geringe Gebäudeabstände nehmen solchen Einzelhausquartieren sonst die besondere Qualität des Ausblicks. Die Orientierung der Wohnung nach immerhin drei Seiten bietet vielfältige Belichtungsmöglichkeiten für alle Räume. Sie ist durch die Spiegelung zweier Einheiten und ihrer Stapelung möglich – das Prinzip des Doppelhauses mit zweispänniger Erschließung. Eine solche mehrseitige Orientierung der Wohnung läßt sich als Ausnahmegrundriß auch im gereihten Wohnungsbau als die Kopfwohnung einer Zeile oder die Dachwohnung realisieren.

Außenecke

Auch die Hausecke bietet durch die Ausrichtung auf zwei benachbarte Seiten die Möglichkeit, besondere Wohnungen zu gestalten. Sie bietet eine weniger eindeutig gerichtete Orientierung, ein Panorama, als Außenbezug. Das Eckhaus war im gründerzeitlichen Städtebau häufig das türmchenbewehrte Juwel des Blocks mit der Eckkneipe im Erdgeschoß. Die Eckwohnungen waren entsprechend großzügig gestaltet: Möglichkeiten, die mit den wesentlich kleineren Wohnungen des geförderten Wohnungsbaus kaum genutzt werden können. Das Ideal der gut besonnten Wohnung führte im Wohnungsbau der Moderne zu einer Eckenvermeidung – zu geraden Zeilen, zur offenen Ecke. Als die dreidimensionale, verselbständigte Form der Eckorientierung können die Terrassenhäuser und Clustergebilde der sechziger und siebziger Jahre gesehen werden.

Mit der Rückkehr zu traditionelleren städtebaulichen Mustern in den achtziger Jahren (prototypisch der Vineta-Block von J. P. Kleihues in Berlin) wird die Eckwohnung als besondere Wohnung im Block oder als Regelwohnung in der Stadtvilla heute wieder häufiger verwandt. Gerade im Bereich der Berliner IBA sind zahlreiche Beispiele dafür entstanden.

Die ungünstig orientierten Nordost- und Nordwestecken oder enge Innenecken lassen sich aber auch durch geschickte Grundrißanordnungen nur selten zu brauchbaren Wohnungen gestalten, so daß die anderweitige Nutzung solcher städtebaulich konzipierten Blockecken – z. B. als Büro – sinnvoller sein kann.

Zweiseitige Orientierung

Im Kontext der linearen städtebaulichen Grundmuster – Block und Zeile – ist die Öffnung der Wohnung quer zur Gebäudeachse und damit in zwei entgegengesetzte Richtungen die verbreitetste Form der Wohnungsorientierung. Sie bietet so zwei Seiten mit unterschiedlicher Belichtungsqualität und Aussicht auf verschiedene städtebauliche Situationen. Mit der Ost-West-Ausrichtung und beidseitigem Blick in begrünte Zwischenbereiche versuchte der Städtebau der Moderne eine gewisse Gleichgewichtung der Ausrichtung – auf Kosten der Prägnanz des öffentlichen Raums. Im gründerzeitlichen Wohnungsbau war die Orientierung der wichtigen Wohnräume immer eindeutig zur Öffentlichkeit und damit zur Straße. Die Ausrichtung der Wohnung an der Himmelsrichtung ist erst durch die Architektur der Moderne zum zentralen Entwurfsthema geworden.

Raumbildende städtebauliche Muster bieten dagegen Anlaß zur entwurflichen Interpretation der Unterschiede zwischen z. B. einer Hof- und einer Straßenseite oder einer Nord- und einer Südseite. Solche Unterschiede können durch die Gewichtung des Grundrisses kompensiert oder durch seine symmetrische Auslegung auch als Qualitäten erlebbar werden. Für diese Art der Orientierung ist eine Vielzahl von Möglichkeiten der internen Zuordnung der Wohnbereiche entwickelt worden (siehe nächstes Kapitel). Prinzipielle Alternativen ergeben sich aus der jeweiligen Gebäudetiefe. Bei geringer Bautiefe (bis ca. 10 m) ist die natürliche Belichtung und Belüftung und Außenorientierung aller Wohnungsbereiche möglich. Bei tieferen Gebäuden bietet sich die Konzentration der Nebenräume in der dunklen Mittelzone an. Die Belichtungsprobleme bei sehr tiefen Grundstücken – z. B. in der Baulücke oder bei schmaler Parzellierung – können durch zusätzliche Innenhöfe oder Einschnitte ausgeglichen werden. Sobald sich die Räume auch auf diesen Innenhof hin orientieren, entstehen Übergangsformen zum Atriumhaus.

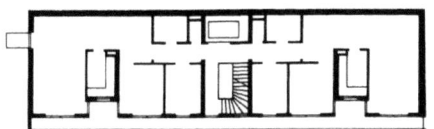

Atriumhaus, Pueblo Ribera Court, 1923 (Architekt: Rudolph Schindler).

Einseitige Orientierung an der Brandwand, Wohnhaus am Luisenplatz, Teilgrundriß (Architekt: Hans Kollhoff).

Innenecke, Luisenplatz, Berlin (Architekten: Kahl, Koch, Uffelmann).

Zweigeschossiger Innenraum des IGA-Wohnblocks, Stuttgart (Architekten: Gullichsen, Kairamo, Vormala).

Einseitige Orientierung

Die Addition von Wohnungen in drei Richtungen erlaubt die Orientierung nach nur einer Außenseite. Trotz der beschränkten Möglichkeiten der Grundrißentwicklung sind im Zuge von Stadterneuerungsmaßnahmen (z. B. Brandwandbebauungen) solche Wohnungen in den letzten Jahren wieder häufig gebaut worden. Auch bei der flächensparenden Mittelgangerschließung ist dieses Prinzip die einzige Möglichkeit zur Organisation der Wohnung auf einer Geschoßebene. An sehr lauten Straßen oder am Laubengang ist sie als abgeschwächte Variante, als eine zumindest eindeutig abgewandte Orientierung sinnvoll.

Die Reihung einseitig orientierter Wohnungen ergibt bei größeren Wohneinheiten additive Grundrißanordnungen mit hohem Fluranteil zur unabhängigen Erschließung aller Räume. Je nach Bautiefe entsteht ein hoher Anteil nicht natürlich belichteter und belüfteter Flächen. Eine Querlüftung der Wohnung ist dann nur mechanisch oder durch zusätzliche Schächte möglich.

Innenecke

Ein Ausbruch aus der nur zweiseitigen Orientierung linearer städtebaulicher Muster wird durch die Addition (Erker) oder Subtraktion (Loggien) von Teilen des Gebäudevolumens erreicht. Es entstehen Innenecken und Außenecken, die diagonale Ausblicke ermöglichen.

Die noch weitergehende winkelförmige Anordnung der ganzen Wohnung bietet eine gewisse Ausdehnung der Grundrisse in die Tiefe. Diese Übergangsformen zum Atrium bieten einerseits die Außenorientierung der linear addierten Wohnungen und den gegen Einblicke abgeschirmten Außenraum des Atriums. Als ganz eigene Qualität erlauben sie den Ausblick auf die eigenen vier Wände.

Auf städtebaulicher Ebene kann dieses Grundrißmuster einen Ausbruch aus der linearen Reihung hin zu mäandrierenden und stark plastischen Baukörperfiguren bedeuten. Eine besonders in den neuen Städten der sechziger und siebziger Jahre (etwa Märkisches Viertel oder Köln-Chorweiler) angewandte Gliederung des Geschoßwohnungsbaus, die auch als Reaktion auf die als monoton empfundenen Reihungen der klassischen Moderne und den einfachen Zeilenbau der Nachkriegszeit zu sehen ist.

Innenorientierung, Atriumwohnungen

Die flächige Addition von Wohnungen erlaubt nur die Innenorientierung der Wohnung auf ein Atrium. Die alleinige Orientierung der Wohnung auf einen engen Hof, z. B. den Hinterhof der Berliner Mietshauskasernen, war immer Ergebnis maximaler Grundstücksausnutzung und damit Anlaß für wohnreformerische Kritik. Angesichts der wesentlich geringeren Belegungsdichte sind solche Wohnungen heute für manchen Stadtbewohner akzeptabel – sie bieten ruhiges Wohnen in zwar lauten, aber zentralen Lagen. Neuer Beliebtheit – zumindest bei Architekten – erfreut sich auch das Atriumhaus als verdichteter Flachbau in desolaten, oft auch von Straßenlärm beeinträchtigten suburbanen Umgebungen. Mangels Aussicht bietet der Hof dort eine bessere Wohnqualität als das freistehende Haus.

Vertikale Ausdehnung, mehrgeschossige Wohnungen

Eine zusätzliche Dimension der Wohnungsorientierung bietet die Organisation über mehrere Etagen. So lassen sich wesentliche Attribute des Einzelwohnhauses – private Treppe und vertikales Raumerlebnis – auch auf den Geschoßwohnungsbau übertragen. Zusätzlich kann einer größeren Anzahl von schmalen Erdgeschoßwohnungen der Zugang zum Garten ermöglicht werden.

Die einfachste Form ist das zweigeschossige Maisonette in horizontaler und vertikaler Addition – das gestapelte Reihenhaus. Es entsteht eine klare vertikale Aufteilung der Wohnbereiche. Bei Familienwohnungen ist dies meist die Aufteilung in eine Etage mit Individualzimmern und eine Gemeinschaftsetage. Der vertikale Zusammenhang kann durch Galerien oder großzügige Treppenöffnungen räumlich erlebbar werden, was aufgrund der Flächenbeschränkung im sozialen Wohnungsbau kaum möglich ist. Die einzelnen Etagen können wie die ebene Wohnung ein- oder mehrseitig orientiert sein. Wird z. B. eine Maisonette vom Laubengang aus erschlossen, so ist die einseitige, abgewandte Orientierung der Eingangsebene sinnvoll, während die anderen Etagen (darüber oder darunter) beidseitig orientiert sein können.

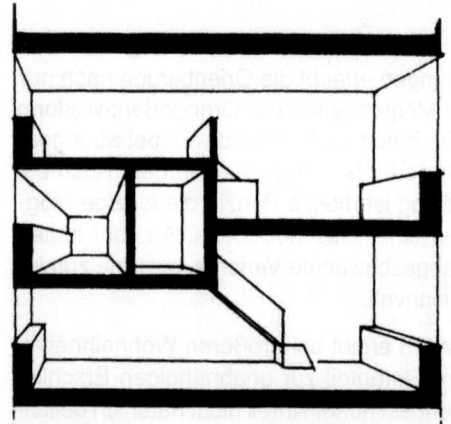

Differenzierte Raumhöhen, Narkofin Gebäude, Moskau (Architekten: Ginsburg, Milinis).

Durch die Anordnung der Treppe ergeben sich bei den mehrgeschossigen Wohnungen einige Variationsmöglichkeiten. Die Längsanordnung mit einläufiger Treppe betont das Durchwohnen, die Verbindung der beiden Außenorientierungen. Die Queranordnung der Treppe (zweiläufig bei schmalen Wohnungen) betont die Aufteilung der Wohnung in zwei Bereiche. Durch eine Erschließung der Wohnung auf beiden Ebenen (oft als zweiter Fluchtweg auch vorgeschrieben) kann die Flexibilität der Nutzung erheblich gesteigert werden.

Die Zwischenstufe von der ebenen Wohnung zum Maisonette ist die Split-level-Anordnung. Die Ebenen der Wohnung werden nicht um ein ganzes Geschoß, sondern um die halbe Höhe versetzt. Die Übergänge zwischen den verschiedenen Niveaus werden fließend – es entsteht ein kontinuierliches Raumgefüge. Auch kleinere Niveausprünge und unterschiedliche Raumhöhen können die räumlichen Qualitäten einer Wohnung deutlich steigern, um den Preis komplizierter Stapelung.

Gliederung der Wohnung

Neben der Orientierung ist die Größe und Zuordnung der verschiedenen Bereiche innerhalb der Wohnung entscheidend für ihre Nutzbarkeit. Mit der zunehmenden Auflösung eindeutiger Lebensmuster kann es heute keine eindeutigen Vorgaben mehr für einen Wohnungsgrundriß geben. Der Grundriß kann also nur die räumliche Umsetzung einer bestimmten Vorstellung von Wohnen sein. Dies kann eine eher räumliche Idee von nutzungsneutraler Hülle oder eine Vorstellung von Wohnverhalten sein. Die freie Plazierung eines Kernes, die organische Gestaltung oder eine familiengerechte Zonierung sind verschiedene Aspekte der Grundrißbetrachtung, die sich nicht in einer Typologie vergleichen lassen.

Eine typologische Annäherung an den Entwurf muß deshalb auf mehreren Ebenen erfolgen. Eine Wohnung kann nach funktionalen, räumlichen oder konstruktiven Kriterien analysiert werden, ohne damit schon angemessen beschrieben zu sein. Das Verhältnis von Wohnungsgrundriß und Gebrauch, der mehrdeutige Zusammenhang von Form und Inhalt, läßt sich mit drei Konzepten beschreiben:
- die spezifische Wohnung, der maßgeschneiderte Grundriß;
- die variable Wohnung, der anpassbare Grundriß;
- die flexible Wohnung, der neutrale Grundriß.

Da bei funktionsneutralen Grundrissen das Bild des Nutzers zunehmend verschwimmt, die Art des Gebrauchs offen sein soll, werden als zweite Ebene der Betrachtung einige räumliche Prinzipien der Grundrißgliederung beschrieben. Als eine dritte Betrachtungsebene werden abschließend Tragsysteme für den Wohnungsbau dargestellt.

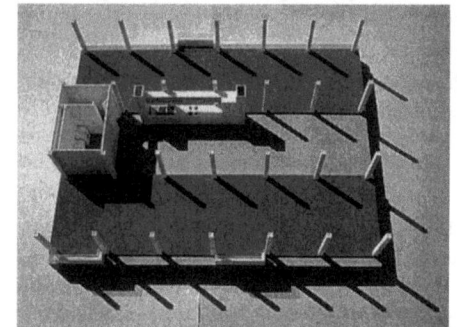

Die Küche als Mitte der Wohnung, IBA Block 2, Berlin (Architektin: Myra Wahrhaftig).

Spezifische Wohnungen

Die immer stärkere Ausdifferenzierung der Wohnbereiche in Form von Raumgruppen (Individualräume, Gemeinschaftsräume und Nebenräume) oder Raumgrößen beginnt mit den Entwürfen der „Frankfurter Schule" Ernst Mays und den Typenentwürfen Alexander Kleins. Sie sind noch immer Grundlage der gängigen Richtlinien im geförderten Wohnungsbau. Deren idealisierter Standardmieter ist immer noch die Kleinfamilie, die idealisierte Wohnweise ist die Verteilung bestimmter Tätigkeiten auf bestimmte Räume. Eine flächensparende Überlagerung von Wohnräumen und Erschließung führt zu weiteren Einschränkungen im Gebrauch. Andere Ansätze der Spezifizierung suchen die Überwindung solcher Durchschnittlichkeit durch spezielle Angebote.

Oswald M. Ungers hat bei seinen Wohnhäusern in Köln-Seeberg und im Märkischen Viertel Berlins die Spannung zwischen den Individualzellen und den gemeinsamen Räumen sehr deutlich in eine architektonische Form umgesetzt. Eine Idealisierung familiärer Lebensweise zeigen die Zentralraumgrundrisse Rob Kriers in Wien. Myra Wahrhaftig versucht bei ihrem Wohnprojekt Dessauer Straße in Berlin die Tätigkeitsfelder in der Wohnung wieder zu verknüpfen. Die Essenszubereitung, Kinderbetreuung und Haushaltsorganisation werden in der zentralen Wohnküche wieder elementarer Teil des Zusammenlebens. Der Herd wird erneut zur Mitte des Hauses.

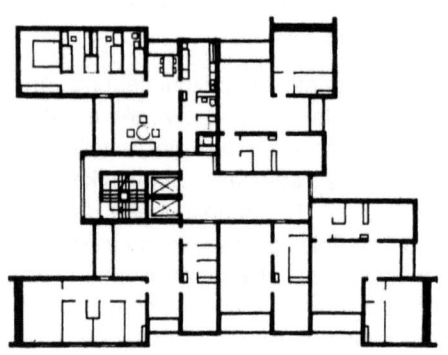

Raumgruppierung, Märkisches Viertel, Berlin (Architekt: O. M. Ungers).

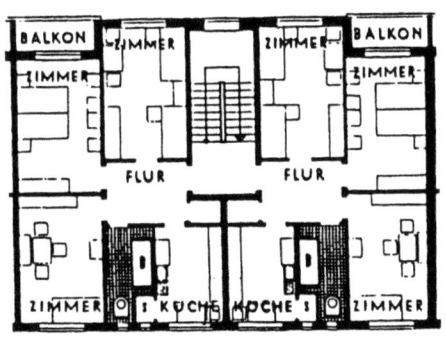

Funktionsneutrale Grundrisse in Hamburger Wohnungen der 20er Jahre (Architekten: Schneider, Elingius, Schramm).

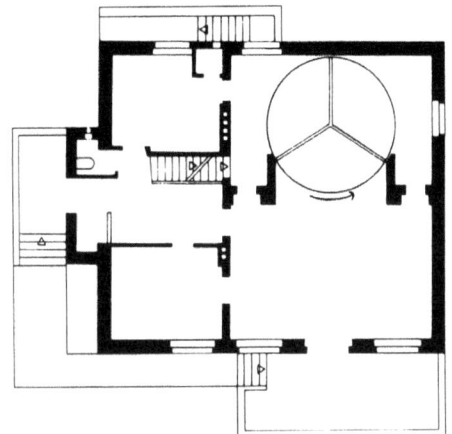

*Der Wohnraum als Wechselbühne, Berlin-Zehlendorf, 1923
(Architekt: Erich Mendelsohn).*

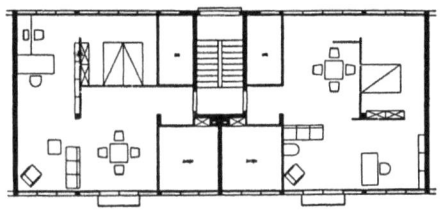

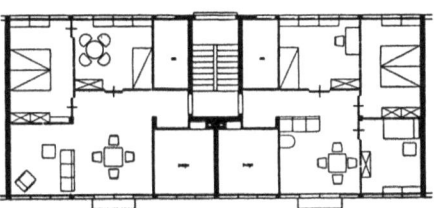

Grundrißvariationen für die Stuttgarter Weißenhof-Siedlung (Architekt: Mies van der Rohe).

Variable Wohnungen, veränderbare Grundrisse

Die andere Art des Umgangs mit dem Wandel räumlicher Ansprüche ist eine andere Aufteilung der Wohnung. Prototypen solcher veränderbarer und luxuriöser Wohnungen sind Pierre Chareaus' Maison de Verre in Paris oder Gerrit Rietvelds Schroeder Haus in Utrecht. Ein frühes Beispiel im Mietwohnungsbau ist das Haus Mies van der Rohes in der Stuttgarter Weißenhofsiedlung.

Die technikbegeisterte Architekturavantgarde der Jahrhundertwende entwickelte solche Konzepte zur besseren Raumnutzung auch für Kleinwohnungen. Einbauten und Abtrennungen werden den jeweiligen Lebenssituationen angepaßt. Eine große Tradition solcher veränderbarer Wohnräume gibt es in Japan. Vom radikalen Ansatz einer Wohnung mit mobilen Naßzellen über einfache Schiebewände bis zu komplizierten Wandsystemen sind alle Abstufungen denkbar und auch gebaut worden. Bewährt durch langjährigen Gebrauch haben sie sich im Massenwohnungsbau nicht. Mobile Trennwandsysteme sind für den Bewohner entweder schlecht zu handhaben oder im eingebauten Zustand schalltechnisch unzureichend. Sie sind nicht flexibler und nicht stabiler als die bewährte Kombination von nichttragender Wand und Vorschlaghammer. Für kurzzeitige Veränderungen bieten sich eher bewegliche Einbaumöbel oder Schiebetüren an.

Eine andere Möglichkeit der Anpassung einer Wohnung an veränderte Lebensumstände ist die externe Variabilität. Diese Ausdehnung der Wohnung in z. B. einen leerstehenden Dachraum ist heute auf den Einzel- und Reihenhausbau beschränkt. Auch der gründerzeitliche Geschoßwohnungsbau bot noch ausbaubare Dachflächen, während im zunehmend rationalisierten Wohnungsbau späterer Jahre solche Pufferflächen wegfielen. Eine andere Möglichkeit bietet ein gegliederter Baukörper mit überbaubaren Einschnitten oder Dachterrassen. Diese Maßnahmen erlauben aber nur eine Flexibilität in eine Richtung, die Erweiterung, da der zusätzliche Wohnraum nicht von anderen Wohneinheiten genutzt werden kann.

Dieses temporär gewünschte Mehr an Fläche kann auch, statt in jeder Wohnung separat, für mehrere Wohnungen vorgehalten werden. Schaltzimmer zwischen Wohnungen erlauben die Vergrößerung der einen Wohnung auf Kosten der anderen. Solche Zimmer können durch einen direkten Zugang aus dem Treppenhaus für alle Parteien eines Hauses als Arbeits- oder Gästezimmer nutzbar sein. Eine andere Form der Größenveränderung entsteht durch die Teilung der Wohnung bei doppelter Erschließung: z. B. auf beiden Ebenen des Maisonettes.

Im Mietwohnungsbau ist angesichts steigender Mobilität die Notwendigkeit aufwendiger Anpaßbarkeit prinzipiell zu hinterfragen. Immer seltener wird es so sein, daß alle Lebensphasen in einer Wohnung verbracht werden. Ist in der Nachbarschaft eine kleinteilige Mischung von unterschiedlichen Wohnungstypen vorhanden, kann auch beim Umzug der Verbleib in der gleichen Wohnumgebung ermöglicht werden. Die Realitäten des Marktes sehen leider noch anders aus.

Flexible Wohnungen, funktionsneutrale Grundrisse

Voraussetzungen für die vielfältige Nutzbarkeit einer Wohnung sind die Gleichwertigkeit der Räume und ihre separate Erschließung. Die von ihren einstigen sozialen Kodierungen (Salon, Herrenzimmer etc.) befreiten Gründerzeitwohnungen mit ihren ähnlich großen Einzelräumen erfreuen sich eben deshalb wieder großer Beliebtheit. Unterschiedliche Formen des Gebrauchs sind in ihren Zimmern eher möglich als in Kinderkammer und Elternschlafzimmer des regelgerechten, geförderten Wohnungsbaus. Diese Freiheit in der Nutzbarkeit und Belegungsdichte kann aber nur durch einen gewissen Überschuß an Fläche entstehen. Innerhalb der Regeln des sozialen Wohnungsbaus ist die Mindestgröße eines solchen Raums durch die Stellfläche für das elterliche Doppelbett definiert.

Formale Prinzipien der Wohnungsgliederung

Als räumliche Muster lassen sich die längs- und quergeschichteten Grundrißanordnungen von den hierarchisierten, zentralisierten Anordnungen unterscheiden.

Längszonierung

Durch Reihung der Aufenthaltsräume entlang der Fassaden entstehen zwei gut belichtete Raumbereiche, die unterschiedlich genutzt werden können. Durch den mittigen Flur ist eine separate Erschließung aller Räume möglich.

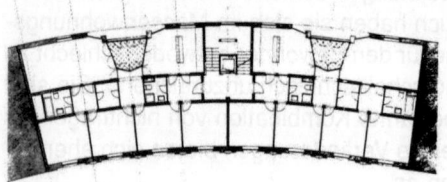

Querzonierung, Friedrichstraße, Berlin, (Architekten: OMA).

Gemeinschaftsbereich und Individualräume können einander gegenüber entlang der Fassaden angeordnet und in der Größe differenziert werden. Dies bedeutet auch eine eindeutige Zuordnung von Wohnbereichen zu den jeweiligen Qualitäten der Umgebung. Die Individualräume werden z. B. zu einer ruhigen Südseite, die Gemeinschaftsräume zu einer lauten Nordseite mit Aussicht orientiert. Bei geringeren Gebäudetiefen ist eine natürliche Belichtung aller Funktionsbereiche an der Fassade gewährleistet, bei großer Haustiefe kann die Mitte zu einer Nebenraumzone ausgedehnt werden.

Längszonierung (Architekten: Ganz und Rolfes).

Querzonierung

Durch die Anordnung von Wohnbereichen quer zur Gebäude- und Erschließungsrichtung werden sie als hintereinander geordnet erlebt. Ein Gemeinschaftsbereich mit Küche kann über die gesamte Grundrißtiefe (Durchwohnen) durchgesteckt werden und öffnet sich zu beiden Außenseiten. Die unterschiedlichen städtebaulichen Qualitäten, die Himmelsrichtungen beider Seiten werden zusammen erlebbar. Sind die Individualräume vom Eingang aus direkt erreichbar, ist eine unterschiedliche Nutzung gewährleistet. Wird der durchgesteckte Gemeinschaftsbereich an den Eingang oder zwischen die Individualzimmer gerückt, wird der kommunikative Aspekt betont und das Wohnzimmer zum zentralen Raum.

Überlagerung von Längs- und Querzonierung, Hamburg-Barmbeck (Architekten: Brenner und Tonon).

Überlagerungen, Mehrdeutigkeit

Die eindeutige Schichtung oder Staffelung der Zimmer nach den beiden genannten Prinzipien kann durch sekundäre Verknüpfungen überlagert werden. Die jeweils andere Richtung wird erlebbar. Bei fassadenparallelen Schichtungen können achsiale Türenöffnungen einen querenden Blick ermöglichen. Bei gestaffelten Grundrissen schaffen Verknüpfungen der Zimmer entlang der Fassade Raumfluchten quer zur Zimmerausrichtung und ermöglichen den Rundlauf durch die Bereiche der Wohnung. Die Wohnungen von Theo Brenner und Benedikt Tonon in Hamburg zeigen die Möglichkeiten solcher Überlagerungen.

Zentraler Raum

Ein hierarchisches Prinzip der Wohnungsgliederung ist die Gestaltung eines zentralen Raums in der Wohnungsmitte. Dies kann ein zur Halle aufgeweiteter Flur oder der Gemeinschaftsraum sein. Die Individualräume legen sich idealerweise wie ein Ring um den dann nicht direkt belichteten Zentralraum – ein besonders für tiefe Grundrisse und Ecksituationen geeignetes Grundrißmuster in der Tradition bürgerlichen Wohnens. Ist der Raum Erschließung und Gemeinschaftsraum zugleich, betont dies die Hierarchisierung und verstärkt zugleich die soziale Kontrolle. Die Eckorientierung des Beispiels von Ganz und Rolfes wird durch das richtungsneutrale Skelett noch unterstützt, das außerdem eine spätere Umnutzung zu Büroräumen erlaubt. Eine Form der Zentrierung von Grundrissen ist auch das Atrium. Die Mitte bleibt Außenraum, Leere.

Halle mit Oberlicht, Lindenstraße, Berlin (Architekten: Ganz und Rolfes).

Zentraler Körper

Das räumlich komplementäre Prinzip ist Zentrierung des Grundrisses durch ein eingestelltes Volumen. Es entsteht eine zentrifugale Raumwirkung mit Rundlauf um einen Kern. Ohne natürliche Belichtung und Belüftung wird die Raumqualität der Nebenräume den Aufenthaltsräumen untergeordnet, zugleich aber ihre räumliche Präsenz in der Wohnungsmitte betont. Die Bereiche der Wohnung werden räumlich voneinander getrennt. Ein besonders für kleine Wohnungen geeignetes Prinzip. Bei größeren Wohnungen können die Zimmer nur durch doppelte Flurflächen unabhängig erschlossen werden.

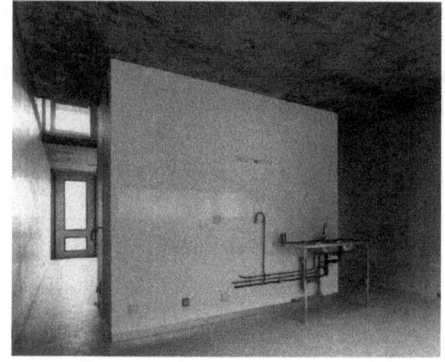

Naßräume als Kern, Nemausus 1, Nîmes (Architekt: Jean Nouvel).

Konstruktion der Wohnung

Architektur dient nicht der „konsequenten Darstellung" von Tragwerksystemen und deren spezifischer Gestaltungsmöglichkeiten. Sie hat primär von den Nutzungsanforderungen auszugehen. Wir wissen jedoch, wie stark sich diese Nutzungsanforderungen während der Lebensdauer eines Gebäudes wandeln können. Insofern wird ein aus aktuellen Anforderungen entstandener und auf eine ganz konkrete Familien- und Nutzungsstruktur bezogener, unsystematisch konzipierter Entwurf für ein Tragwerk sehr bald Nutzungsanforderungen widersprechen. Der scheinbare Funktionalismus wird in die Behinderung der Funktionen umschlagen.

Das Tragsystem und das Konstruktionsprinzip eines Wohngebäudes muß eine „relative" Selbständigkeit gegenüber ganz konkreten und detaillierten Nutzerbedürfnissen haben. Oder anders ausgedrückt: Tragsystem und Grundrisse eines Wohngebäudes müssen für Entwicklungen offen sein. Die „Konsequenz" eines Tragsystems mag einen ästhetischen und/oder gedanklichen Reiz haben. Sie ist jedoch kein Wert an sich, wenn sie nicht auch den Nutzungsanforderungen gerecht wird.

Tatsächlich finden wir gerade bei den Klassikern der Modernen Architektur häufig die Verbindung verschiedener Konstruktionsprinzipien oder gar die „Täuschung". Als berühmte Beispiele hierfür seien die Unité von Le Corbusier in Marseille (Strukturtypus „Querwandsystem", Tragwerk Skelettrahmen) und der Ausstellungspavillon von Mies van der Rohe in Barcelona (Scheibentragwerk mit versteckten Stahlsäulen) genannt.

Die „Konsequenz" des Tragwerks wird sicher niemand als letztlich entscheidendes Kriterium zur Beurteilung der architektonischen Qualität dieser Bauten heranziehen. Folglich kann es bei der Entwurfsentscheidung nur um die bewußte Auseinandersetzung mit einem Tragwerkstypus gehen. Und sofern Nutzungs- und Gestaltungsanforderungen die „Entfernung vom Typus" oder die „inkonsequente" Anwendung der charakteristischen Möglichkeiten eines „Strukturtypus" erfordern, so ist dies sicher legitim. Beim Entwurf sollten diese Entscheidungen bewußt getroffen werden, um erhöhten konstruktiven Aufwand den Vorteilen, die dieser Aufwand bewirken soll, gegenüberstellen und bewerten zu können.

Anforderungen an die Tragsysteme

Die Anforderungen an die Tragwerke im Wohnungsbau sind verglichen mit anderen Gebäudetypen (Gewerbe, öffentliche Bauten, insbesondere Versammlungsbauten) wegen der vergleichsweise geringen Spannweiten nicht allzu hoch. Beim verdichteten Wohnungsbau liegt der Bereich einer sinnvollen Bautiefe, bezogen auf die Belichtbarkeit der Wohnräume und die wirtschaftlichen Aspekte, zwischen folgenden Werten: min. 8 m als der Grenze der Wirtschaftlichkeit wegen der Relation von Außenwandflächen zur Nutzfläche und der Grenze unter energetischen Aspekten wegen des A/V-Verhältnisses (= geringe Nutzfläche mit hohem Transmissionswärmeverlust); max. 14 m als der Grenze der Belichtbarkeit bei Ost-West-orientierten Wohnungen; bei Nord-Süd-orientierten Wohnungen bilden 12 m die Grenze der Belichtbarkeit wegen der schlechter belichtbaren Nordseite.

Da die geforderten Nutzflächen in aller Regel eben sind, lassen sich die sinnvollerweise verwendbaren Tragsysteme auf prinzipiell 4 Grundtypen reduzieren:

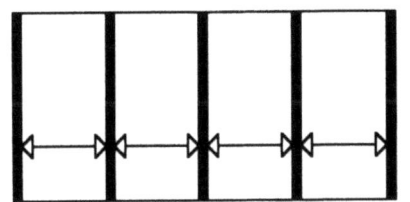

Querwandtyp, einfaches Raster.

1. Querwandtypen (Scheibentragwerk)
2. Längswandtypen (Scheibentragwerk)
3. Kreuzwandtypen (Scheibentragwerk)
4. Skelettypen (Skeletttragwerk).

Jeder Strukturtyp hat seine spezifischen

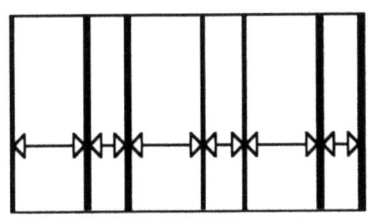

a) konstruktiven Voraussetzungen und daraus abgeleitete
b) funktionalen Möglichkeiten (Raumverbindungen, Raumfolgen) und aus dem Grundtypus des Tragsystems ableitbaren
c) Gestaltungsprinzipien (Baukörpergliederung, Fassadengliederung).

Querwandtyp, wechselndes Raster.

Diese strukturellen Möglichkeiten sollen im folgenden dargestellt werden.

Scheibentragwerke

Definition: Flächenförmige (in idealisierter Vorstellung) Elemente tragen die Normalkräfte aus den Decken (Träger oder ebenfalls Flächen) ab und werden nach unterschiedlichen Prinzipien ausgesteift:

Querwandtyp

1. Die Lasten werden über Querwände (quer zur Gebäuderichtung, quer zur Außenwand des Gebäudes, auch, wie im Schiffsbau, Schotten genannt) abgetragen. Dadurch sind die Außenwände des Gebäudes frei von Einschränkungen, die aus der Notwendigkeit der Lastabtragung resultieren. Ihre konstruktive Funktion ist auf den Klimaschutz (Wärmedurchgang, Regen, Wind, Sonne) und Schallschutz beschränkt. Allerdings muß die Deckenplatte an der Außenwand neben der als – idealisiert – flächig angenommenen Verkehrslast und Eigenlast das Gewicht der Fassadenkonstruktion („Linienlast" bei Aufstellung der Außenwand auf die Deckenplatte, „Punktlasten" bei Einhängung an mehreren Punkten) aufnehmen. Es sei denn, die Fassade wird als vor die Decken gestellte Wand mit eigener Gründung und Lastabtragung ausgeführt. Die Aussteifung in der Längsrichtung des Gebäudes muß durch Treppen-/Fahrstuhlkerne oder Längswände in End- oder Sonderfeldern gewährleistet werden.

2. Die spezifischen funktionalen Vor- und Nachteile resultieren aus diesen konstruktiven Bedingungen: Die maximalen Raumbreiten ergeben sich aus den wirtschaftlichen Deckenspannweiten. In der Querrichtung des Gebäudes ergibt sich sinnvollerweise ein gleichförmiges Raster aus einem sich wiederholenden Abstand der Querwand von 5–6 m, so daß eine weitere Unterteilung durch nichttragende Querwände in den erforderlichen Mindestbreiten der Räume möglich wird (z. B. 3 m : 3 m oder 2,5 m : 3,5 m oder 4 m : 2 m), oder aus der Wiederholung eines Grundrasters, das auf der Mindestgröße eines Raumes aufbaut.

In der Querrichtung, also in der Tiefe des Gebäudes, läßt sich der entstehende „Zwischenraum" zwischen den Tragwänden frei entsprechend den Nutzungsanforderungen einteilen. Charakteristisch für den Querwandtyp ist die Möglichkeit einer großen Bautiefe, die konstruktiv „unbegrenzt" ist, da die Lasten nicht in der Querrichtung zum Gebäude abgetragen werden. Die Grundelemente des Querwandtypus bestehen aus umgekehrten U-Elementen, deren konstruktive Beschränkung in der Längsrichtung des Gebäudes liegen (Deckenspannweite), nicht jedoch in der Gebäudetiefe. Funktional ergibt eine Gebäudetiefe > 14 m im Wohnungsbau in Mitteleuropa jedoch nur mit der Möglichkeit einer zusätzlichen Belichtung durch Höfe oder Galerien einen Sinn.

Loggia als geschützter Freiraum zwischen den Querwänden.

Terrassierung durch Verkürzen der Querwände.

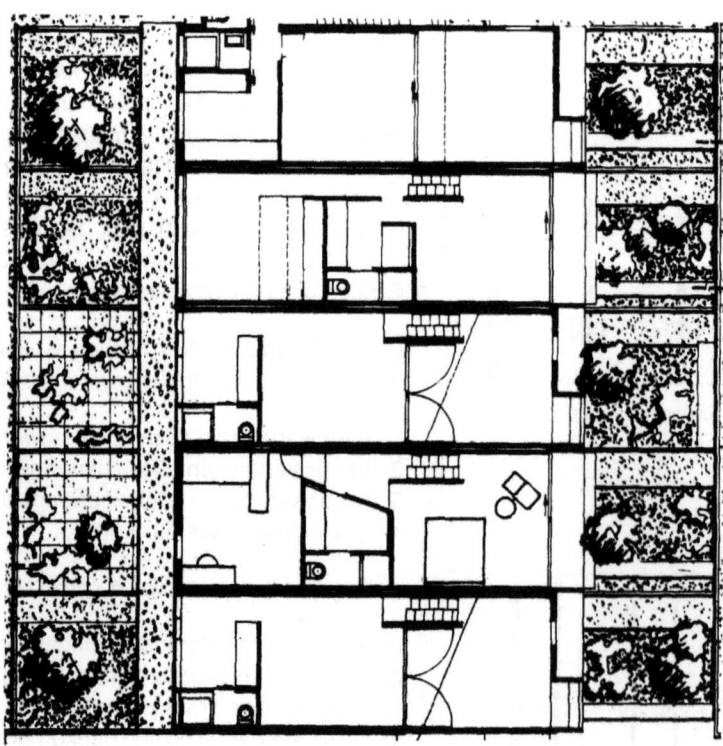

Obergeschoß

Grundrisse der Siedlung Halen (Architekten: Atelier 5).

Wohnen zwischen Querwänden, Halen (Architekten: Atelier 5).

3. Architekten der Klassischen Moderne und in der Tradition der Moderne haben dies in faszinierender Architektur herausgearbeitet: Die Sichtbarkeit und Erlebbarkeit der „Wohn-Räume" zwischen den tragenden Scheiben und die Bildung geschützter Freibereiche zwischen den nach außen durchgezogenen Scheiben zur Bildung von Loggien und Terrassen.

Freiere Anordnungen nach dem Grundprinzip des Querwandtyps sind „Fächer" (z. B. Neue Vahr Appartements, Bremen 1958 von A. Aalto) und andere Formen der freien, nicht parallelen Reihung der Querwände. Dabei ist zweifellos die fächerförmige Öffnung nach Süden (SO-SW) die sinnfälligste Art der Anwendung.

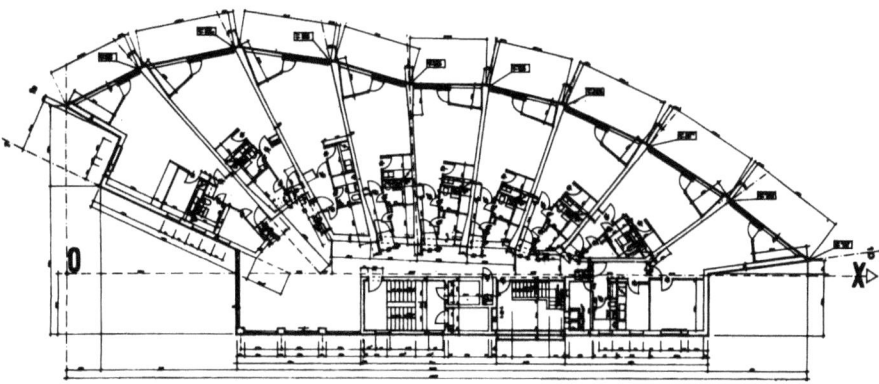

Neue Vahr Appartements, Bremen (Architekt: A. Aalto).

Längswandtyp

1. Die Decken- und Verkehrslasten werden über Längswände (parallel zur Gebäuderichtung) abgetragen. Die Außenwände und tragenden Mittelwände des Gebäudes sind folglich den konstruktiven Zwängen der Lastabtragung unterworfen. Die Fensteröffnungen sind in ihrer Größe beschränkt und müssen durch Stürze/Deckenunterzüge überspannt werden. In der Längsrichtung des Gebäudes ergibt sich folglich die freie Unterteilungsmöglichkeit der 2 oder 3 Felder zwischen den Tragwänden.

2. Als *charakteristische Strukturprinzipien* für den Längswandtyp ergeben sich unter funktionalen Aspekten folgende Anordnungs- und Gliederungsprinzipien:

- Längswandtypen mit 2 Feldern (3 Tragwänden)
  Bei Nord-Süd-Orientierung der Wohnungen (= Ost-West-Orientierung der Tragwände) entstehen zwei in ihren Nutzungsmöglichkeiten ungleiche Felder, denen logischerweise die entsprechenden Zonen zugeordnet werden. Bei Ost-West-Orientierung der Wohnungen (= Nord-Süd-Orientierung der Tragwände) entstehen zwei zwar nicht ganz gleichwertige, aber dennoch gut belichtete Felder an den Außenwänden mit gleicher oder ähnlicher Benutzbarkeit.

- Längswandtypen mit 3 Feldern (4 Tragwänden)
  Sie ermöglichen große Tiefen. Das mittlere Feld übernimmt dabei logischerweise Kernfunktionen (Sanitärbereiche, Abstellräume, Verbindungs-/Kommunikationsfunktion.

- Aus den konstruktiven Voraussetzungen folgt das charakteristische Erscheinungsbild einer Fassade mit Lochfenstern, die in ihrer Anordnung auf die Unterteilung und Raumbelichtung zu beziehen sind.

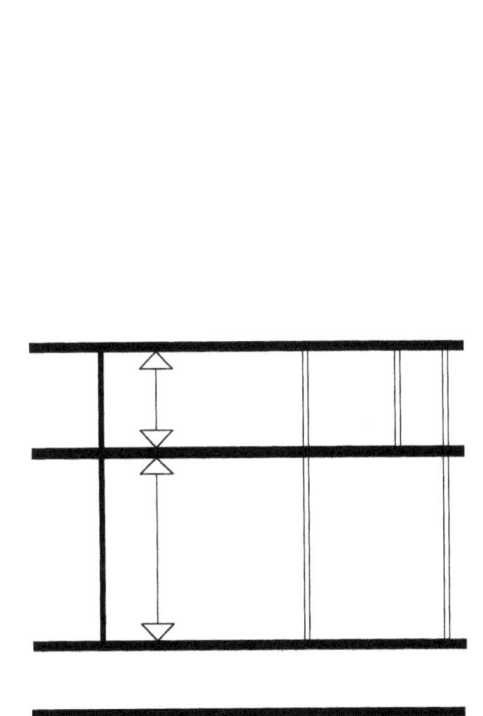

Längswandtyp mit ein oder zwei Mittelwänden.

Die Fensteröffnungen können beim Längswandtyp (unter der Restriktion der Sturzspannweite sowie der Stabilität der Wandscheibe) je nach funktionaler Anforderung und/oder gestalterischer Intention angeordnet werden. Dabei ist die vertikale Übereinander-Anordnung gleichgroßer Öffnungen von der Lastabtragung her sicher die einfachste Lösung. Eine versetzte Anordnung weist jedoch auf das Charakteristische des Längswandtyps hin: Löcher in einer geschlossenen, lastabtragenden Fläche. Folglich wird auch von einem bestimmten Fensteranteil an der Charakter des Längswandtyps „verwischt" und geht in ein „Skelettsystem" über, unabhängig davon, daß die statische Funktion der Tragwand durch entsprechenden konstruktiven Aufwand gewährleistet werden kann.

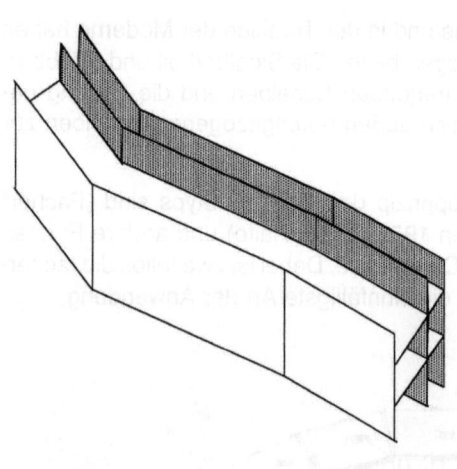

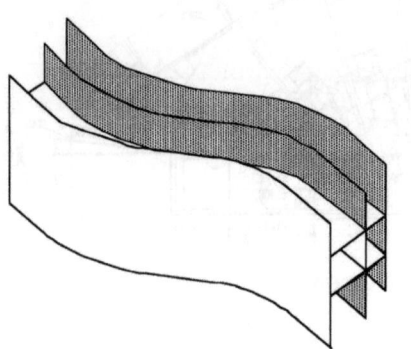

Geknickte und gebogene Längswände.

Die Schaffung von Freisitzen und Balkonen bedeutet beim Längswandtyp stets eine Hinzufügung, eine „Applikation", die gestalterisch klar konzipiert sein muß, um als integraler Bestandteil des Entwurfs nicht „angeklebt" zu wirken. Als *ein* Gestaltungsprinzip im Verhältnis Längswand – vorgelagerte Freibereichselemente sei der Aufbau einer Spannungswirkung aus der Massivität der tragenden Außenwand und einer filigranen, leichten, vorgestellten Stahlkonstruktion genannt.

Konstruktiv können zwar Decken einfach nach außen als Kragarme durchgeführt werden – was aber unter heutigen und zukünftigen Wärmeschutzforderungen immer aufwendiger wird und bauphysikalisch in der Praxis immer wieder zu Problemen führt. Gestalterisch wirken auskragende Balkone oft „angeklebt" und als Fremdkörper.

Als weitere Möglichkeit der Schaffung von Freibereichen, die dem Strukturtypus Längswand entsprechen, sei das „Einziehen" von Loggien, also die Entstehung eines geschützten Freibereichs durch Subtraktion, genannt. Dabei widerspricht eine große Loggiaöffnung dem Tragwerkstypus.

Aus der Charakteristik der Tragwerksbedingungen heraus ergeben sich Modifikationen und „freiere" Formen durch Abknicken oder kurvenartigen Verlauf der Längswände.

Der Längswandtyp wird im Wohnungsbau bisher wenig genutzt. Das hängt sicher damit zusammen, daß in der Regel Wohnungstrennwände aus Schallschutzgründen ohnehin so ausgeführt werden müssen, daß sie auch als Tragwände fungieren können. Folglich entsteht beim Wohnungsbau mit tragenden Außenwänden in der Regel ein Kreuzwandtyp.

Im Hinblick auf langfristige Flexibilität, bei der auch die Wohnungsgröße, nicht nur die Wohnungsaufteilung veränderbar sein sollte, kann der Längswandtyp durchaus sinnvoll sein – vorausgesetzt die vertikale Erschließung (möglichst weite Treppenabstände und vielfältige Anschlußmöglichkeiten an Installationsschächte) erlaubt diese horizontale Flexibilität. Hans Scharoun benutzte bei seinem raumbildenden Zeilenbau in der Siemensstadt (vgl. Kapitel „Städtebauliche Grundmuster im Wohnungsbau") das Prinzip der Lastabtragung zur Außen- und Mittelwand.

Siemensstadt, Berlin (Architekt: Hans Scharoun).

Ernst May verwendete bei mehreren Projekten für das „Neue Frankfurt" der zwanziger Jahre Längswandtypen. Bei der Siedlung Niederrad tragen die Mittelwand und die Nordwand die Lasten des Dachaufbaus ab.

Die Beispiele von Scharoun und May zeigen das charakteristische Verspringen der Wohnungstrennwand, das beim Längswandtypen ohne Probleme möglich ist.

Kreuzwandtyp

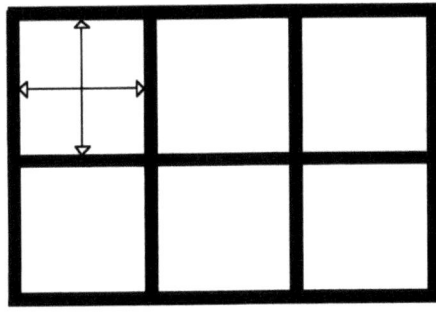

Kreuzwandtyp mit zweiseitiger Spannrichtung.

1. Beim Kreuzwandtyp verlaufen die tragenden Wände in Quer- und Längsrichtung des Gebäudes. Sofern die Wände kreuzweise angeordnet werden, ergibt sich ein sehr steifes Tragwerk, bei dem die lastabtragenden Wände gleichzeitig wechselseitig die Aussteifungsfunktion ergeben. Folglich können die Deckenlasten zweiachsig abgetragen werden.

2. Die Nutzungsfreiheit muß nicht notwendig stärker als beim Quer- und Längswandtyp eingeschränkt sein, da die gleichen Spannweiten möglich sind – bei der zweiachsigen Lastabtragung sogar eher größere.

Die mittel- und langfristige Veränderbarkeit (Verlegung von Zwischenwänden) ist zweifellos reduziert. Gleichwohl kann, denkt man an Altbauten, je nach Grundrißanordnung aus der Gleichwertigkeit der festgelegten Räume eine hohe Flexibilität bezogen auf den langfristigen Wandel der Nutzungen gegeben sein (z. B. bei einer traditionellen Zentralerschließung).

Als Abwandlung des einfachen Kammertyps ermöglicht die „freie" Anordnung von senkrecht zueinanderstehenden Scheiben die Bildung „fließender" Räume, deren Gebrauch jedoch im Geschoßwohnungsbau und insbesondere beim sozialen Wohnungsbau stark eingeschränkt ist.

Der größte Teil des Wohnungsbaus wird als Kreuzwandtyp gebaut. Sofern die Architekten sich nicht klar für einen Längswand-, Querwand- oder gar Skelettypen entscheiden, wird aus „Stabilitätsgründen" vom Tragwerksplaner ein Kreuzwandtyp vorgeschlagen werden. Der Kreuzwandtyp ist zweifellos nicht so „reinrassig" in seinen strukturellen Bedingungen und ergibt z. B. in der Fassadengestaltung nicht von vornherein das klare Bild wie die vorgenannten Strukturtypen. Häufig wurden und werden Kreuzwandtypen mit Lochfassaden gebaut, die nicht von Längswandtypen zu unterscheiden sind.

Dies ist aber keineswegs zwingend. Gerade die Architekten der Klassischen Moderne haben sehr stark mit dem Prinzip der senkrecht gegeneinanderstehenden Scheiben gearbeitet (Mies van der Rohe, Gerrit Rietveld). Hieraus läßt sich auch im Geschoßbau ein klares Gestaltungsprinzip entwickeln: das Spannungsverhältnis von offenen (leichten) und geschlossenen (nur mit Lochfenstern versehenen Flächen). Dies erfordert im Gegensatz zu den „traditionellen Kammertypen" jedoch – um kreuzweises Spannen der Decken zu ermöglichen – den Einsatz weitgespannter Unterzüge/Stürze.

O. M. Ungers nutzt den Kreuzwandtyp bei der Wohnbebauung in Köln-Seeberg (1963) zur Bildung von geschlossenen Kuben (Individualbereiche und Installationszone), zwischen die er den offenen Wohnbereich legt.

Grundriß O. M. Ungers, Köln-Seeberg, 1963.

Skelett-Tragwerke

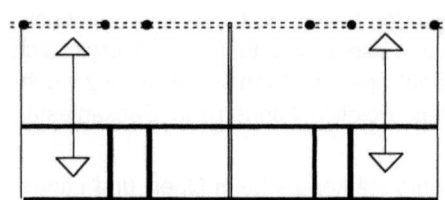
Längsträgersystem

Das Tragsystem der Skelett-Typen besteht aus:
- Stützen und Trägern bei gelenkiger Verbindung und
- Stielen und Riegeln bei biegesteifen Verbindungen, also Rahmen.

Skelettragwerke im verdichteten Wohnungsbau werden in der Regel Stehende Systeme sein (hängende Systeme können im Wohnungsbau vernachlässigt werden). Die Deckenlast kann dabei in unterschiedlicher Weise auf die Stützen übertragen werden (von der Fläche auf den Punkt).

Längsträgersystem

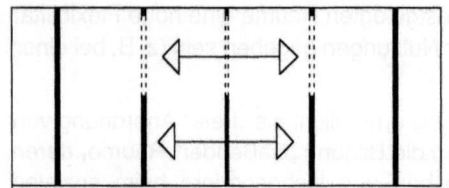
Querträgersystem

Die Deckenplatten liegen auf Längsträgern, die wiederum auf den Stützen aufliegen. Dabei entstehen hohe „Stürze im Fensterbereich" (Gestaltungsvorgabe) mit günstigen Anschlußbedingungen für die Fassade (Halterungsmöglichkeiten für Fassadenelemente, Abtragung der Linienlast der Fassadenelemente). Die Installationen können problemlos in der Längsrichtung verteilt werden, was im Wohnungsbau jedoch im Vergleich etwa mit dem Verwaltungsbau weniger relevant ist.

Querträgersystem

Die Deckenplatten liegen auf Querträgern auf. Dadurch ist ein höherer Lichteinfall im Fensterbereich möglich. Die Deckenplatten müssen am äußeren Ende Lasten aus den Fassaden aufnehmen. Die Querverteilung der Installation ist leicht möglich, die Längsverteilung entsprechend eingeschränkt.

Längs- und Querträgersysteme ermöglichen eine zweiachsige Lastabtragung der Deckenlast, bedingen aber auch die Einschränkungen in beiden Richtungen.

Trägerlose Systeme haben in die Platten integrierte „decken-gleiche Träger". Sie erlauben die größtmögliche Unterteilungsfreiheit ohne Deckenanschlußprobleme der Trennwände. Bei geringen Spannweiten bis zu 6 m, die im Wohnungsbau durchaus sinnvoll sind, ist die Stützenausbildung ohne Kopfverstärkung möglich, so daß die Decke als ununterbrochene Fläche durchlaufen kann und überall die gleichen Anschlußbedingungen bietet.

Documenta urbana, Haus 2 (Architekt: O. Steidle).

Die thermische Gebäudehülle kann in ihrer baukonstruktiven Funktion auf den Klimaschutz (Wärmedämmung, Sonnenschutz, Regen- und Windschutz) hin optimiert werden, da sie keinerlei Tragfunktionen übernehmen muß. Wegen den Wärmeschutzanforderungen wird jedoch das „Zeigen" des Skelettsystems, in dem die thermische Hülle hinter die äußere Stützenreihen zurückverlegt wird, immer schwieriger.

Allen verschiedenen Skelett-Tragwerken gemeinsam ist die, verglichen mit den Scheibentragwerken, geringe Einschränkung der Flächenunterteilung und somit der Nutzung. Dies gilt insbesondere im Hinblick auf mittel- und langfristige Änderung der Anforderungen an den Wohnungsgrundriß bei Veränderungen der Nutzungsanforderungen aus unterschiedlichen Haushaltsgrößen oder aus gewandelten Wohnvorstellungen in Verbindung mit dem Familienzyklus. Da tragende und Ausbau-Elemente klar getrennt sind, ließen sich Wohnungen durch veränderten Raumzuschnitt neu gestalten, ohne daß in das Tragsystem eingegriffen werden müßte. Verglichen mit Verwaltungsbauten relativiert sich dieser theoretische Vorteil jedoch, da es den Eingriff in die Wohnungen mehrerer Haushalte bedeuten würde. Dies verursacht große organisatorische, rechtliche und auch finanzielle Probleme.

Der Skelett-Typ erzeugt aufgrund seiner „Freiheiten", verglichen mit den Scheibentragwerken, weniger „charakteristische Vorgaben". Sein Erscheinungsbild kann sehr unterschiedlich sein, ohne dabei dem Typus zu widersprechen.

Da Skelettsysteme im Wohnungsbau in der Regel als Fertigteilsystem (Stützen, Träger, Platten) eingesetzt werden, wurde von den Architekten, die Skelettbauten im Wohnungsbau entworfen haben (vorbildhaft seien die Büros von Steidle und von Hertzberger genannt), stets der Montagecharakter des Gebäudes dargestellt. Darüber hinaus wurden häufig die Freistellung von Stützen und Trägern vor der thermischen Hülle, also die Sichtbarmachung des Tragsystems, als Gestaltungsmotiv des Skelettbaus gewählt. Dies läßt automatisch eine interessante Übergangszone zwischen innen und außen entstehen, bringt jedoch, wenn nicht aufwendige baukonstruktive Vorkehrungen getroffen werden, die mehrfach erwähnten bauphysikalischen Probleme (Wärmebrücken, Schallübertragung).

Genausogut kann die Gebäudehülle als glatt durchgehende Haut, sozusagen „über das Skelett gespannt", ausgebildet werden. Durch horizontal durchlaufende Fensterbänder läßt sich zeigen, daß die Fassade frei von Lastabtragung ist.

Holzskelettbau, Ateliers und Künstlerwohnungen in Paris (Architekt: Jan Brunell).

Die Verbindung von Elementen verschiedener Systeme

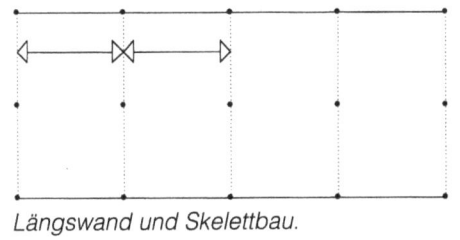

Längswand und Skelettbau.

In der Geschichte des modernen Wohnungsbaus wie auch in aktuellen Wohnungsbautendenzen gibt es eine Fülle hervorragender Beispiele, in denen Elemente des Skelettbaus und der Scheibentragwerke oder Elemente verschiedener Scheibentragwerksysteme kombiniert wurden. Und hierzu gibt es eine ganze Reihe plausibler Gründe, die sich sowohl aus Nutzungs- und Gestaltungsanforderungen als auch aus konstruktiven Gründen (im umfassenden Sinne) ableiten lassen (vgl. z. B. den Entwurf von Kramm und Strigl, S. 97).

Kombination Querwand – Skelettsystem

Die Nutzungseinschränkungen des Querwandsystems (Beschränkung der Raumbreiten in Längsrichtung des Gebäudes) werden wegen der „Ersetzung" der Querwände durch Unterzüge, im Rastermaß der Querwände, zurückgenommen. Dabei bleiben die Deckenfelder und ihre Spannrichtung wie bei den Feldern, die von den Querwänden gebildet werden.

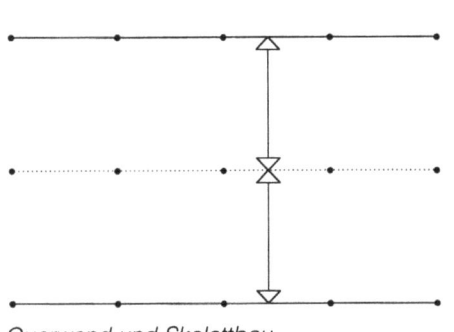

Querwand und Skelettbau.

Verbindung Längswand- und Skelettsysteme

Charakteristisch für eine Nord-Süd-orientierte Wohnung kann dabei die Verbindung der Geschlossenheit und engbegrenzten Nutzungsfestlegung einer Gebäudezone (der Nordseite) mit der Öffnung und Offenheit einer zweiten Gebäudezone (Südseite) sein. Bei der Ost-West-Orientierung der Wohnungen bietet sich die Anordnung einer geschlossenen Kernzone mit Längswänden sowie zwei offener, sich nach außen öffnender Nutzungszonen an.

Zonierung in Längswand und Querwandbereiche

Das Gebäude wird in seiner Längsrichtung in zwei Zonen (bei Nord-Süd-Orientierung der Wohnung) gegliedert, wobei die südliche Zone als Querwandsystem, die nördliche als Längswandsystem ausgeführt wird (= Zonierung in Wohn- und Aufenthaltsbereiche im Süden, Nebenräume im Norden). Bei der Ost-West-Orientierung der Wohnungen kann eine Kernzone als Längswandsystem (Installation oder Innengangtyp), die Außenzonen als Querwandsystem orientiert sein. Aus den Prinzipskizzen wird deutlich, daß solche „Kombinations-Tragwerksysteme" ebenfalls „konsequente" und klare Grundrißlösungen ermöglichen.

IV. Beispielsammlung

#	Beispielsammlung	Städtebau	offene Bebauung	2seitig angeb., Zeilen	dto. hofbildend	mehrseitig angebaut	Nutzungsmischung	Erschließung	direkter Zugang	Laubengang	Mittelgang	Spänner	Wohnung	einseitige Orientierung	zweiseitige Orientierung	mehrseitige Orientierung	Atrium	Maisonetten	Veränderbarkeit	Querzonierung	Längszonierung	zentraler Raum	eingestellter Körper	Konstruktion	Querwand	Längswand	Kreuzwand	Skelett
1	Steidle, Volpinistraße		•									•		•		•					•				•			•
2	Kollhoff u. Timmermann, Malchower Weg		•	•								•				•					•				•			
3	Engel u. Zillich, Spruch		•	•					•	•		•		•	•		•						•		•			
4	Léon, Wohlhage, Schlesische Straße		•			•						•		•	•			•			•						•	
5	Mateo, Dedemvaartsweg		•						•		•	•			•			•			•				•			
6	Metron AG, Röthenbach		•						•			•			•			•							•			
7	Pfeiffer, Kirchhölzle		•						•					•	•			•		•		•				•		
8	Luscher, Habitat Industriel		•			•			•					•			•	•			•							•
9	v. Sambeek u. v. Veen, Haarlem		•						•			•			•			•			•				•			
10	Baufrösche, Schlierbacher Weg		•									•		•	•						•				•			•
11	Atelier 5, Fischergarten		•			•			•			•		•				•			•				•			•
12	Riegeler u. Riewe, Strassgang		•									•		•						•	•	•			•			
13	Kramm, Am Burghof		•			•						•		•				•			•				•			•
14	Morger u. Degelo, Mühlheimer Straße		•			•						•		•							•				•			
15	Uitenhaag, De Droogbak		•						•	•		•		•							•				•			
16	Richter, Brunner Straße		•						•	•		•		•				•		•	•				•			
17	Casa Nova, Osloer Straße		•						•	•		•		•				•			•				•			
18	Herzog u. de Meuron, Pilotengasse		•						•					•				•									•	
19	Alder, Vogelbach		•	•					•	•	•	•						•							•	•		
20	Steidle, Wienerberggründe			•	•							•		•				•	•							•		
21	Hayakawa, Labyrinth		•	•					•			•		•	•							•				•		
22	Atelier 5, Ried 2		•	•					•			•		•	•			•		•	•				•			
23	Dieter Henke u. Marta Schreieck, Wien		•	•		•			•	•		•			•			•				•			•			
24	Diener u. Diener, Riehenring		•	•		•					•				•			•							•			
25	Kladler, Tiefenbrunnen		•	•							•	•		•	•			•		•						•		
26	Kollhoff, Piraeus		•	•		•						•		•				•			•		•		•			
27	Schröder u. Widmann, Passau				•				•			•		•											•			
28	Neutelings, Antwerpen				•	•				•		•		•							•							•
29	Koolhaas, Nexus World				•	•			•			•		•			•	•			•						•	•
30	Pruscha, Traviatagasse					•			•			•		•				•	•		•					•		

Projekt:	Siedlung Volpinistraße
Architekt:	AG Otto Steidle + Partner, SEP – Jochen Baur und Patrick Deby, München
Ort:	München
Baujahr:	1988
Finanzierung:	sozialer Wohnungsbau
Städtebau:	offene Bauweise
Freiflächen:	halböffentliche Grünfläche, private Terrassen und Balkone
Erschließung:	Spännererschließung, innenliegendes Treppenhaus
Wohnungen:	einseitige und mehrseitige Orientierung, fassadenparallele Zonierung
Konstruktion:	Querwand
Parken:	oberirdisch, teils unter den Häusern, teils als Sammelstellplatz

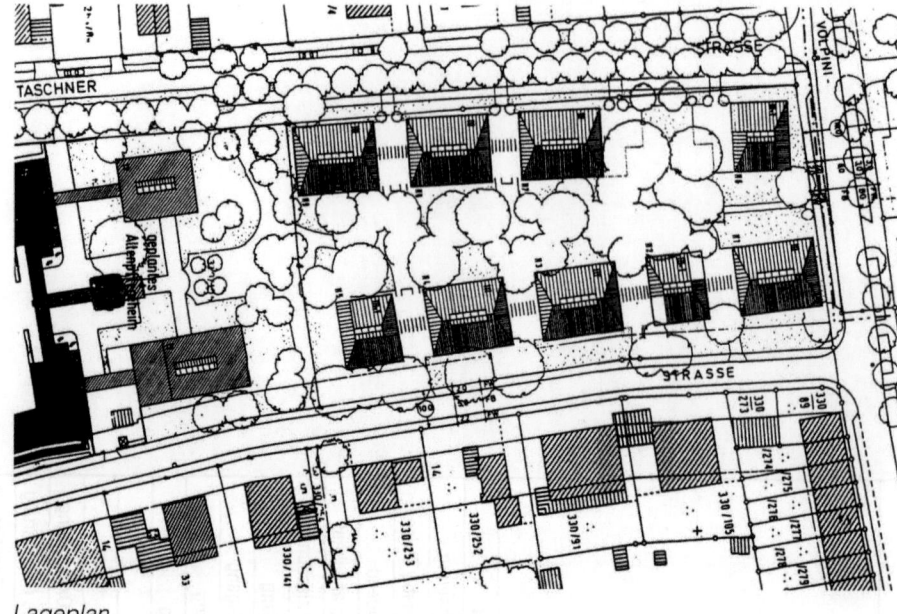

Lageplan

Das Baugelände für die Wohnanlage liegt innerhalb einer Villensiedlung unweit des Nymphenburger Schlosses. Die offene Bauweise der Anlage reagiert auf die im Quartier vorhandene Baustruktur und erleichterte die Einfügung der Baukörper in den vorhandenen Baumbestand. Der bei den 3 Vollgeschossen kleine „Bauwich" von nur 7 m ermöglicht in Verbindung mit der Stellplatzlösung eine hohe Dichte.

Der Zugang zu den Häusern erfolgt von den Schmalseiten in der Gebäudeachse. Erdgeschossig sind die Erschließungszonen mit den einläufigen Treppen über die ganze Hauslänge durchgesteckt und bilden eine hausübergreifende informelle Erschließungslinie. So werden die Solitäre durch die Folge der halböffentlichen Räume wieder zu einer Gesamtanlage verbunden. Zu beiden Seiten dieser Verbindungslinie liegen im Erdgeschoß einseitig orientierte, behindertengerechte Wohnungen. Durch die eingerückten Stirnseiten entstehen an den Stirnseiten der Häuser überdachte Stellplätze in unmittelbarer Nähe zur Wohnung.

Wohnungspolitisches Ziel des Projektes war es, eine integrierte Wohnanlage für verschiedene psychisch und sozial benachteiligte Gruppen zu schaffen – Einzelhäuser als städtebauliches Muster für eine Wohnanlage mit gemeinschaftsorientiertem Anspruch.

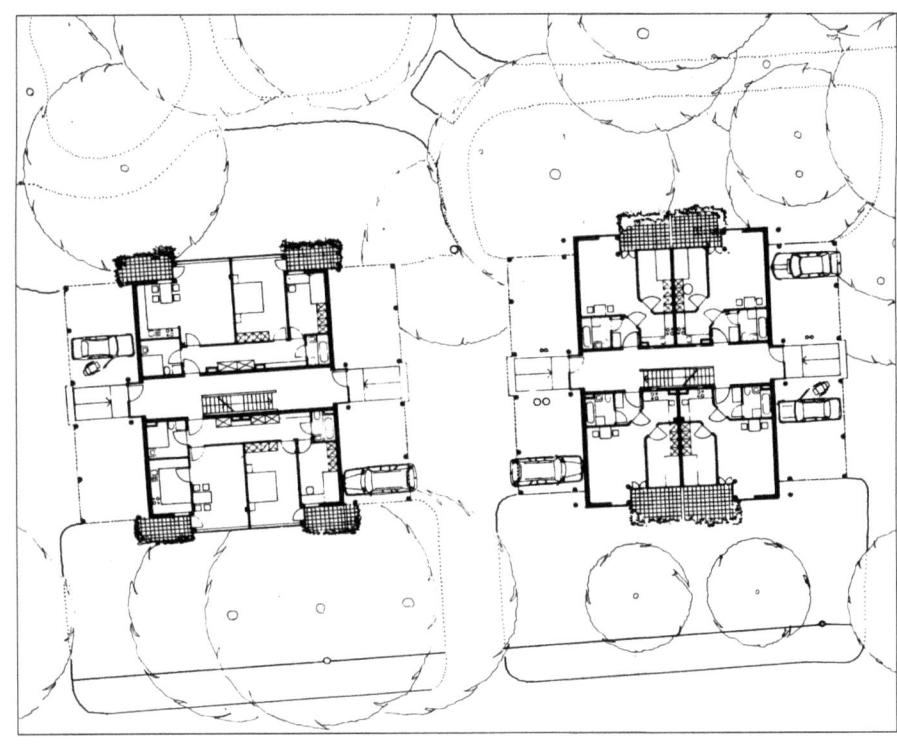

Erdgeschoß 1:500

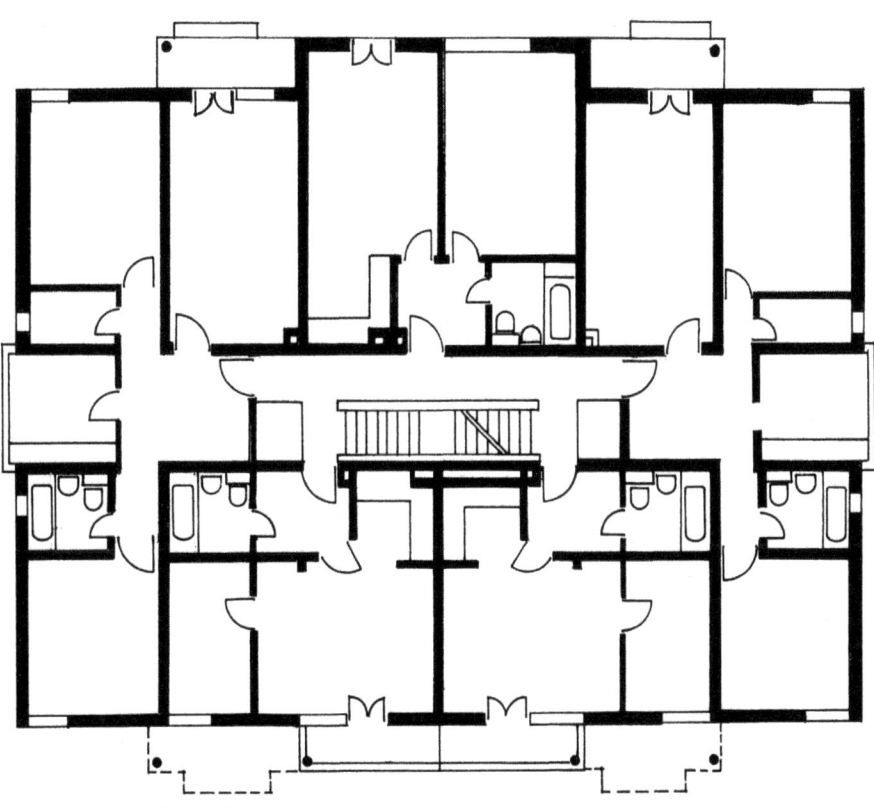

1. Obergeschoß 1:200

Projekt:	Wohnpark Malchower Weg
Architekt:	Hans Kollhoff, Helga Timmermann, Berlin
Ort:	Berlin, Hohenschönhausen
Baujahr:	1994
Finanzierung:	2. Förderungsweg
Städtebau:	offene Bebauung
Freiflächen:	Grünflächen zwischen den Häusern, kleiner Park mit Spielplatz, Wintergärten
Erschließung:	Zweispänner
Wohnungen:	fassadenparallele, symmetrische Schichtung, gleiche Raumgrößen, dreiseitige Orientierung
Konstruktion:	Schottenbauweise
Parken:	an den Wohnstraßen

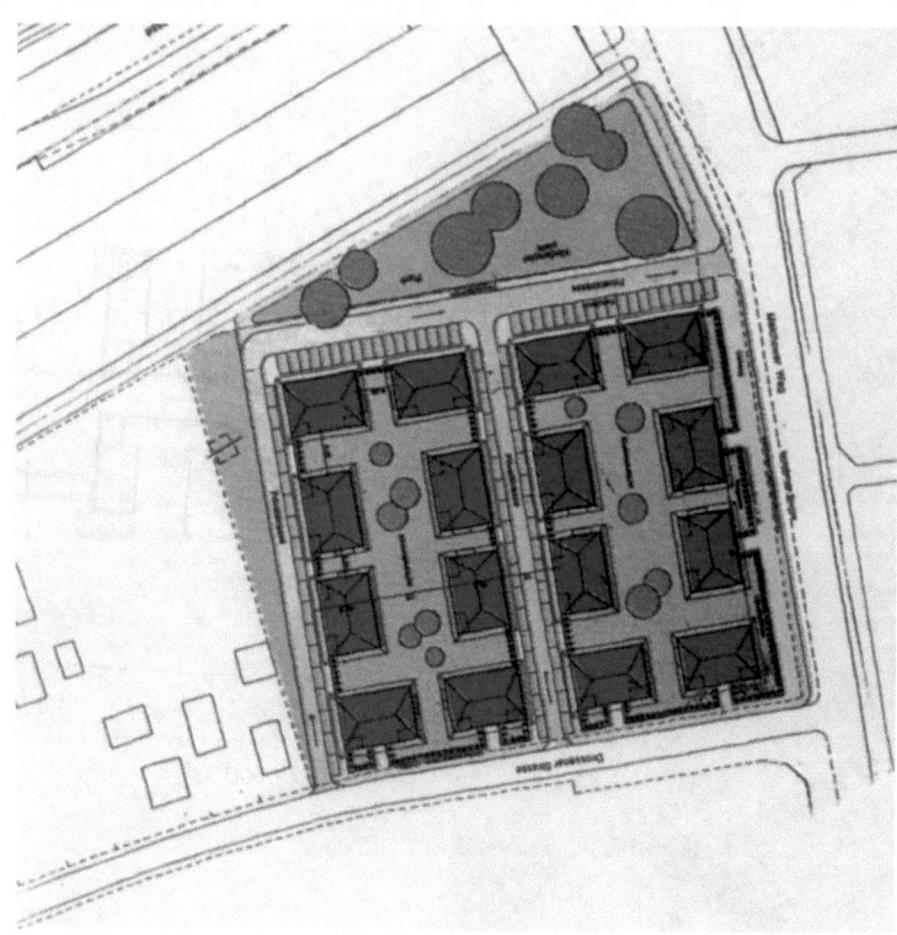

Lageplan

Die 16 Einzelhäuser bilden zwei rechteckige Hausgruppen auf einem annähernd quadratischen Grundstück. Sie stehen in Längsrichtung am Rand der beiden Grundstücksteile und bilden so zwei innere Freibereiche. Diese privaten Flächen sind als Sockel angehoben und durch eine Mauer deutlich begrenzt.

Die Häuser sind zweispännig erschlossen und im Grundriß symmetrisch konzipiert. Dadurch ergibt sich eine dreiseitige Orientierung der Wohnungen und eine klare Gliederung in eine breite mittige Flurzone mit Bad und gleich große Räume an den Längsfassaden.

Die Symmetrie erlaubt eine den Himmelsrichtungen entsprechende Verteilung der Nutzungen. Alle Räume haben französische Fenster – hinter den Eckfenstern befinden sich je nach Orientierung auch Wintergärten.

Die Häuser sind sehr sorgfältig detailliert und bestechen durch die hochwertigen, alterungsfähigen Materialien – Fenster in naturbelassenem Holz, Klinkerfassaden, Werkstein und Parkett. Dieses Konzept gewinnt besonderen Stellenwert durch die Nachbarschaft zu den Großplattenbauten Hohenschönhausens.

Privatstraße zur Erschließung des Quartiers.

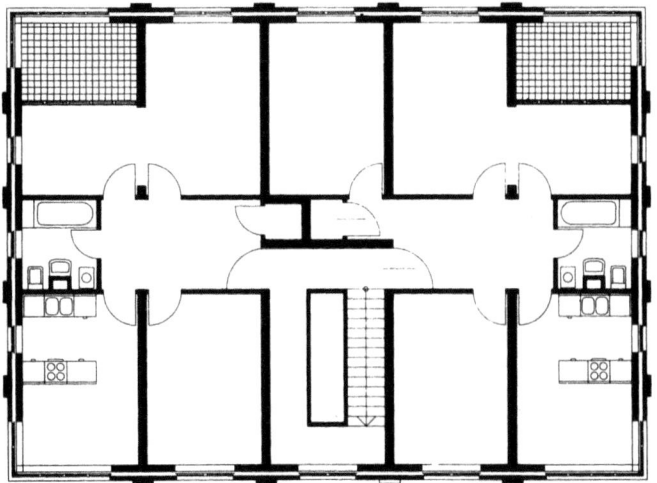

Obergeschoß

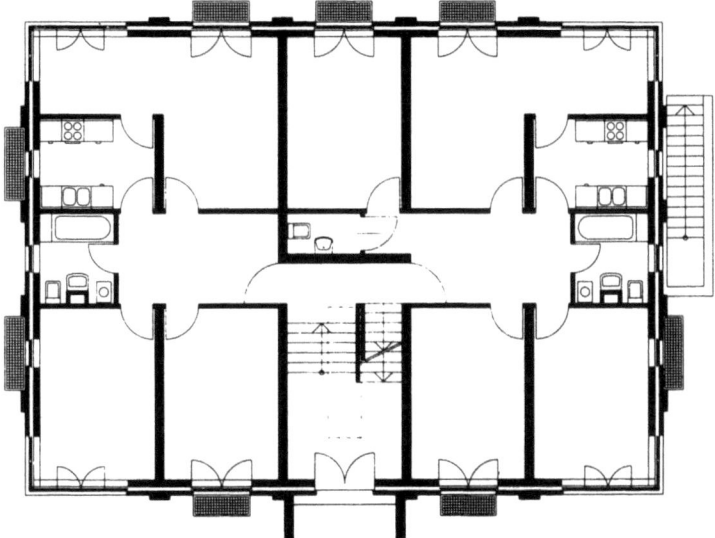

Erdgeschoß 1:200

Eingangsseite

Kollhoff und Timmermann, Malchower Weg

Projekt:	Siedlung Spruch
Architekt:	Wolfgang Engel und Klaus Zillich, Berlin
Ort:	Berlin, Bukow
Baujahr:	Fertigstellung 1995
Finanzierung:	privat und 2. Förderungsweg
Städtebau:	offene Bebauung
Freiflächen:	halböffentliche Erschließungsflächen, Mietergärten, Terrassen, Wintergärten und Dachterrassen
Erschließung:	direkt, Spänner, kurze Laubengänge
Wohnungen:	zwei- und dreiseitige Orientierung (Ost-West), Maisonetten, eingestellte Kerne
Konstruktion:	Schotten, Kreuzwand
Parken:	Tiefgaragen unter den Wohnwegen und dezentral oberirdisch

Lageplan

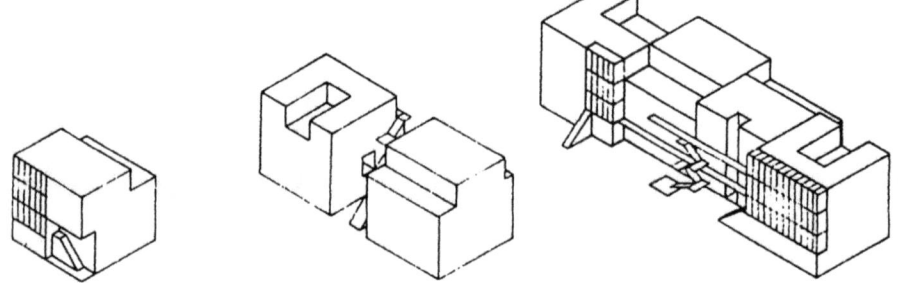

Kombinationsmöglichkeiten und Erschließungsvarianten

Das langgestreckte ehemalige Kleingartengelände wird durch 9 Wohnwege quer zu einer Erschließungsschleife am Südrand erschlossen. Die offene Bauweise mit variierten Einzelhäusern reagiert auf den Charakter der umliegenden Wohngebiete. Die paarweise Zuordnung der Häuserreihen schafft eine klare Trennung von privaten und öffentlichen Flächen. Durch die direkte Zufahrt zu den Tiefgaragen blieben die Wohnwege autofrei.

Innerhalb eines vorgegebenen „Operationsfeldes" wird die Anordnung der jeweils 2×6 Häuser in Längs- und Querrichtung leicht variiert. Die Häuser werden z. B. zu Gruppen (max. 3) zusammengefaßt oder unterschiedlich nah an den Wohnweg gerückt.

Die Einzelhäuser wurden aus einem kubischen Grundmodul von 12,5×12,5×12,5 m entwickelt, auf dessen Basis Dachzone, Gartenfassade und Erschließungsmuster variieren. Die Grundrißzonierung ist bei weitgehender Ost-West-Orientierung fassadenparallel mit nutzungsneutralen Raumgrößen. Viele Wohnungen haben freistehenden Serviceblöcke und bieten eine unabhängige Raumerschließung.

Durch die Verwendung von stets gleichen Materialien, Farben, Fensterformaten und Erschließungselementen entsteht ein homogenes, aber zugleich auch sehr lebendiges Siedlungsbild mit rhythmisierten Hausabständen und Enge-Weite-Kontrasten.

Einzelhaus als kubisches Grundmodul 12,5 × 12,5 × 12,5 m

1. Obergeschoß

Erdgeschoß 1:200

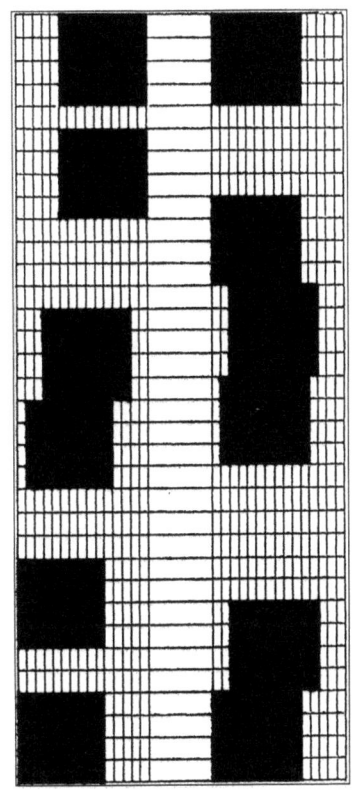

Operationsfeld und Variation

Engel und Zillich, Spruch

Projekt:	Wohnhaus Schlesische Straße
Architekt:	Hilde Léon, Konrad Wohlhage, Berlin
Ort:	Berlin, Kreuzberg
Baujahr:	1993
Finanzierung:	sozialer Wohnungsbau, 1. Förderungsweg
Städtebau:	freistehender Solitär als Blockecke, erdgeschossiger Laden
Freiflächen:	halböffentlicher Hof, Balkone, Wintergärten
Erschließung:	mittiges Treppenhaus, Fünfspänner
Wohnungen:	Nord-, Süd-Durchwohnen und parallele Schichten, einseitig orientiert
Konstruktion:	Längswand
Parken:	Tiefgarage

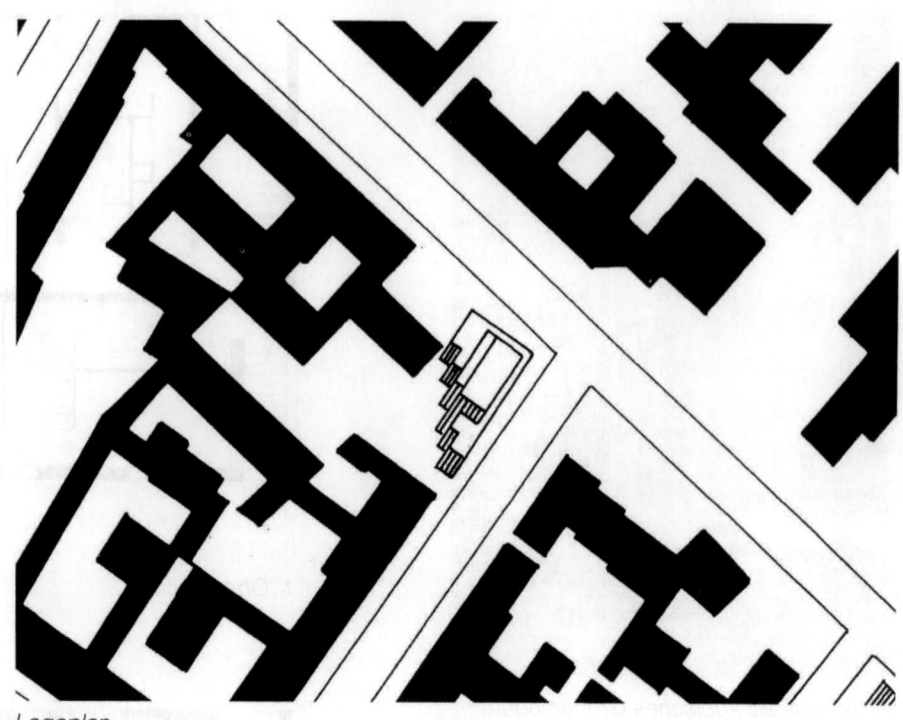

Lageplan

Die Ecke eines heterogen bebauten Blocks wird mit dem freistehenden Neubau besetzt, aber nicht geschlossen. Die Kriegszerstörung und die abweichenden Baufluchten des Wiederaufbaus bleiben sichtbar. Das zur Ecke hin rechtwinkelige Gebäude verhält sich als Solitär im Stadtgrundriß. Auf der Blockinnenseite kippt das Gebäude von der gründerzeitlichen Brandwand weg und treppt sich im Grundriß zur westlich anschließenden Bebauung der Nachkriegszeit ab. Über die so gewonnene Hoffläche erfolgt der Zugang zum mittigen, langgestreckten Treppenhaus

Entsprechend der klaren Schichtung der Baumassen werden die Grundrisse in Nutzungsbereiche zoniert. Die einseitige Ausrichtung an der Ostseite ergibt fassadenparalleles Längswohnen mit Orientierung zur Straße. Durch raumhohe Schiebetüren ist eine variable Zuordnung der Räume möglich. Die Überlagerung der gleichen Schichtung mit einer Nord-Süd-Orientierung ergibt Durchwohnen an der westlichen Gebäudeseite.

Die konzeptionell passende Längswandkonstruktion erlaubt eine freie Einteilung der Raumgrößen. Durch die weitgehend unabhängige Erschließung der Wohnräume und ihre ähnliche Größe sind die Wohnungen flexibel nutzbar. Durch eine erhöhte Grundstücksausnutzung konnten Standardverbesserungen wie Wintergärten, Schiebetüren und sorgfältige Fensterdetails finanziert werden.

städtebauliche Bezüge

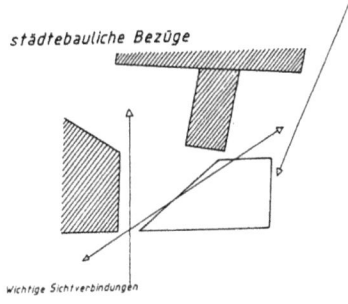

funktionale Zonierung

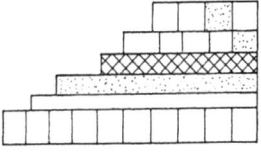

flexible Raumgrößen

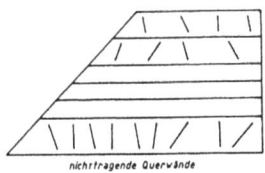

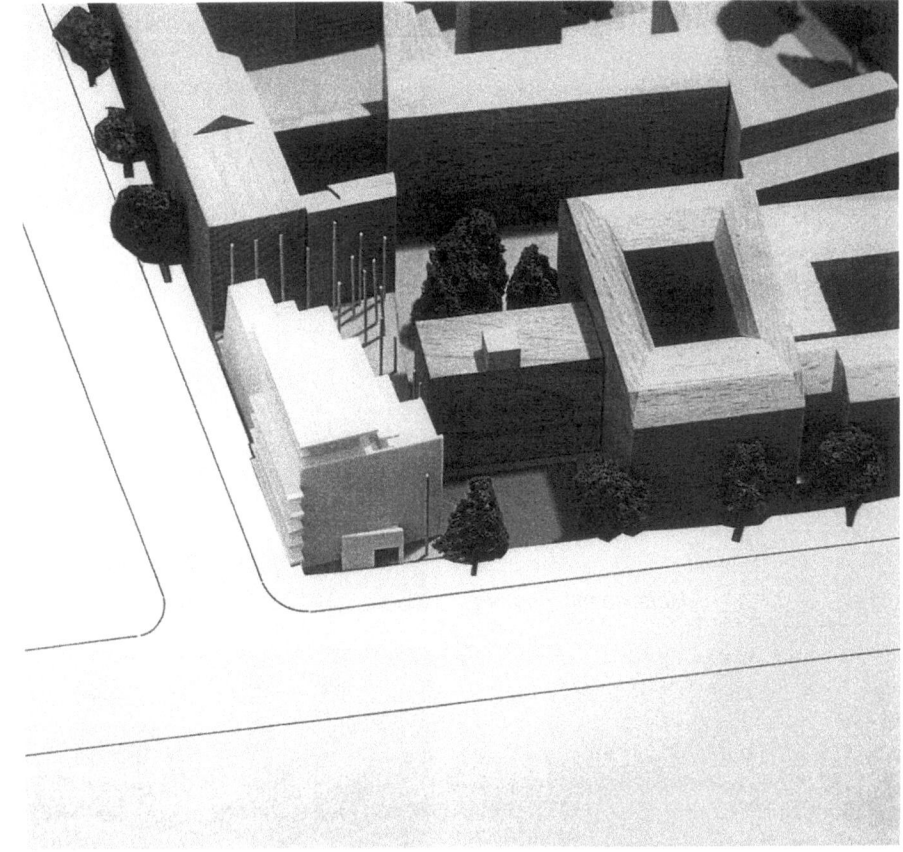

Modellfoto der Blockecke von Norden.

Energiekonzept

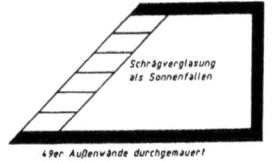

statisches System

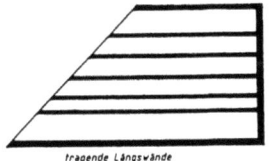

Erschließung

Léon und Wohlhage, Schlesische Straße

Hofseite mit Eingang.

Der Wintergarten gegenüber der Brandwand.

Isometrie mit Treppenhausschnitt.

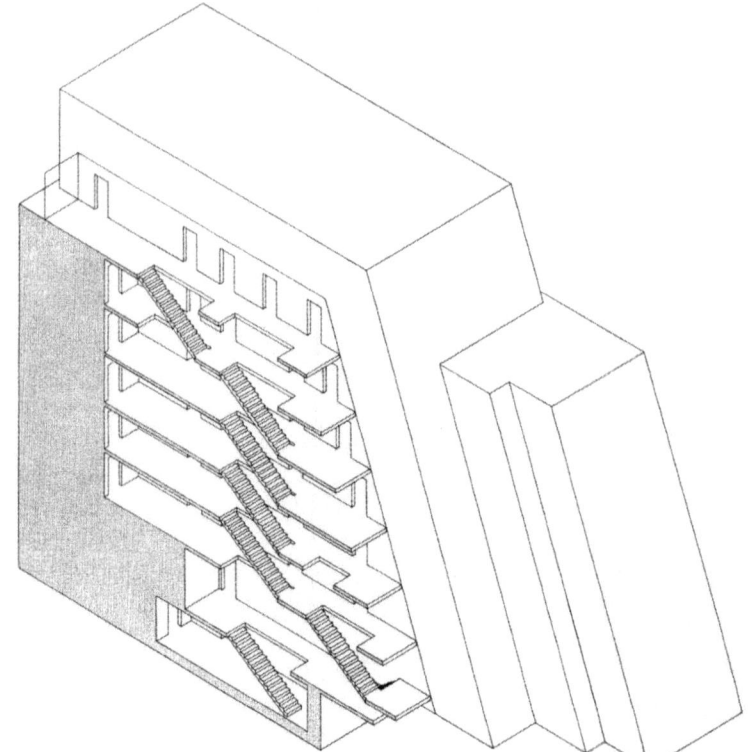

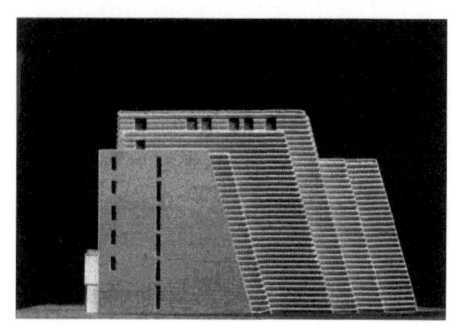

72   Léon und Wohlhage, Schlesische Straße

Obergeschoß 1:200

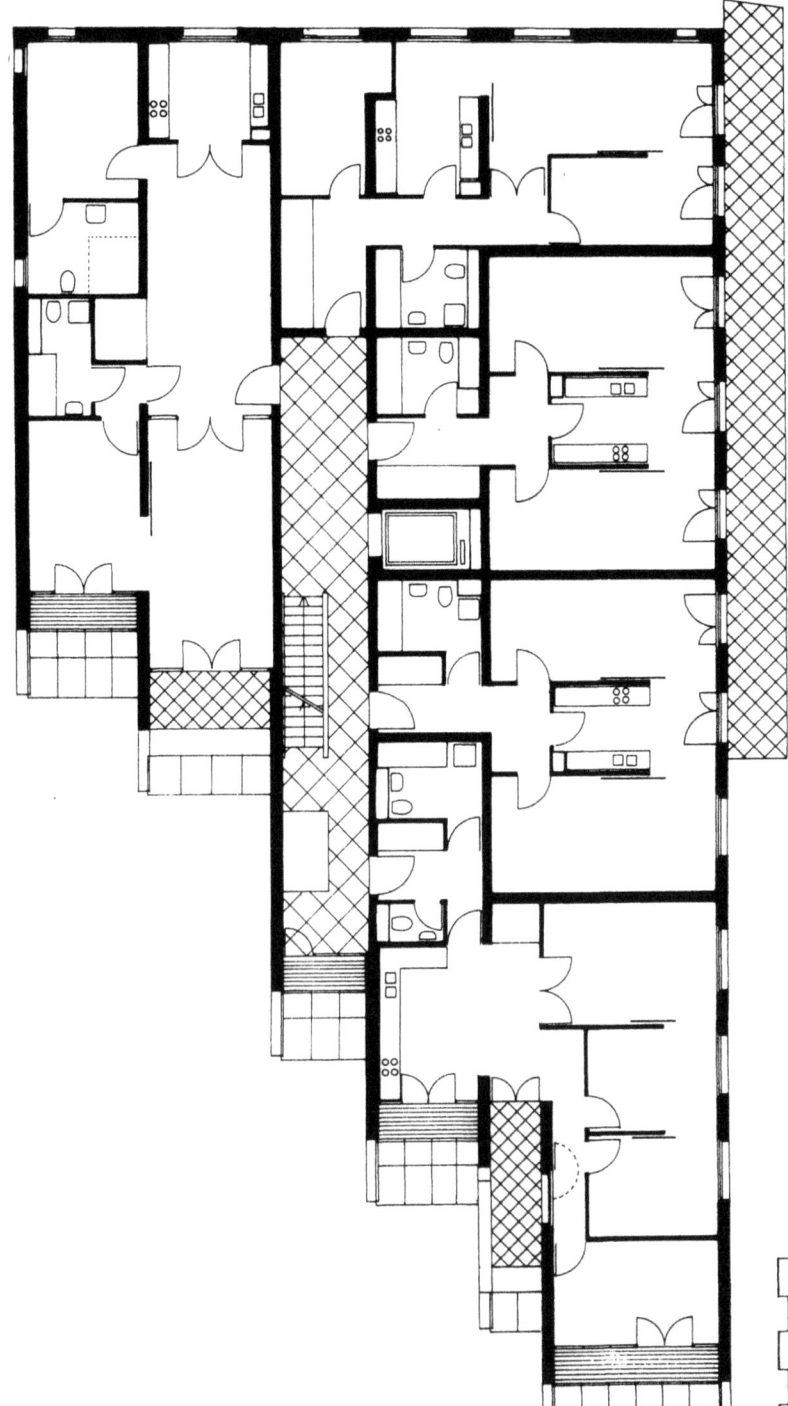

Querwand mit Schiebetür.

Blick aus dem Wintergarten.

Projekt:	Dedemvaartsweg
Architekt:	José Luis Mateo, Barcelona
Ort:	Den Haag, NL
Baujahr:	1992
Finanzierung:	sozialer Wohnungsbau
Städtebau:	offene Bauweise
Erschließung:	direkter Zugang im EG und Mittelgang im 2. OG
Freiflächen:	Privatgärten, Balkone, Dachterrasse
Wohnungen:	fassadenparallele Schichtung, minimierte Individualräume, Obergeschosse als Maisonetten
Konstruktion:	Schotten
Parken:	ebenerdig vor der Nordfassade

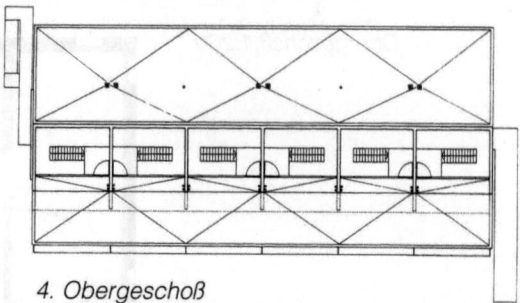

4. Obergeschoß

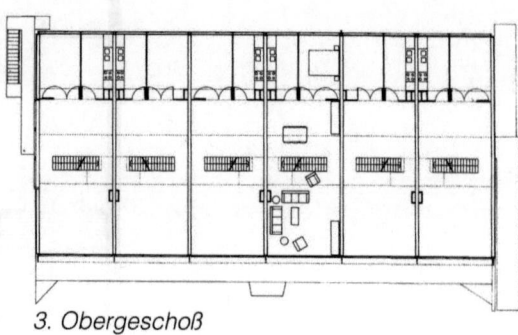

3. Obergeschoß

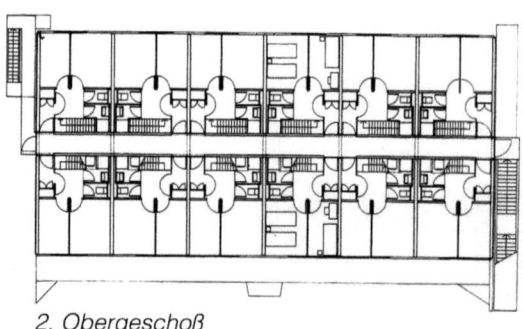

2. Obergeschoß

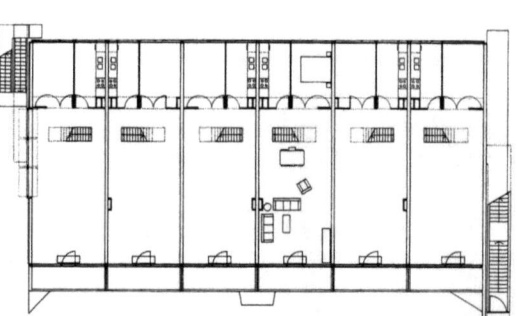

1. Obergeschoß

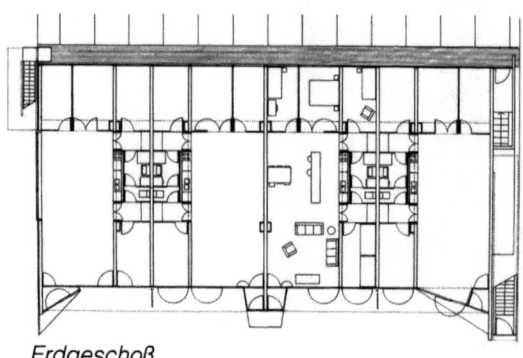

Erdgeschoß

Das Baugrundstück am Dedemvaartsweg ist ein knapp 40 m breiter, 1,5 km langer Streifen am Rand des in der Nachkriegszeit von W. M. Dudock geplanten Stadtteil „Morgenstond". Der Verzicht auf eine geplante Schnellstraße bot die Möglichkeit zur Nachverdichtung im Bestand – angesichts der Bodenknappheit in Den Haag die einzige Möglichkeit der Landgewinnung. Auf der Basis des städtebaulichen Konzepts von OMA, Rotterdam, entstand hier eine kleine lineare Bauausstellung mit verschiedenen Haustypen.

Für den kurzen, mit 14 m sehr tiefen Baukörper im mittleren Abschnitt des Gebiets entwarf J. L. Mateo eine Neuinterpretation von Le Corbusiers Mittelgang. Über die von Süden direkt zugänglichen Erdgeschoßwohnungen führen Außentreppen zum Mittelgang im 2. OG. Dieser erschließt jeweils ein halbes Geschoß der Maisonettenwohnungen im 1. und 3. Obergeschoß. Die oberste Wohnung bietet mit dem schmalen Staffelgeschoß einen teils zweigeschossigen Wohnraum und Zugang zur Dachterrasse. Die querstehenden einläufigen Treppen in den Wohnungen betonen die Trennung der sehr kleinen Individualräume vom großzügigen Wohnbereich.

Neben der markanten Außentreppe bestimmt die Farbe der Fassadenplatten die Erscheinung des Hauses. Die Größe der Platten verweist auf die unterschiedlichen Raumabmessungen der Nord- und Südseite – das rot-weiße Muster ästhetisiert die industrielle Vorfertigung des mit knappem Budget entstandenen Hauses.

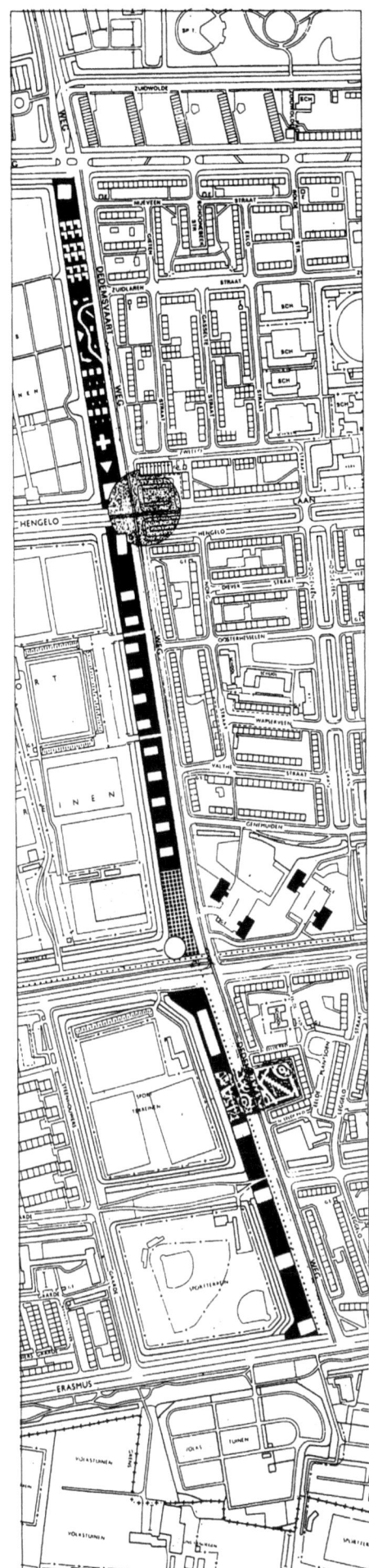
Lageplan

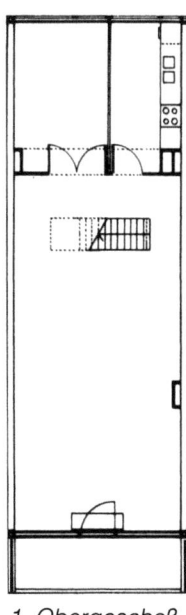
1. Obergeschoß

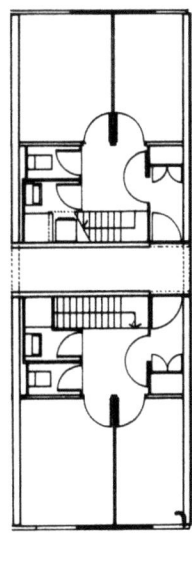
2. Obergeschoß

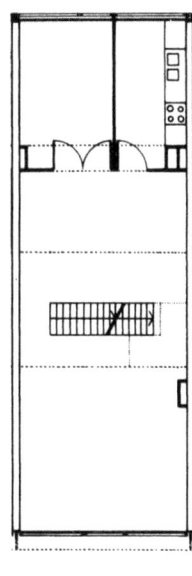
3. Obergeschoß

Südseite

Nordseite

Projekt:	Siedlung Röthenbach
Architekt:	Metron Architekten AG M. Gasser, Windisch CH
Ort:	Röthenbach a. d. Pegnitz
Baujahr:	1993
Finanzierung:	geförderter Wohnungsbau
Städtebau:	Ost-West-Zeilen
Freiflächen:	gem. Grünflächen und Plätze, private Gärten
Erschließung:	direkte Erschließung
Wohnungen:	parallele Schichten, südorientierte Maisonetten, Schaltzimmer
Konstruktion:	Querwand
Parken:	Carports und offener Sammelstellplatz am Siedlungsrand

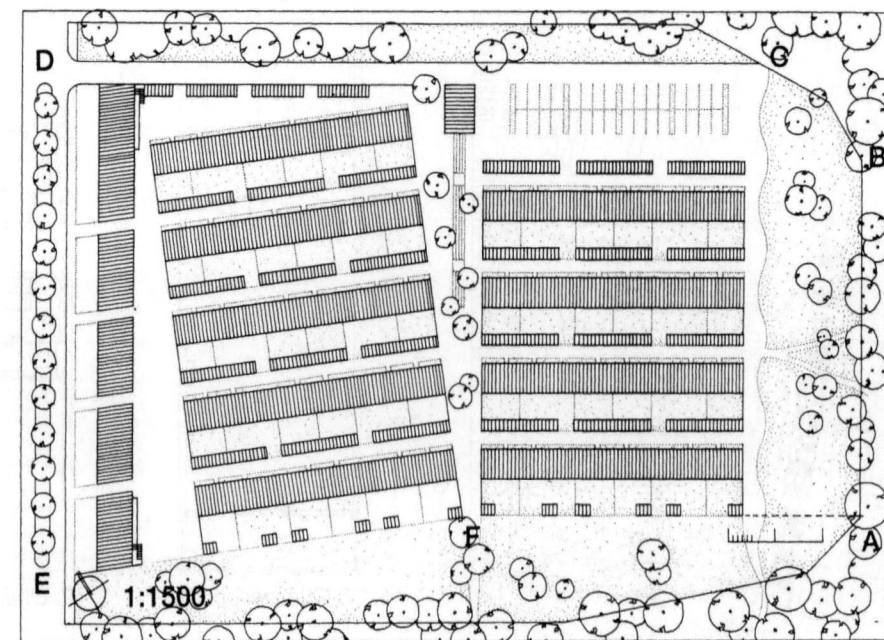

Lageplan

Das Grundstück schiebt sich als dreiseitig geschlossene Lichtung in den Kiefernwald am Rand der Industriegemeinde Röthenbach bei Nürnberg.

Die parallelen Ost-West-Zeilen sind in zwei Gevierten gruppiert und leicht verdreht zueinander angeordnet. Sie bilden so zwei spitz zulaufende dreieckige Freiflächen. Das Gemeinschaftshaus betont die Quartiersmitte mit Sitzstufen und Brunnen zusätzlich.

An der Erschließungsstraße schirmen überdachte Stellplätze die Siedlung ab. Die kleinen Wohnwege bleiben dadurch autofrei. Sie werden direkt an der Nordseite der Häuser geführt – die angrenzenden kleinen Privatgärten sind mit einer Mauer und Abstellräumen gegen Einsicht geschützt.

Alle Räume der nur ca. 6 m tiefen Häuser orientieren sich zur Gartenseite nach Süden. Die mittig eingestellte Quertreppe halbiert den Grundriß und definiert neutrale Raumbereiche. Eine halbe Hausachse kann als Schaltzimmer zwischen zwei Hauseinheiten frei zugeordnet werden oder separat genutzt werden. Sie bietet damit zusätzlich externe Variabilität. Französische Fenster als Zugang für Außentreppen eröffnen die Möglichkeit zur horizontalen Teilung der Häuser.

Die Platzfläche zwischen den Zeilengevierten.

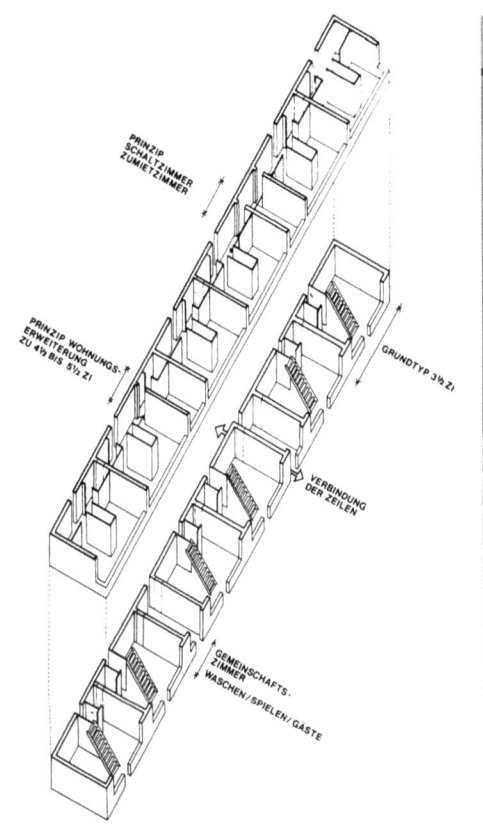

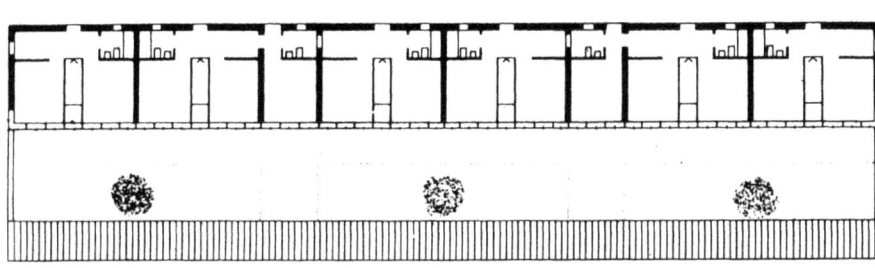

Obergeschoß

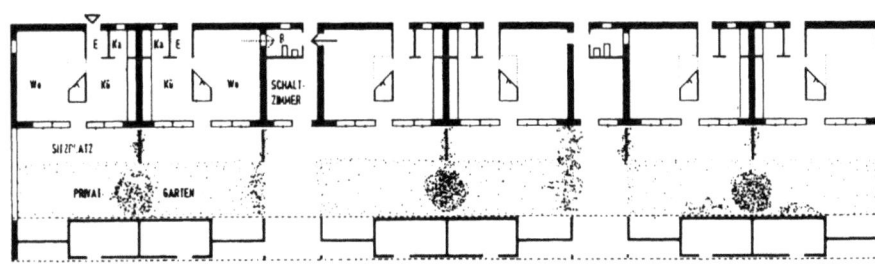

Grundrisse Erdgeschoß

Südfassade

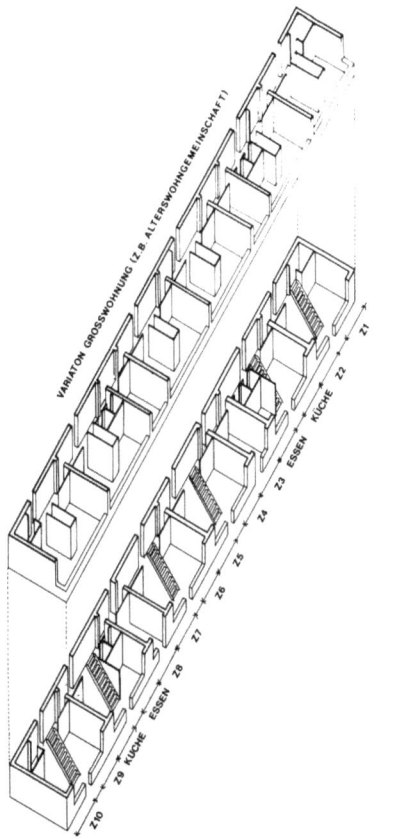

Axonometrien mit Nutzungsvarianten und Wohnungskombinationen

Metron AG, Röthenbach

Konzeptskizzen

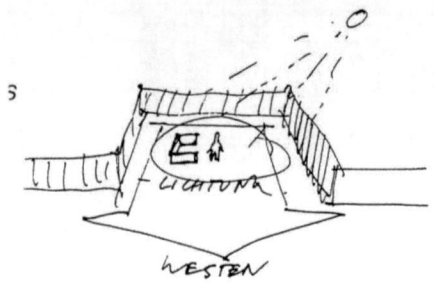

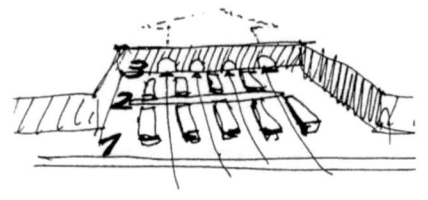

Abstellräume als Abschirmung der minimierten Gärten.

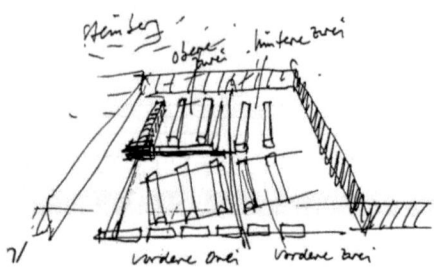

Hausgärten

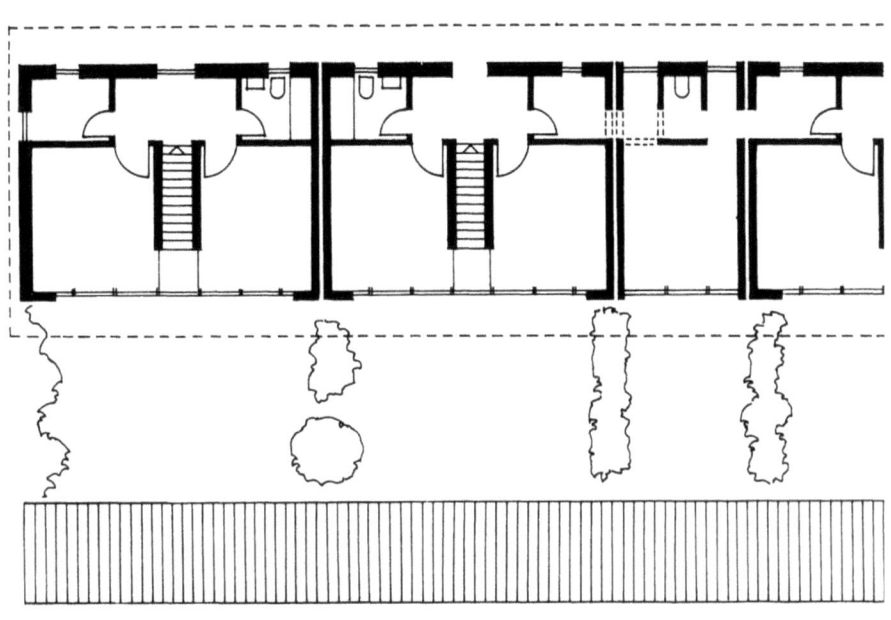
Obergeschoß

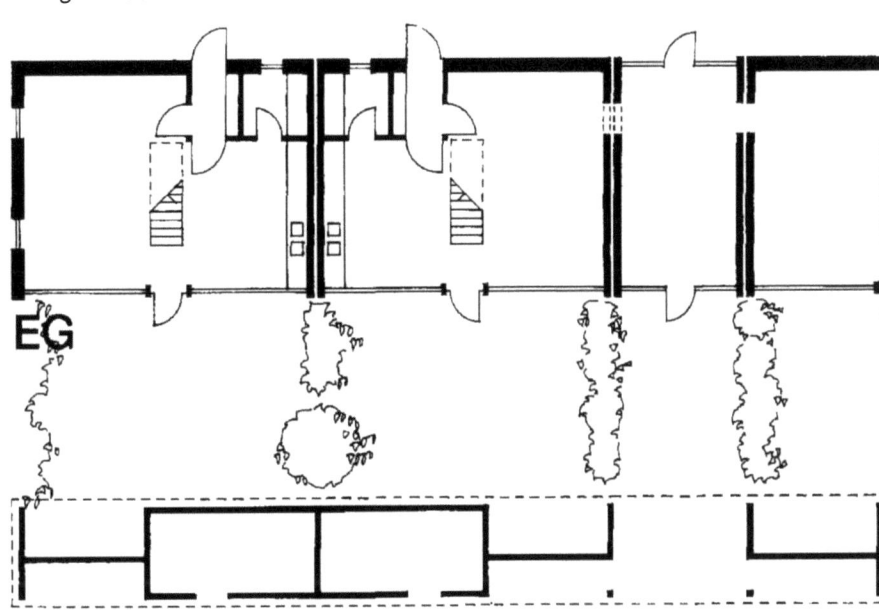
Erdgeschoß 1:200

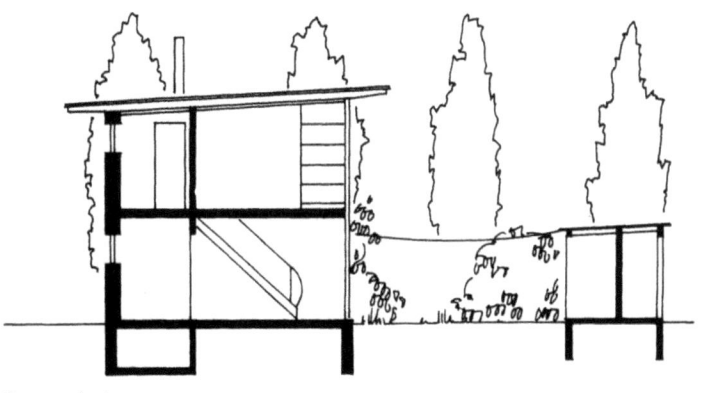
Querschnitt

Metron AG, Röthenbach   79

Projekt:	Wohnpark Kirchhölzle
Architekt:	GPF Associates Prof. Günter Pfeiffer, Roland Meyer, Lörrach
Ort:	Schopfheim, Wiechs
Baujahr:	1990
Finanzierung:	frei finanziert
Städtebau:	Reihenhauszeilen
Freiflächen:	privater Gartenhof und Dachterrasse
Erschließung:	direkter Zugang vom Wohnweg
Wohnungen:	Durchwohnen, Splitlevel, zentraler Luftraum
Konstruktion:	Schotten
Parken:	an der Erschließungsstraße

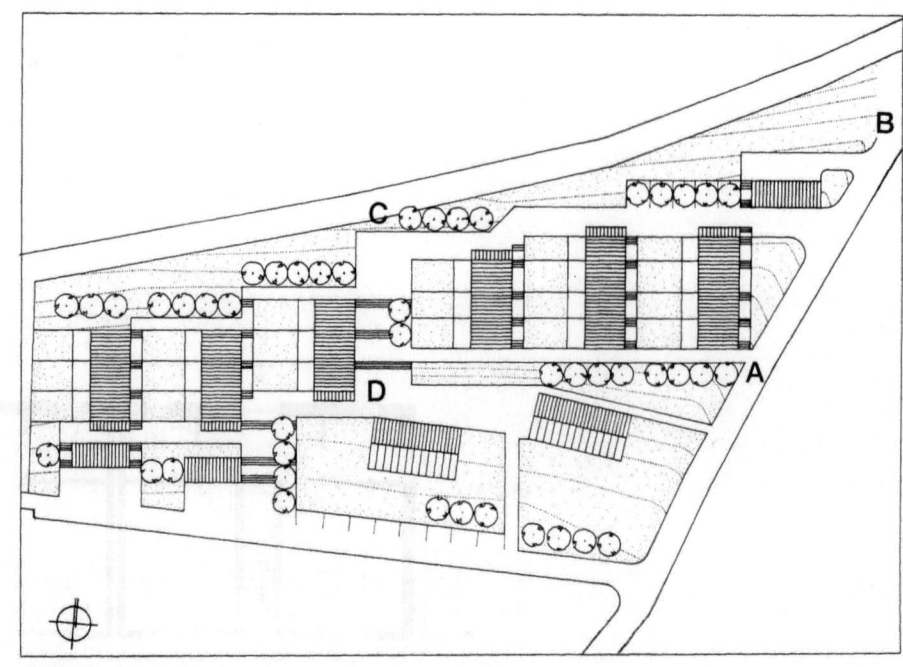

Lageplan

Das Grundstück liegt an einem Nordhang in dem spitzen Winkel zwischen dem Ortsrand und einer Schnellstraße. Die Häuser werden von einer Stichstraße am Hangfuß erschlossen und staffeln sich halbgeschossig versetzt in Zeilen senkrecht zum Hang.

Der Zugang zu den Häusern erfolgt über den dicht an der Fassade geführten Wohnweg von Osten oder durch eine Tür in den Gartenhof auf der Westseite. Die sechs Wohnebenen werden durch die mittige Treppe halbgeschossig verbunden und durch den zentralen Luftraum zusätzlich verknüpft. Mit Eingangsebene und Eßplatz ist hier auch die soziale Mitte des Hauses.

Auf den angrenzenden Ebenen liegen an der Westseite die Kinderzimmer im Souterrain und das Wohnzimmer darüber. Beide Bereiche haben einen Zugang zum Garten über die Böschung von unten bzw. eine Treppe von oben. Über dem Wohnzimmer bietet die überdachte Terrasse einen geschützteren Aufenthalt im Freien und Ausblick in die Landschaft.

Räumliche Schichten aus Drahtgitter, Balustraden und Glasbausteinenwänden filtern das einfallende Sonnenlicht und schaffen so unterschiedliche Qualitäten der Innengliederung und des Außenbezugs.

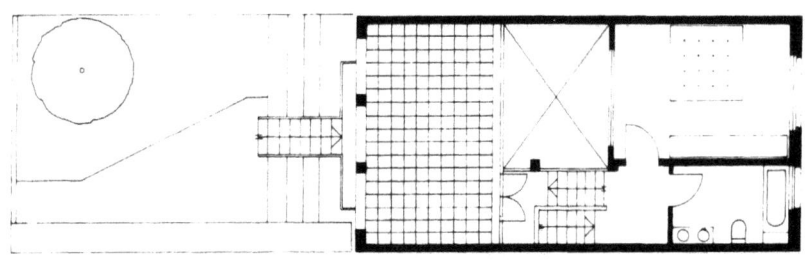

Obergeschoß

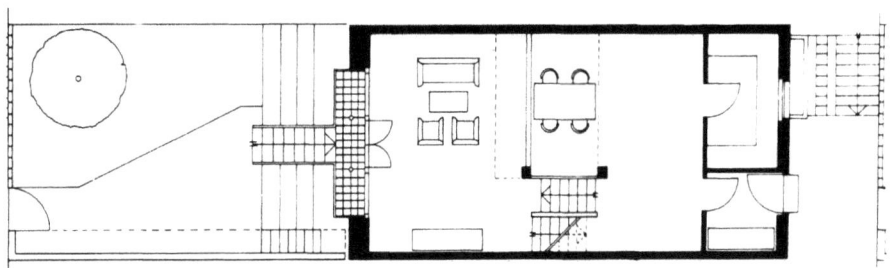

Eingangsebene, Erdgeschoß

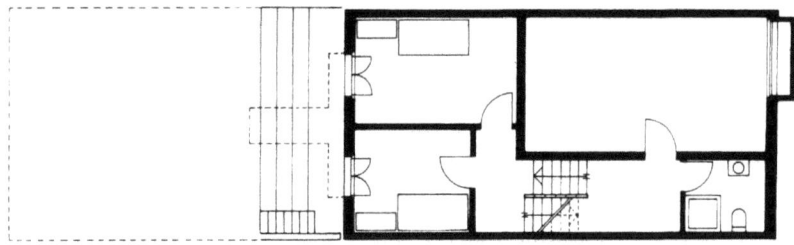

Gartengeschoß

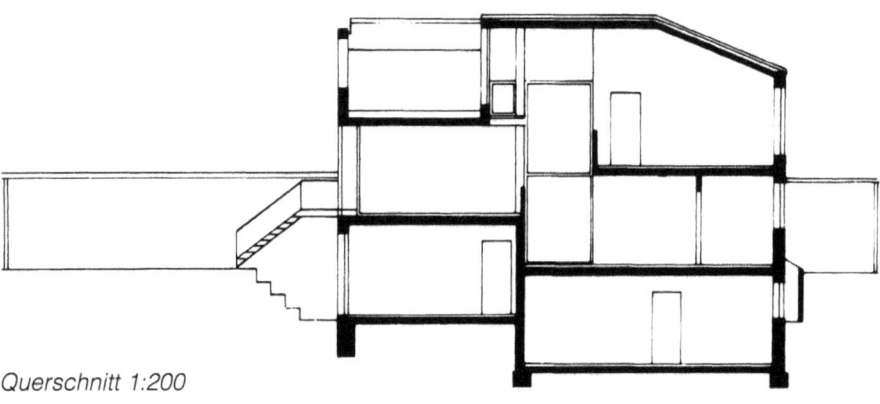

Querschnitt 1:200

Projekt:	Habitat Industriel „La Faye"
Architekt:	Rodolphe Luscher, Lausanne
Ort:	Givisiez, bei Fribourg CH
Baujahr:	Entwurf 1988
Finanzierung:	frei finanziert
Städtebau:	parallele Zeilen für Wohnen und Arbeiten, Solitäre mit Versorgungseinrichtungen
Freiflächen:	Quartiersplätze, aufgeweitete Straßenräume, Privatgärten, Innenhöfe
Erschließung:	direkter Zugang
Wohnungen:	Reihenhäuser, zweiseitige Orientierung mit zusätzlichem Atrium
Konstruktion:	Stahlbetonschotten, eingestelltes Stahlskelett
Parken:	in den Wohnstraßen, Garagen unter dem Haus, Parkdecks

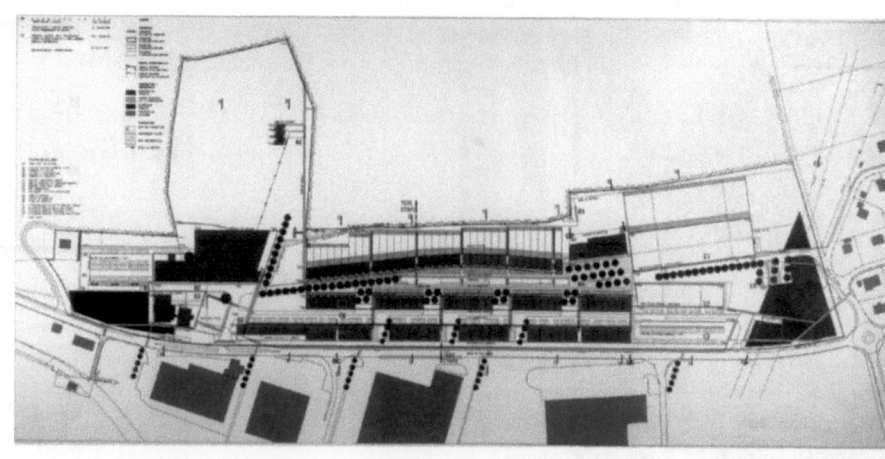

Das Projekt entstand im Rahmen eines von der Industriegruppe Ray & Vichet SA ausgelobten Wettbewerbs. Der Titel „habitat" meint eine über reines Wohnen hinausgehende Mischung mit Freizeit-, Arbeits- und Einkaufsmöglichkeiten. Das 14 ha große Gelände erstreckt sich über 800 m an einem Südhang zwischen einem Waldrand und den Industriegebieten Givisiez.

Die Bebauung ist in langgestreckten hangparallelen Zeilen gestaffelt und zoniert. Vom Industriegebiet erfolgt der Übergang zu Gewerbeeinheiten im Süden über die reinen Wohnzeilen und einem Park zum Wald.

Westlicher Abschluß und zugleich Verknüpfung mit der Stadt ist ein Quartiersplatz mit Einkaufszentrum, Theater, Restaurants und einem Verwaltungsgebäude.

Die hangparallele Haupterschließungsstraße („Rue Jean Prouvé") verläuft zwischen der Gewerbezeile und der mittleren Wohnzeile. Deren Stellplätze sind in die Hangkante geschoben und die Wohngeschosse damit um eine Etage angehoben. Die nördliche Wohnzeile ist dem folgenden Hang als „split-level" organisiert.

Alle Häuser sind ähnlich strukturiert – fassadenparallele Raumzonen überlagert mit einer schmalen Erschließungs- und Nebenraumzone in Querrichtung über die gesamte Haustiefe. Ein mittiger Luftraum sorgt für zusätzliche Belichtung und Belüftung in der Hausmitte. Dieser Raum hat je nach Haustyp einen völlig

verschiedenen Charakter – als Halle oder offenes Atrium. Die eigentlichen Wohnflächen bleiben frei von Installationen und sind nutzungsneutral zugeschnitten.

Wesentlicher Bestandteil des Konzepts ist die Kosteneinsparung durch weitgehende Elementierung und industrielle Vorfertigung von Tragkonstruktion und Fassaden aus Metall. Die Siedlung wird so zum „Habitat Industriel".

Lageplan, Ausschnitt 1:1000

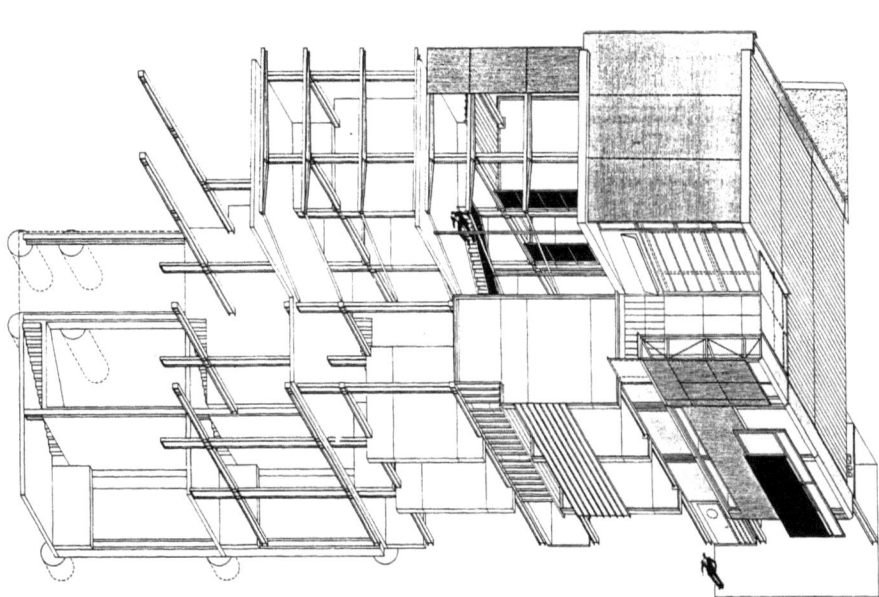

Isometrie des Stahlskeletts mit massiven Haustrennwänden und elementierten Ausbauelementen

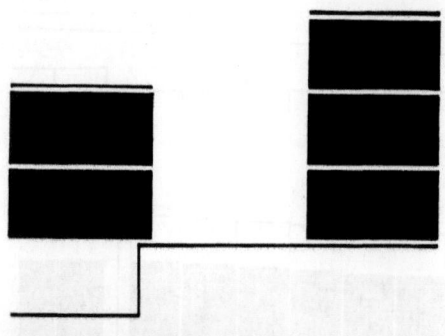

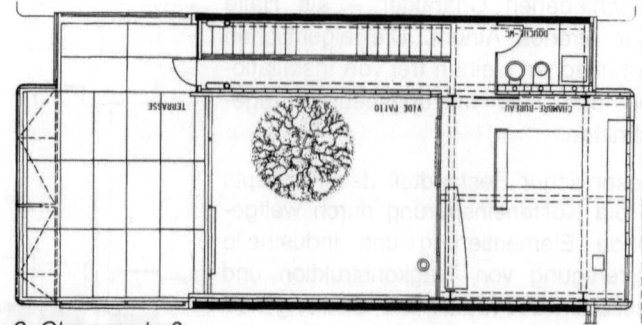

2. Obergeschoß

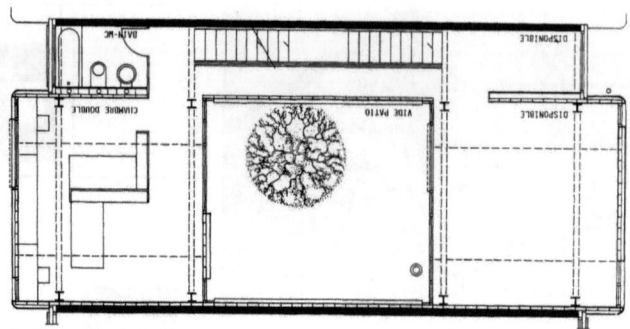

1. Obergeschoß

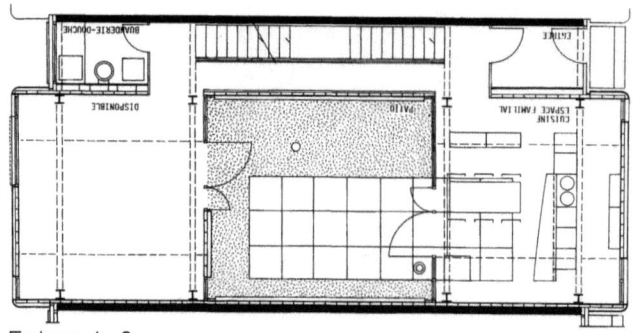

Erdgeschoß

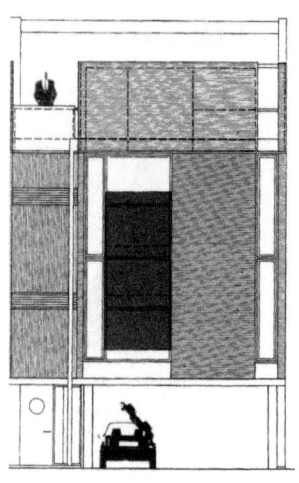

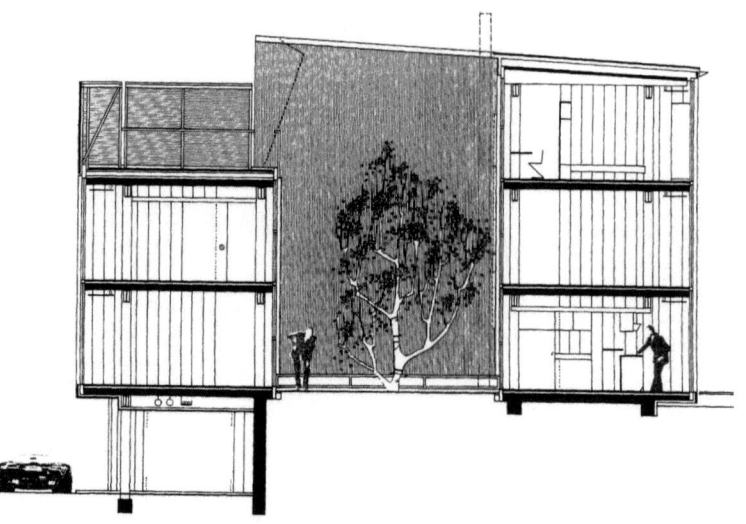

Querschnitt 1:200

Luscher, Habitat Industriel

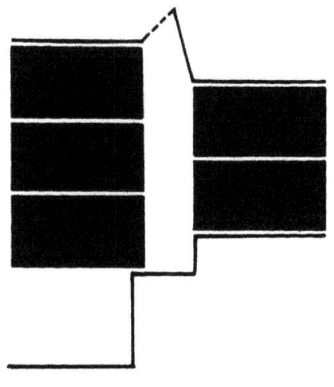

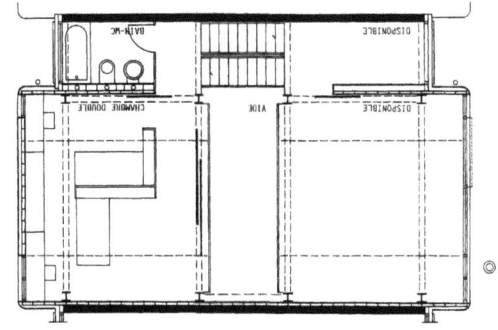

2. Obergeschoß

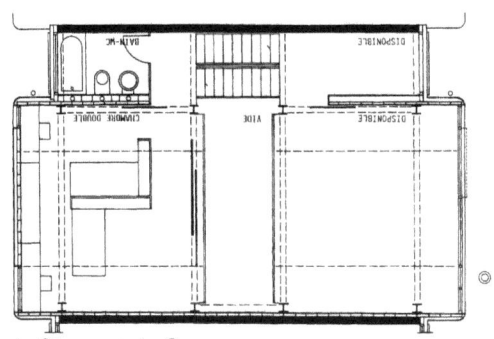

1. Obergeschoß

Erdgeschoß

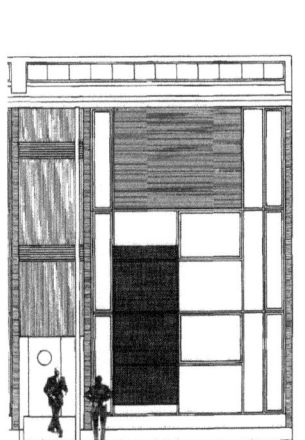

Querschnitt 1:200

Luscher, Habitat Industriel   85

Projekt:	Wohnungsbau, Haarlem
Architekt:	Erna von Sambeek, René van Veen, Amsterdam
Ort:	Haarlem, NL
Baujahr:	1993
Finanzierung:	geförderter Wohnungsbau
Städtebau:	Zeile
Freiflächen:	private Gärten, Dachterrassen
Erschließung:	direkter Zugang, ebenerdig und über Außentreppe
Wohnungen:	Etagenwohnungen über Maisonetten, fassadenparallele Zonierung, mehrseitige Orientierung im 2. OG.
Konstruktion:	Querwand
Parken:	an der Straße

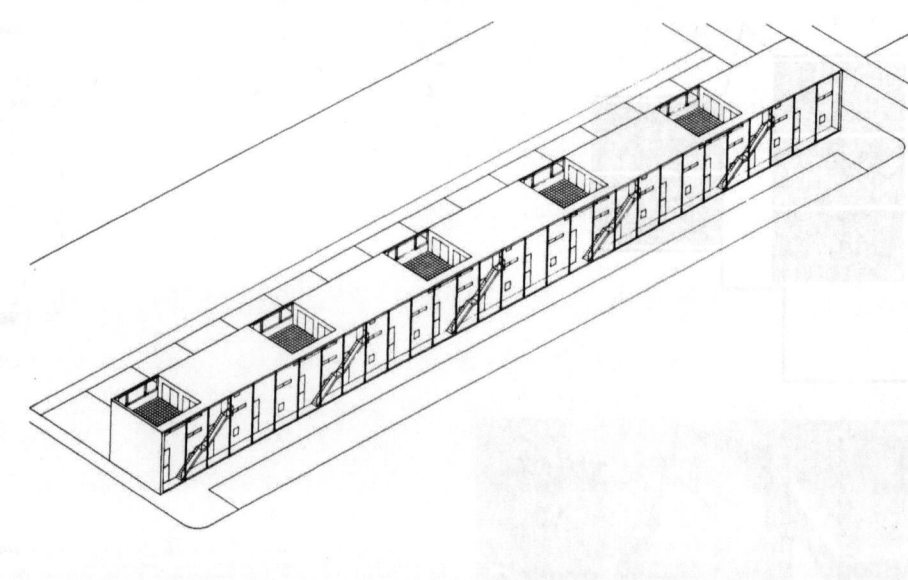

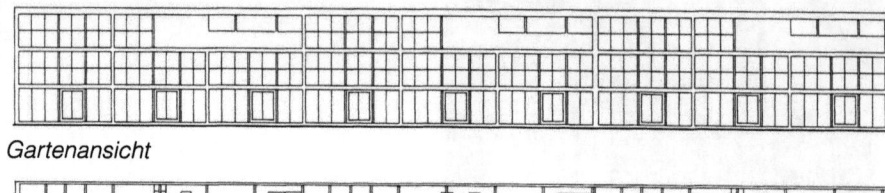
Gartenansicht

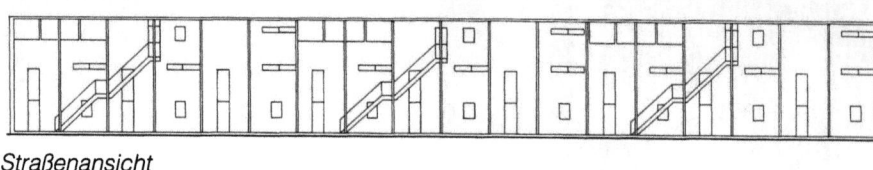
Straßenansicht

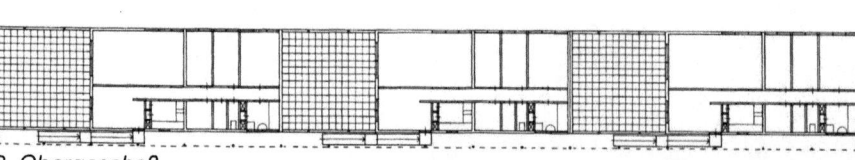
2. Obergeschoß

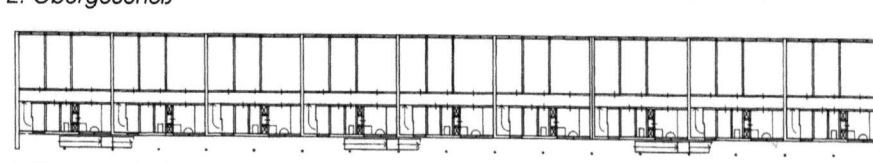
1. Obergeschoß

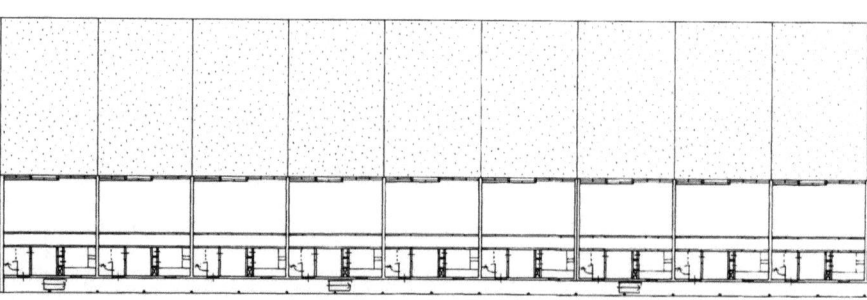
Erdgeschoß

Die Hauszeile ist Teil eines Neubaugebiets von Haarlem bei Amsterdam. Die Wohnungen der paarweise zugeordneten Hauszeilen sind Ost-West orientiert. Alle Wohnungen werden direkt von der Straße aus erschlossen, wobei der Zugang zu den Obergeschoßwohnungen jeweils über eine eigene einläufige Außentreppe erfolgt. Diese liegen fassadenparallel in einer Arkade aus gebäudehohen Stahlstützen. Es entsteht so eine zusätzliche Raumschicht vor der Fassade als Differenzierung des Übergangs vom Haus zur Straße.

Grundrißgliederung und Fassadengestaltung betonen den Unterschied zwischen den Hausseiten – eine Nebenraumzone mit kleinen Lochfenstern an der Straße und eine elementierte, offene Fassade der Aufenthaltsräume zum Garten.

Die durchgehende Flurzone erlaubt einen unabhängigen Zugang zu den Räumen und damit eine flexible Nutzung, während die Größenunterschiede der Zimmer dem „Familienmuster" entsprechen.

In den Wohnungen im 2. Obergeschoß beschränkt der Zugang über den Wohnraum die Flexibilität des Gebrauchs. Die Wohnungen haben durch die eingeschnittenen großen Dachterrassen eine dreiseitige Orientierung – zusätzlich auch nach Süden.

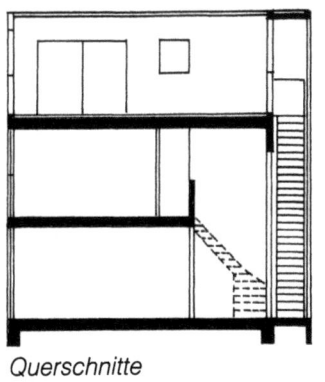 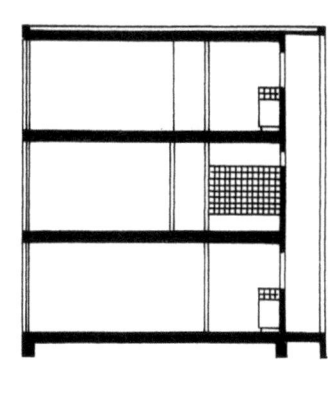

Querschnitte

Gartenseite

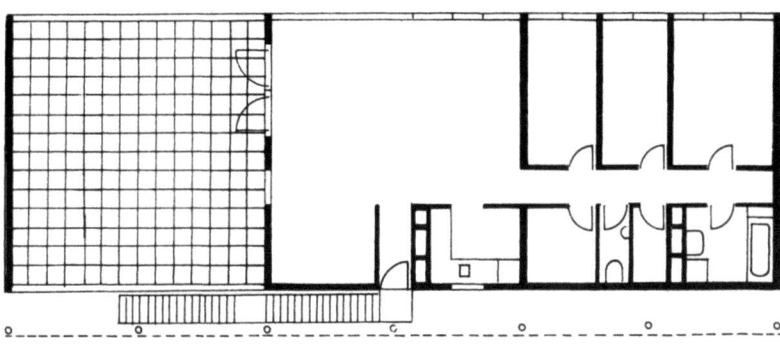

2. Obergeschoß

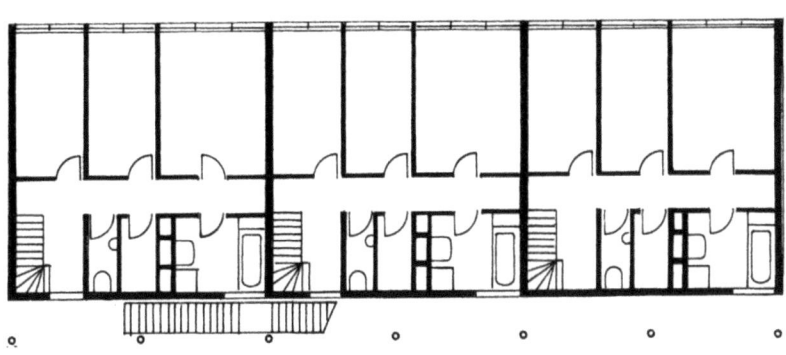

1. Obergeschoß

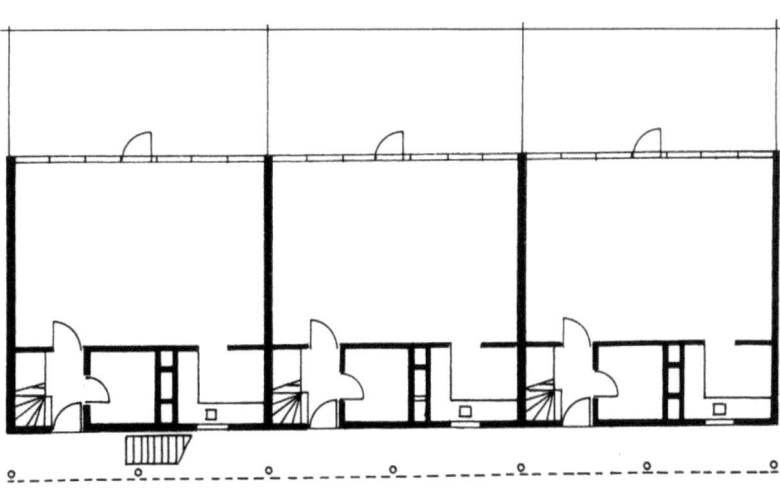

Erdgeschoß 1:200

von Sambeek und van Veen, Haarlem

Projekt:	Dachaufbauten Schlierbacher Weg
Architekt:	Baufrösche Kassel und Vinzenz von Feilitzsch
Ort:	Berlin – Neukölln
Baujahr:	1992
Finanzierung:	geförderter Wohnungsbau
Städtebau:	Bestand: Zeilen
Freiflächen:	Gemeinschaftsgrün, Gemeinschaftshaus, Mietergärten, Terrassen, Balkone und Dachterrassen
Erschließung:	direkter Zugang, ebenerdig und über Außentreppe
Wohnungen:	zwei- und dreiseitige Orientierung, zentraler Wohn-Eßbereich
Konstruktion:	vorfabrizierte Elemente auf neuer Deckenplatte
Parken:	am Siedlungsrand in den Erschließungsstraßen

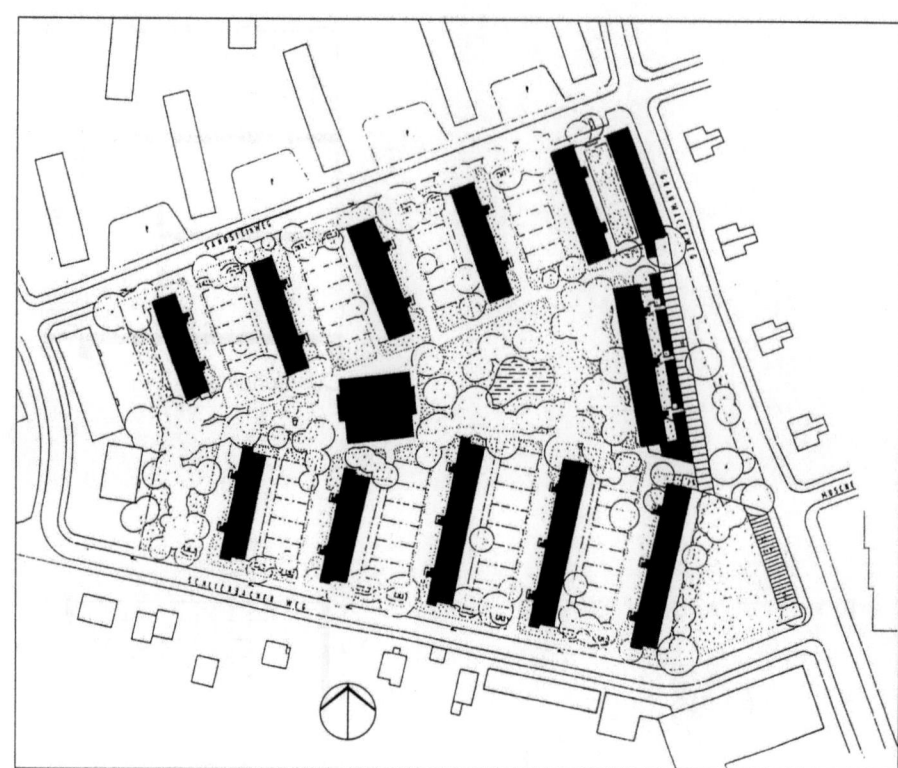

Lageplan

Die 1953 in „Schlichtbauweise" erstellte Siedlung sollte Wohnraum für „unverschuldet in Not geratene Familien" bieten. Im Zuge einer grundlegenden Renovierung wurden die Häuser um ein Geschoß aufgestockt. Nachdem der ursprünglich vorgesehene Abriß und Neubau aus sozialen und ökonomischen Gründen verworfen worden, führte ein Gutachterwettbewerb zum realisierten Entwurf. Durch eine umfassende Mieterbeteiligung wurde die notwendige Akzeptanz hergestellt – gut 80% der Mieter blieben in der Siedlung. Die Bauaufgabe, die Verdichtung im Bestand der Nachkriegszeit ist zukunftsweisend.

Als „Bauplatz" für die Aufstockung wurde eine Betonplatte über dem bestehenden flachen Pult montiert. Durch die allseitige Auskragung konnten den geringen Maßtoleranzen des elementierten Neubaus entsprochen werden. Der Hohlraum zwischen alter und neuer Decke bietet Platz für die Installationen und damit Freiheit in der Grundrißgestaltung.

Die Vorfabrikation der Aufbauteile erlaubte eine kurze Bauzeit und damit die schnelle Rückkehr der Mieter aus den Umsetzwohnungen.

Neben der Aufstockung erfolgte eine qualitative Verdichtung durch ergänzendes Kleingewerbe, Sozialeinrichtungen und den Umbau der Waschhäuser zu Gemeinschaftseinrichtungen.

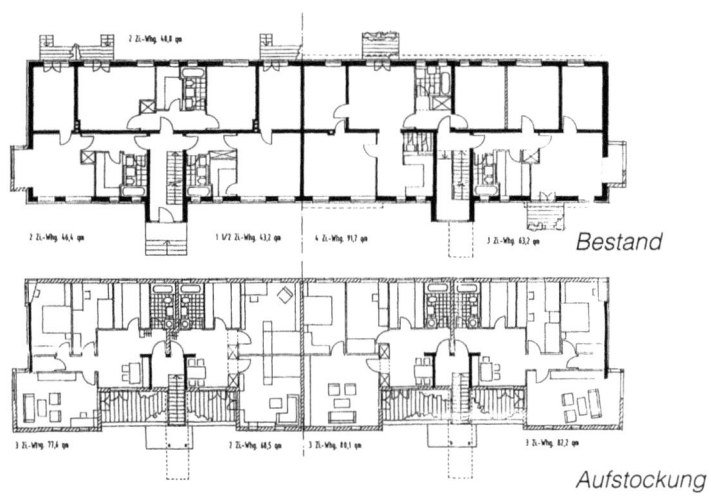
Bestand

Aufstockung

Erdgeschoßwohnungen mit Zugang zum Garten, Obergeschoßwohnungen mit Terrasse

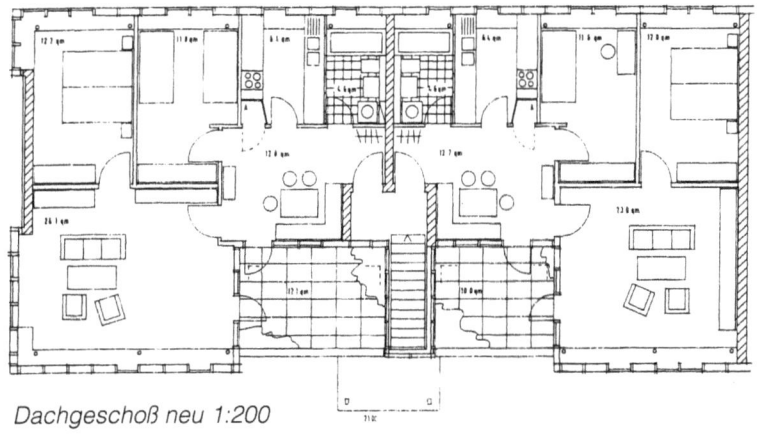

Dachgeschoß neu 1:200

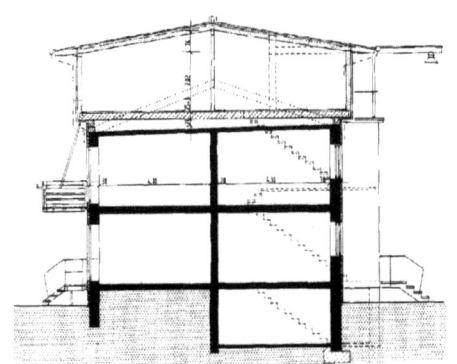

Querschnitt

Baufrösche, Schlierbacher Weg

Projekt:	Fischergarten
Architekt:	Atelier 5, Bern
Ort:	Solothurn, CH
Baujahr:	1994
Finanzierung:	Eigentumswohnungen
Städtebau:	Mischquartier: kammförmiges Bürogebäude, Zeile mit Geschoßmischung, Reihenhäuser
Freiflächen:	Quartiersplatz, Spielplätze, private Gärten, Dachterrassen
Erschließung:	zweibündige Büroanlage, Wohnungen mit direktem Zugang oder als Spännertypen
Wohnungen:	zweiseitig orientierte Maisonetten, Etagenwohnungen mit zentralem Wohnraum; Innenecke und Gartenhof über dem Büroriegel
Konstruktion:	Wohnungsbau: Querschotten
Parken:	Tiefgarage unter dem Wohnareal, dadurch autofrei
Dichte:	GFZ: 0,97

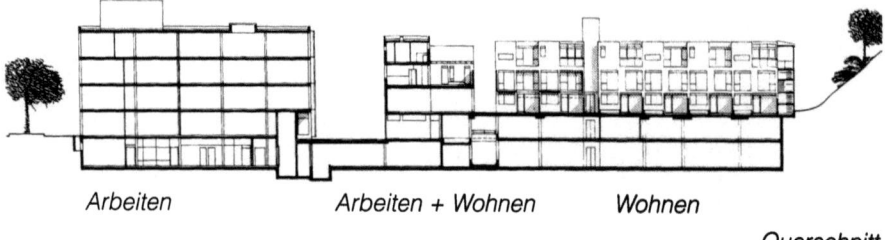

Lageplan

Das kleine Quartier auf dem Gärtnereigelände in der Soloturner Innenstadt bietet eine zeitgemäße Verknüpfung von Wohnen und Arbeiten. Es wird durch einen Höhensprung in zwei Bereiche geteilt, denen die Nutzungen zugeordnet sind.

Den nördlichen Abschluß des Grundstücks entlang der Erschließungsstraße bildet ein dreizeiliger Kamm mit Kombibüros. Auf der Hangkante vermittelt ein Wohn- und Ateliergebäude zu den beiden Wohnhauszeilen im Süden des spitz zulaufenden Grundstücks.

Arbeiten   Arbeiten + Wohnen   Wohnen

Querschnitt

Der fußläufige Zugang von der Straße zum Wohnbereich führt durch das Bürohaus zu einer Treppe unter der Querzeile. Die Zeile ist durch ihre Stellung auf dem Gelände und die Nutzungsstapelung vermittelnder Filter zwischen dem Wohnen und dem Arbeiten. Die zweigeschossigen Werkstatt- und Atelierräume werden erdgeschossig vom nördlichen Niveau erschlossen. Der Zugang zu den Wohnungen erfolgt über offene Treppen vom oberen Niveau – der Wohnseite. Im dritten Obergeschoß der Zeile sind die Wohnungen als Winkel mit Innenecke über die gesamte Tiefe der Gewerbeetage organisiert. Das 4. Obergeschoß wird als Maisonette intern angeschlossen oder ist als südorientierte Etagenwohnung organisiert.

Die dreigeschossigen Zeilen sind eine Weiterentwicklung der Wohnungen von Ried 2. Die unteren Maisonetten werden direkt von der Gasse über einen Vorhof erschlossen und haben einen zusätzlichen Zugang durch den Gartenhof. Die Etagenwohnungen im 3. OG sind über eine oder zwei Hausachsen organisiert und durch offene Treppenhäuser und einen Aufzug erschlossen.

Obere Eingangsebene

Einläufige Treppen als direkte Erschließung der Wohnungen über dem Gewerbe

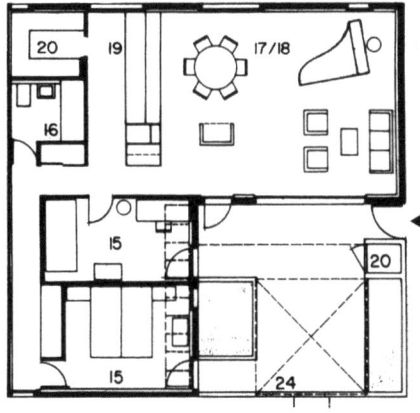

Etagenwohnung über der Gewerbezelle

Gartenhöfe

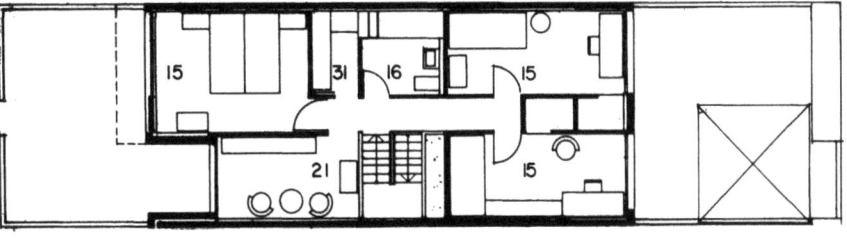

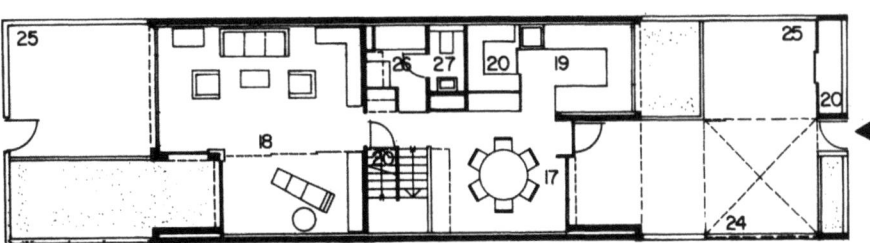

Reihenhaus, Erdgeschoß 1:200

Atelier 5, Fischergarten

Projekt: Wohnhaus in Graz

Architekt: Florian Riegeler, Roger Riewe, Graz

Ort: Graz-Strassgang, A

Fertigstellung: 1994

Finanzierung: geförderter Wohnungsbau

Städtebau: Zeile

Freiflächen: halböffentliche Fläche, direkter Zugang im EG

Erschließung: Zweispänner

Wohnungen: parallele Raumschichten, variable Aufteilung durch Falt- und Schiebeelemente

Konstruktion: Schotten

Parken: Tiefgarage unter der Freifläche

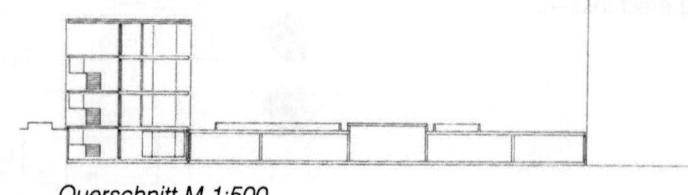

Querschnitt M 1:500

Westseite

Die Wohnzeile ist Teil einer Stadtrandsiedlung, umgeben von Wohnbauten der sechziger und achtziger Jahre.

Die beidseitig orientierten Wohnungen öffnen sich nach Osten und Westen. Die Grundrisse gliedern sich in drei Nutzungszonen parallel zur Fassade. In der Mitte liegen freistehende Küchenzeilen, offener Flur und die Naßräume. Den Fassaden zugeordnet sind die vergleichsweise kleinen Wohnräume – mit veränderbaren Quer- und Längsverbindungen. Die Querschotten stehen abgerückt von der Fassade und den Innenpfeilern – die verbleibenden Öffnungen können mit Schiebetüren geschlossen werden. In Querrichtung bieten breite Falttüren eine veränderbare Durchlässigkeit.

Raumhohe französische Fenster schaffen einen gewissen Ersatz für den fehlenden Balkon. Die Fassade aus Betonfertigteilen wird mit einer zweiten Schicht von ebenfalls geschoßhohen Schiebelementen aus Nylon- und Metallgitter überlagert. Mit deren Bewegung wird die parallele Schichtung der Grundrisse zusätzlich dynamisch akzentuiert.

Ostseite

Mittelzone mit geöffneten Falttüren

Vorgehängte Schiebeelemente mit Nylonbespannung

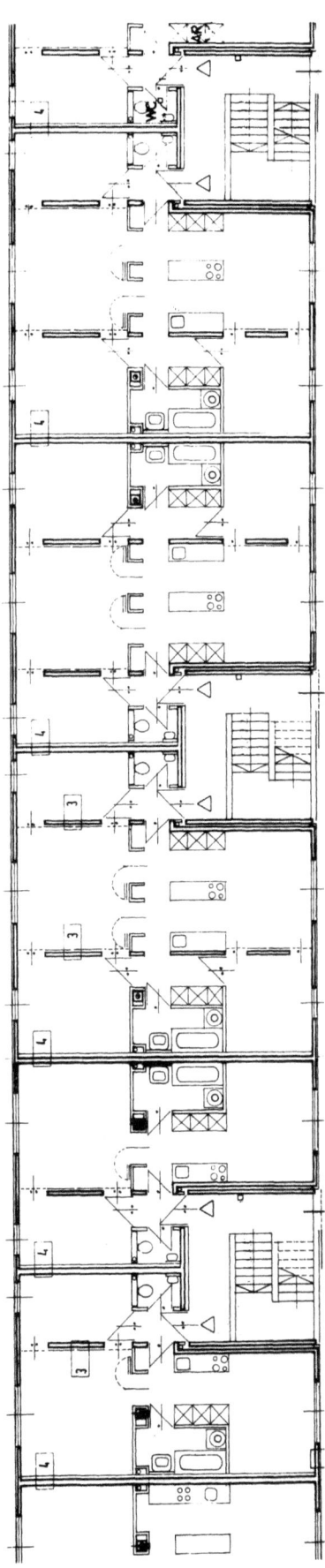

Ausschnitt Erdgeschoß 1:200

Projekt:	Wohnzeilen, Am Burghof
Architekt:	Rüdiger Kramm, Darmstadt
Ort:	Frankfurt/M. – Bonames
Baujahr:	1995
Finanzierung:	sozialer Wohnungsbau
Städtebau:	parallele Zeilen, gemeinschaftlicher Mehrzweckraum, Kita und Büroflächen im EG
Freiflächen:	halböffentliche Zwischenbereiche, Terrassen, Balkone, Wintergärten
Erschließung:	außenliegende Treppenhäuser, Zweispänner, kurze Laubengänge
Wohnungen:	fassadenparallele Schichtung; Nebenraum, Küchen im Norden, Aufenthaltsräume nach Süden; Wohnungen zu größeren Einheiten koppelbar
Konstruktion:	Querschotten und Skelett
Parken:	Tiefgarage unter dem Haus

Das Grundstück an der Frankfurter Peripherie, ein ehemaliges Industriegelände, wird durch die fünf Ost-West Zeilen in klassisch moderner Manier gegliedert. Mit dieser eindeutigen Südorientierung der Wohnungen ergibt sich die dynamische Schrägstellung zur Erschließungsstraße. An der Westseite sind die Zeilenköpfe erdgeschossig aufgeständert und bieten Raum für die „untergeschobenen" ergänzenden Nutzungen. Eine gegliederte eingeschossige Mauer schließt den Straßenraum und begrenzt die leicht angehobenen, halböffentlichen Zwischenbereiche.

Zwei vor die Fassade gestellte Längstreppenhäuser erschließen die Zeilen als Zweispänner im EG und über kurze Außengänge die bis zu sieben Wohnungen der Obergeschosse.

Dem klaren städtebauliche Konzept entspricht die Gliederung der Wohnung in parallele Schichten. An der Südseite sind die ähnlich groß dimensionierten Zimmer gereiht. Die Naßräume an der Nordseite ergeben eine energetisch sinnvolle Zonierung, ergänzt durch die Pufferzone der Treppenhäuser. Innerhalb der Wohnung können die Zimmer durch Schiebetüren verbunden werden. Zugleich ermöglicht die Auflösung der Schotten in Träger und Stütze die Koppelung zweier Einheiten zu größeren Wohngemeinschaften – experimenteller Anspruch realisiert im Rahmen des geförderten Wohnungsbaus.

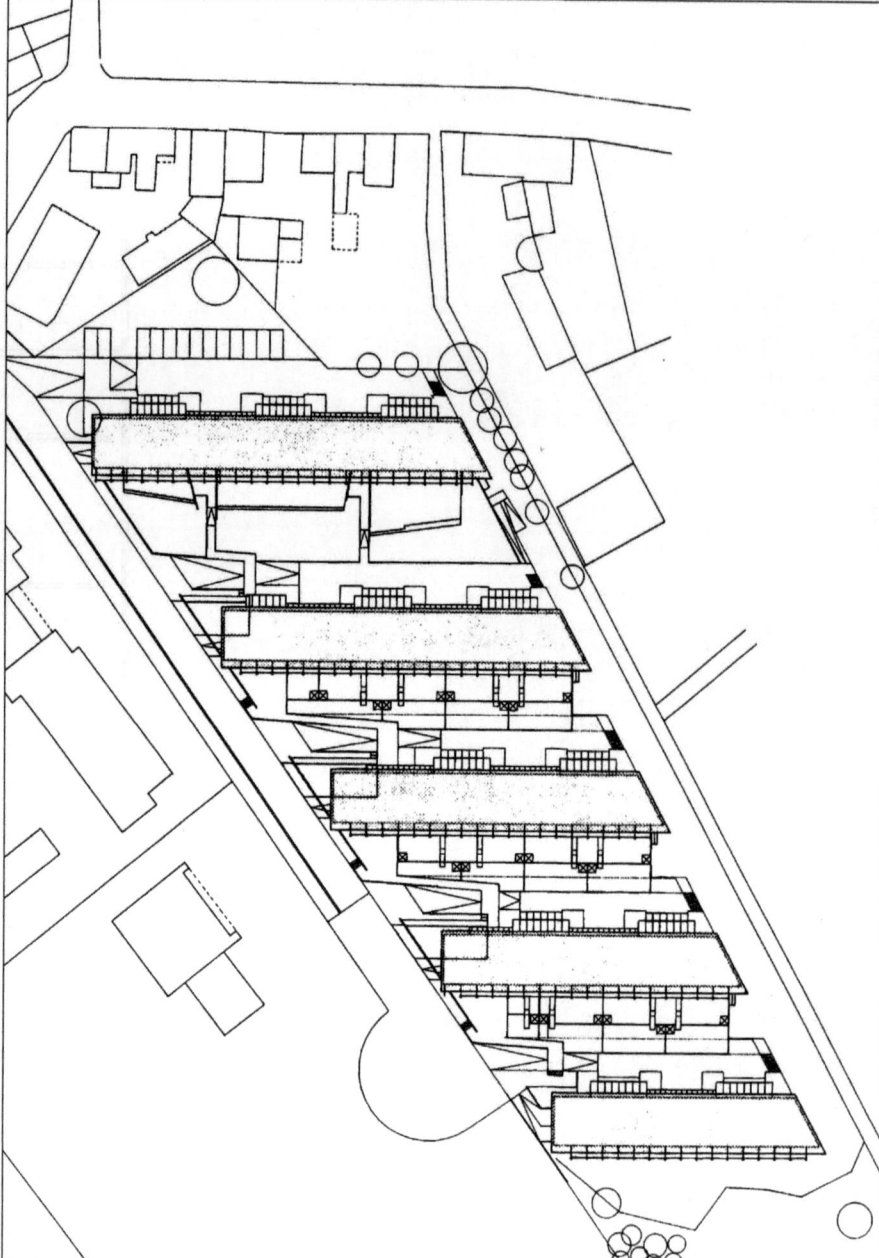

Lageplan

Südfassaden

Nordfassade mit Treppenhaus

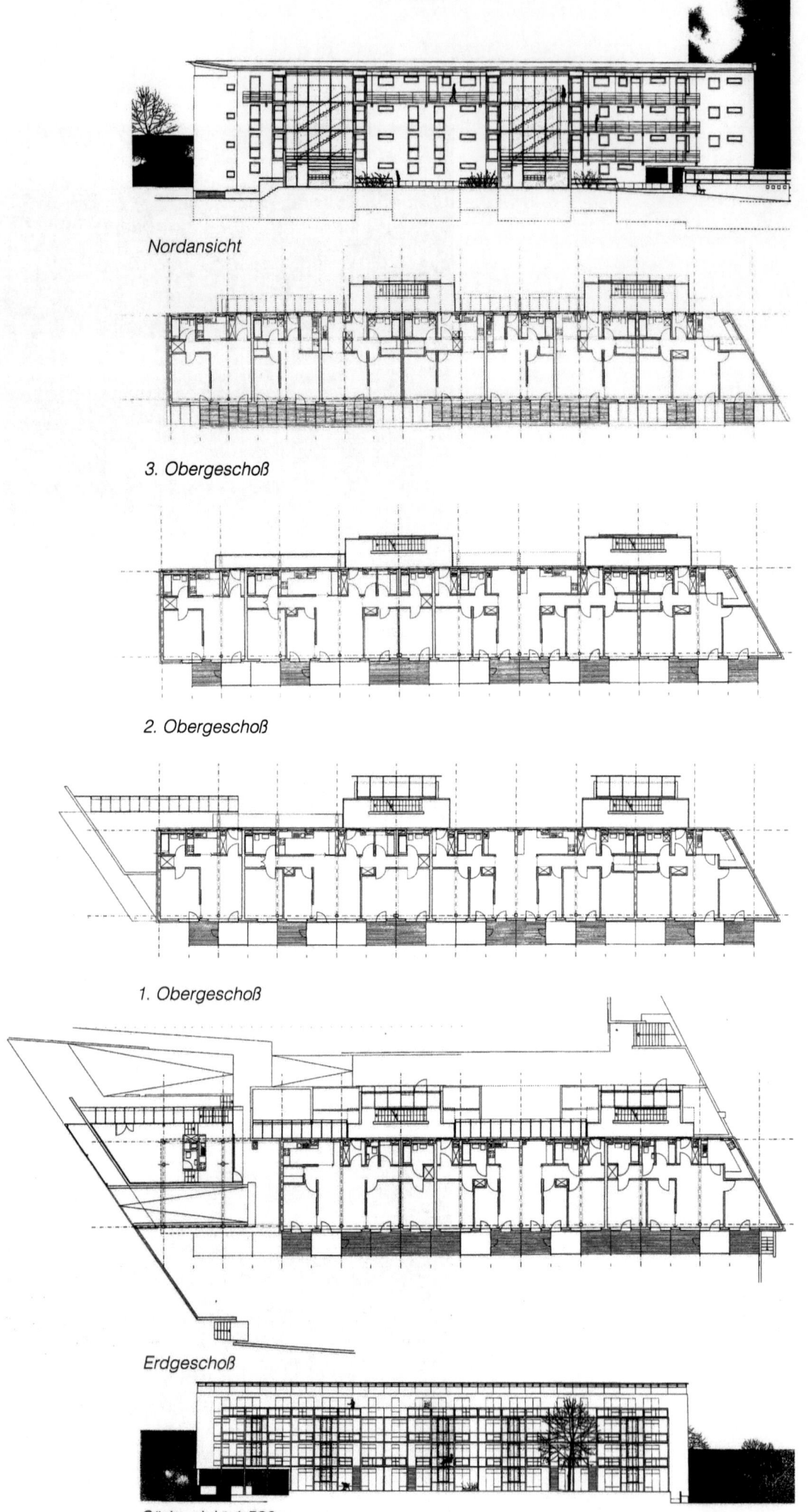

Nordansicht

3. Obergeschoß

2. Obergeschoß

1. Obergeschoß

Erdgeschoß

Südansicht 1:500

Südseite mit vorgestellten Balkonen und Wintergärten.

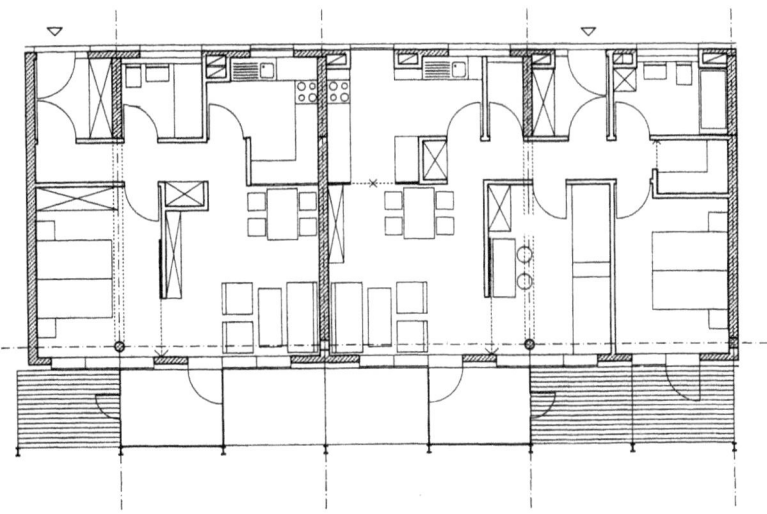

2- und 3-Zimmerwohnung

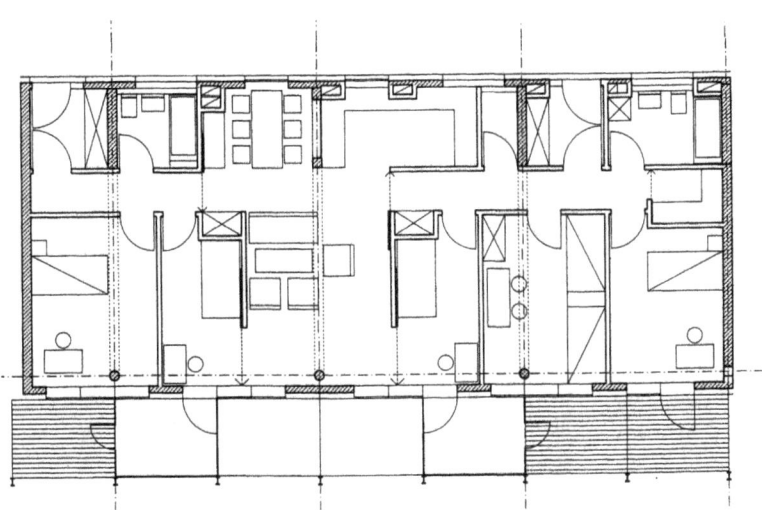

verbunden zur Großwohnung 1:200

Projekt:	Wohnhaus Mühlheimer Straße
Architekt:	Meinrad Morger + Heinrich Degelo, Basel
Ort:	Basel
Baujahr:	1993
Finanzierung:	geförderter Wohnungsbau
Städtebau:	Zeile mit raumbildendem Anbau
Freiflächen:	gemeinsame Hoffläche, umlaufende Balkone
Erschließung:	Zwei- und Dreispänner
Wohnungen:	parallele Schichten, gleichwertige Räume
Konstruktion:	Querwandtyp mit aussteifenden Kernen
Parken:	Tiefgarage

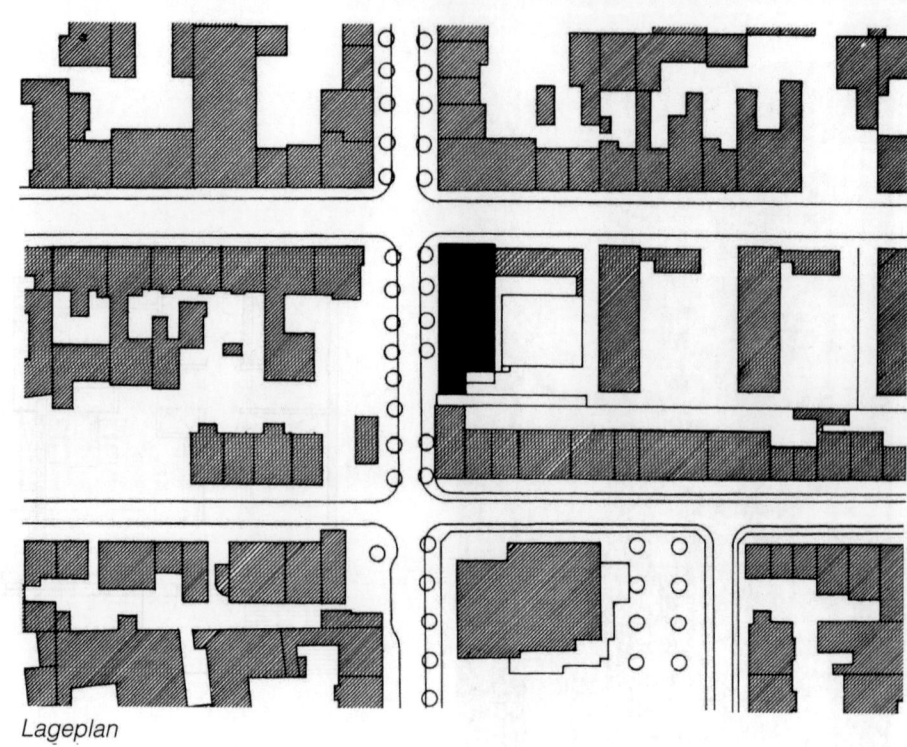

Lageplan

Die Wohnanlage liegt in einem gemischten Quartier, das durch Blockrandbebauung des 19. Jahrhunderts mit geschlossener Bauweise geprägt ist. Auf dem Baugrundstück stand jedoch bis in die Mitte des 20. Jahrhunderts eine Brauerei. Nach deren Auflassung wurden 2/3 des Geländes durch zwei viergeschossige Wohnzeilen mit seitlichen eingeschossigen Anbauten bebaut.

Morger + Degelo griffen diese Elemente auf: Der Baukörper steht in der Fluchtlinie der Blockrandbebauung des Umfeldes. Gleichzeitig reagiert er jedoch durch den Einschnitt der Tiefgaragenzufahrt auf die Länge und „Freistellung" der Zeilen.

Die Flügelanbauten der vorhandenen Zeilen finden durch die seitlich angefügte Kita ihre Entsprechung: Die Kita ist zur Straße hin eingeschossig, zum Hof hin wurde durch die Teilabsenkung des Geländes eine Zweigeschossigkeit der Kita möglich.

Von der Straße aus werden zwei großzügige Eingangshallen erschlossen, an die die Treppenhäuser (Zwei- und Dreispänner als innenliegende Treppen mit Oberlicht) angebunden sind.

Alle Aufenthaltsräume sind parallel zu den Fassaden gereiht und flexibel nutzbar. Die Mieter können die ruhigere Nord- oder die sonnigere Südseite ihren Bedürfnissen entsprechend als Wohn- oder Schlafräume einrichten. Eine Kernzone nimmt neben der vertikalen Erschließung und den Sanitärinstallationen auch die Querverteilung auf.

Alle Wohnräume haben direkten Zugang zu den umlaufenden Balkonen. Die Nordbalkone sind durch eingestellte Abstellschränke gegliedert.

Im Keller steht für Feste ein Gemeinschaftsraum zur Verfügung.

Die thermische Hülle wurde durch hochgedämmte, vorgefertigte Sandwichelemente hergestellt. Die Außenfläche dieser Elemente, tiefrot gefärbte Holzpanele und schwarze Metallklappläden, erzeugen im Kontrast zu den auskragenden Balkonen / Terrassen aus Sichtbeton und dem filigranen Geländer eine sehr einprägsame Fassadengestalt.

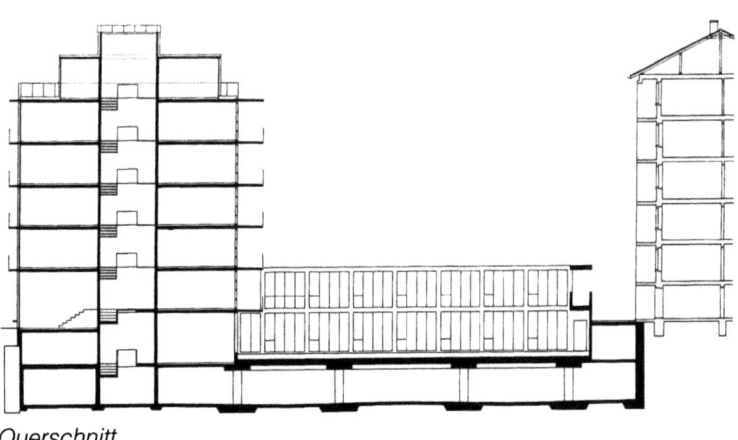

Querschnitt

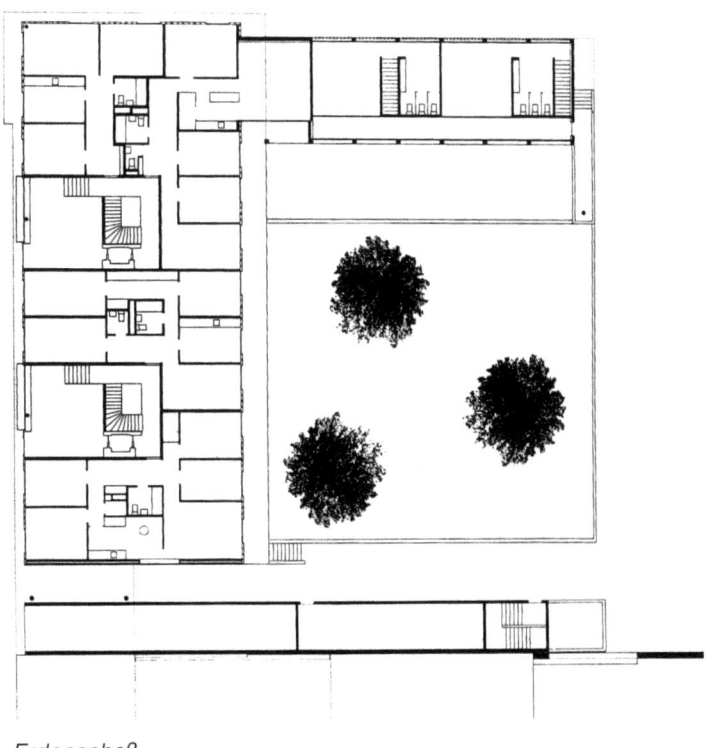

Obergeschoß

Erdgeschoß

Morger und Degelo, Mühlheimer Straße

Innenecke zum Bestand

Mauer als Straßenrand

Morger und Degelo, Mühlheimer Straße

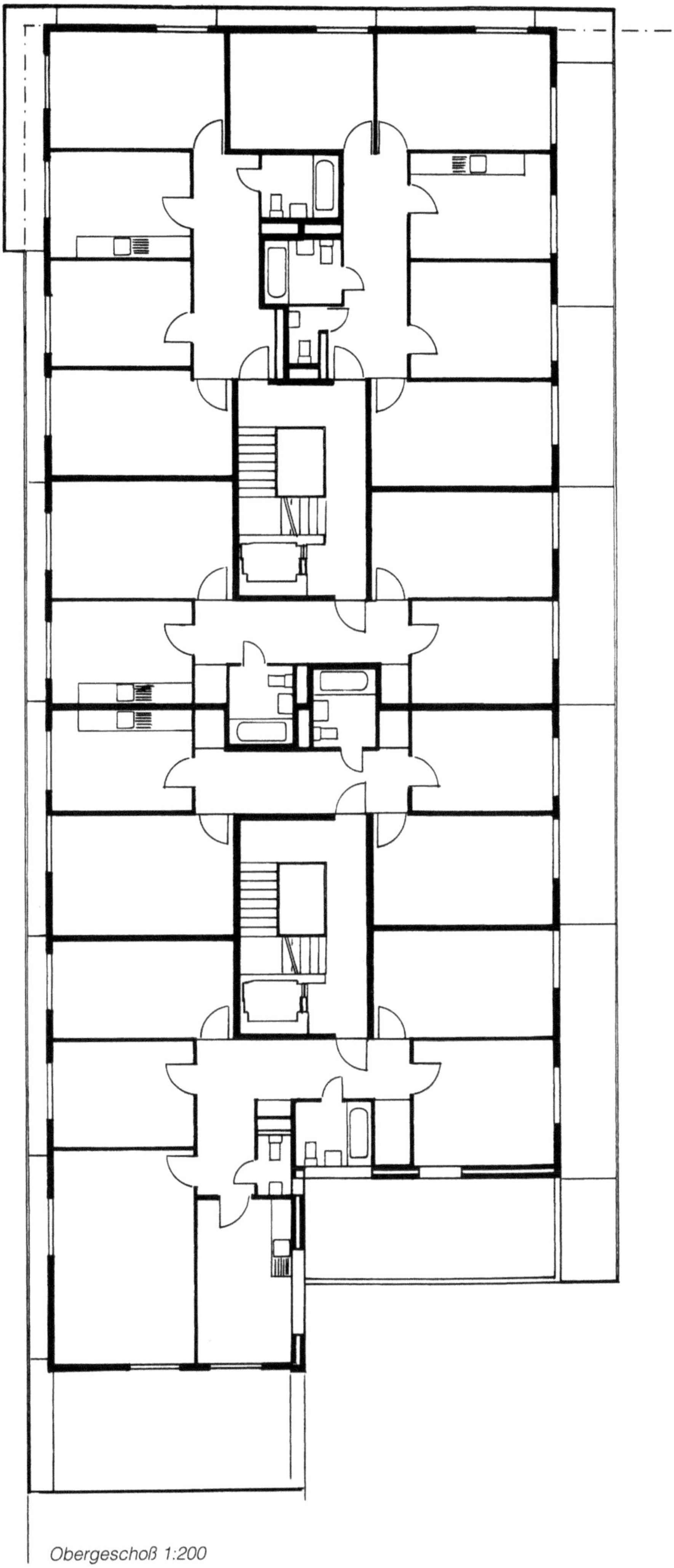

Obergeschoß 1:200

Morger und Degelo, Mühlheimer Straße

Projekt:	De Droogbak
Architekt:	Rudy Uitenhaak, Amsterdam
Ort:	Amsterdam, NL
Baujahr:	1990
Finanzierung:	geförderter Wohnungsbau
Städtebau:	Zeile
Freiflächen:	EG: Terrassen, OGs: Loggien, gemeinsame Grünfläche
Erschließung:	EG direkter Zugang, 1.–5. OG Zweispänner, 6.–8. OG Laubengang
Wohnungen:	Gewichtete Orientierung, parallele Schichten
Konstruktion:	Querwände
Parken:	Tiefgarage unter dem Haus

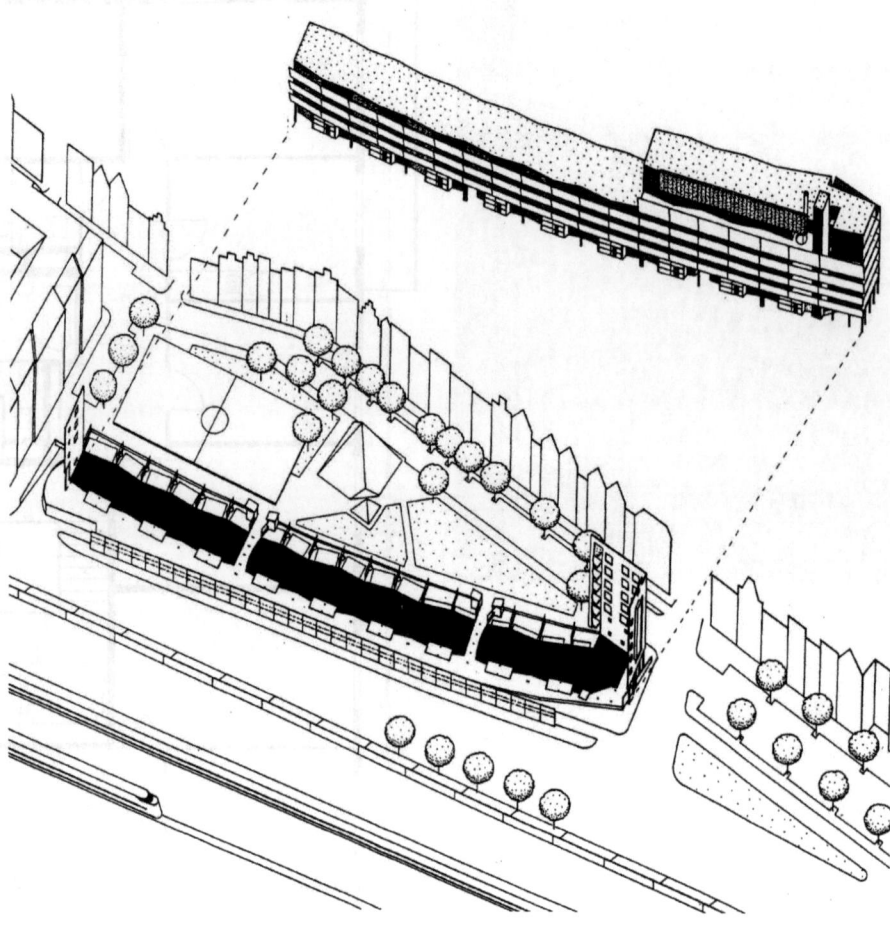

Lageplan

Das dreieckige Restgelände entstand im Zuge der Planungen für eine Stadtautobahn und wurde erst durch die Verlegung der Trasse für eine Bebauung frei. Die reduzierte Schnellstraße und die parallele Eisenbahntrasse zum nahegelegenen Hauptbahnhof bilden den lauten Nordrand des Grundstücks.

Der langgestreckte Baukörper ist von der Straße zurückversetzt und leicht gekrümmt. Das Haus schließt den Straßenraum und bleibt Solitär. Die Bauflucht der Nachbarbebauung wird durch eine Schallschutzwand aufgenommen. Zwischen dieser und dem Wohnhaus liegt eine schmale Erschließungsstraße als abgeschirmter Vorbereich vor den Hauseingängen und den Durchgängen zum Freibereich südlich des Hauses.

Die Maisonetten in den unteren beiden Etagen haben einen direkten Zugang und rückseitig private Terrassen. Sie schieben sich paarweise zwischen die Spännertreppenhäuser der Obergeschosse. Schräg gestellte Glasschürzen schaffen hier den Schallschutz vor den Küchen und einzelnen nordorientierten Schlafzimmern. Sie prägen das dynamische, horizontal betonte Bild der Nordseite und schaffen einen nach oben offenen Zwischenraum, der als Arbeitsbalkon nutzbar ist.

Ein zentrales Treppenhaus mit Aufzug erschließt die Wohnungen des achtgeschossigen Kopfbaues. Die leicht gefaltete Fassade gliedert den linearen Baukörper und gibt der Rückseite einen informellen Charakter. Ein prototypisches Beispiel für das Wohnen in unwirtlicher großstädtischer Umgebung.

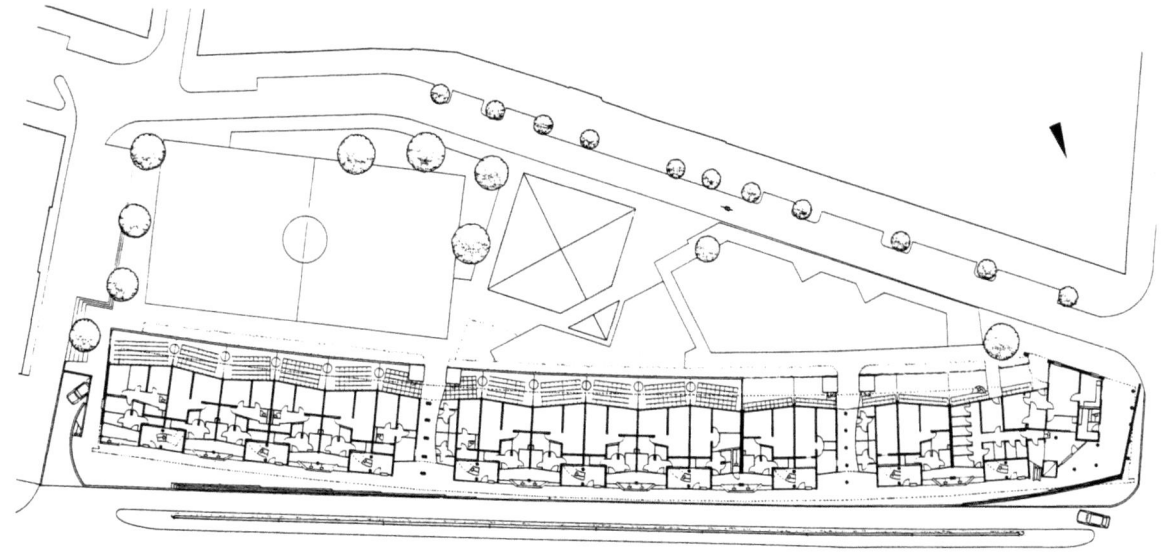
Erdgeschoß

Südseite

Gebäudekopf

Nordseite

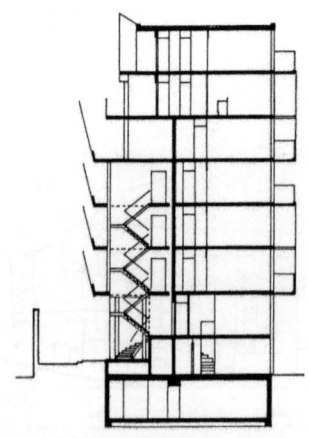
Querschnitt Kopfbau

8. Obergeschoß mit Dachterrasse

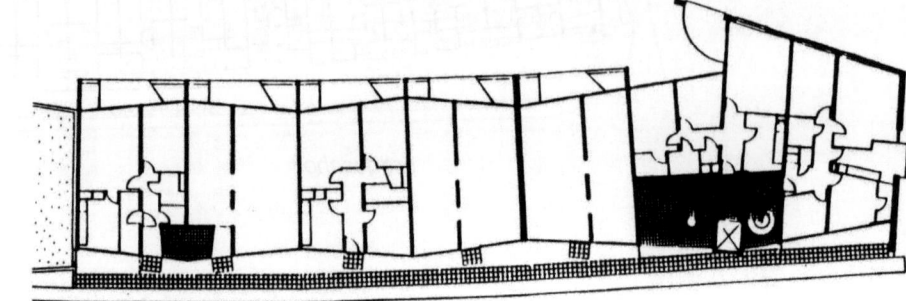
7. Obergeschoß mit Gemeinschaftsräumen

Ausschnitt Südseite

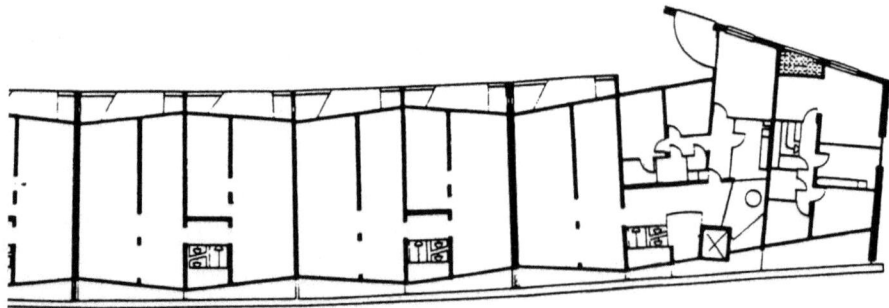
2.–5. Obergeschoß

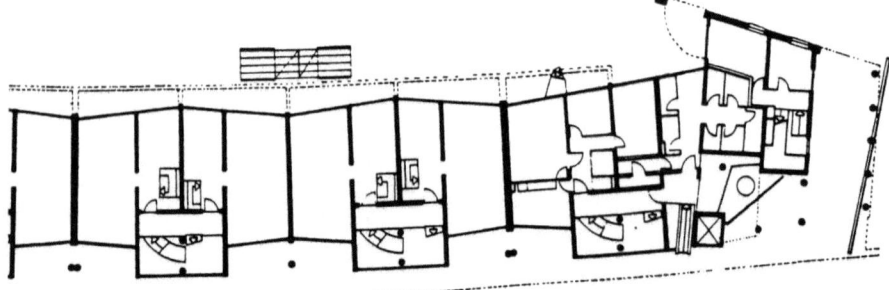
1. Obergeschoß

Lärmschutz und Eingangsbereich

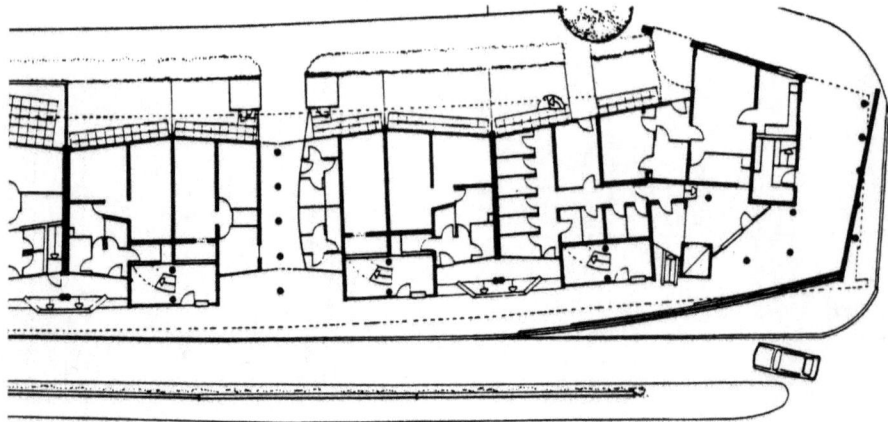
Erdgeschoß

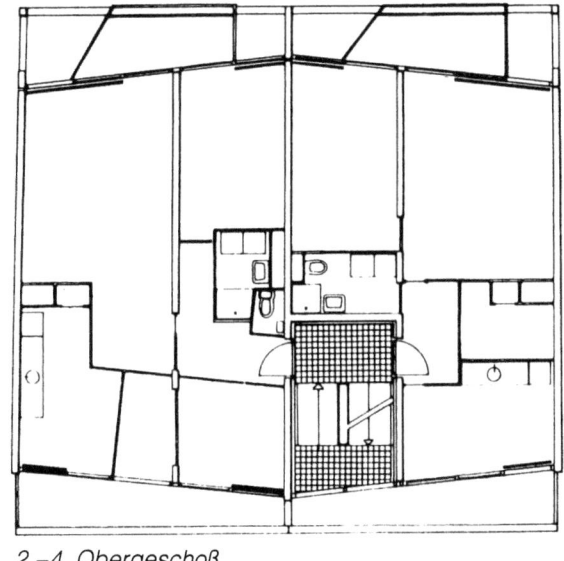

2.–4. Obergeschoß

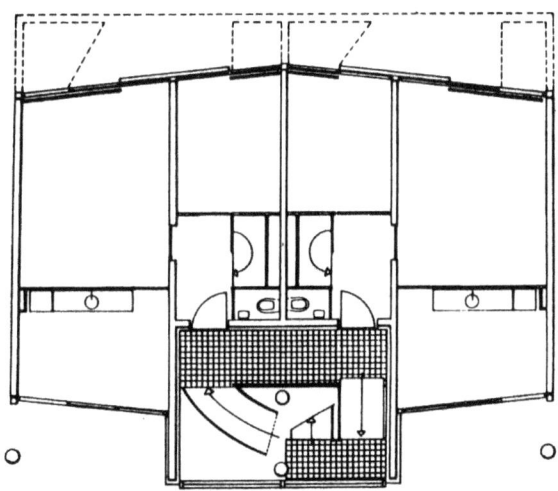

1. Obergeschoß

Gläserner Lärmschutz vor der Nordfassade

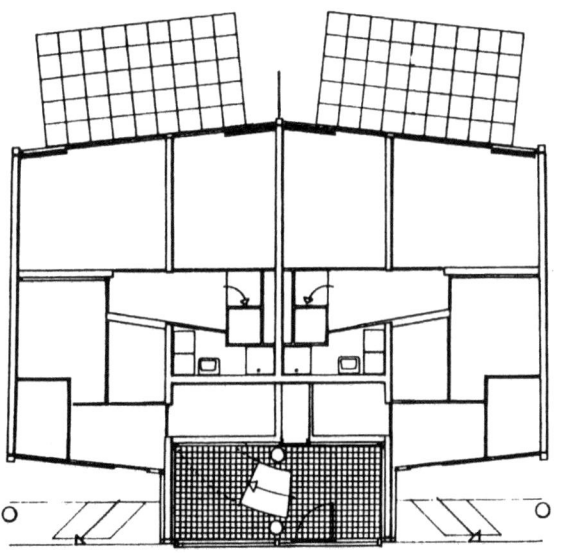

Erdgeschoß 1:200

Projekt:	Brunner Straße
Architekt:	Helmut Richter
Ort:	Wien
Baujahr:	1990
Finanzierung:	geförderter Wohnungsbau
Städtebau:	straßenparallele Zeile
Freiflächen:	private Gärten, Dachterrassen
Erschließung:	direkter Zugang ebenerdig und Laubengänge
Wohnungen:	zweiseitig orientiert, zusätzlicher Lichthof, Durchwohnen, eingestellter Abstellraum
Konstruktion:	Querschotten
Parken:	Tiefgarage

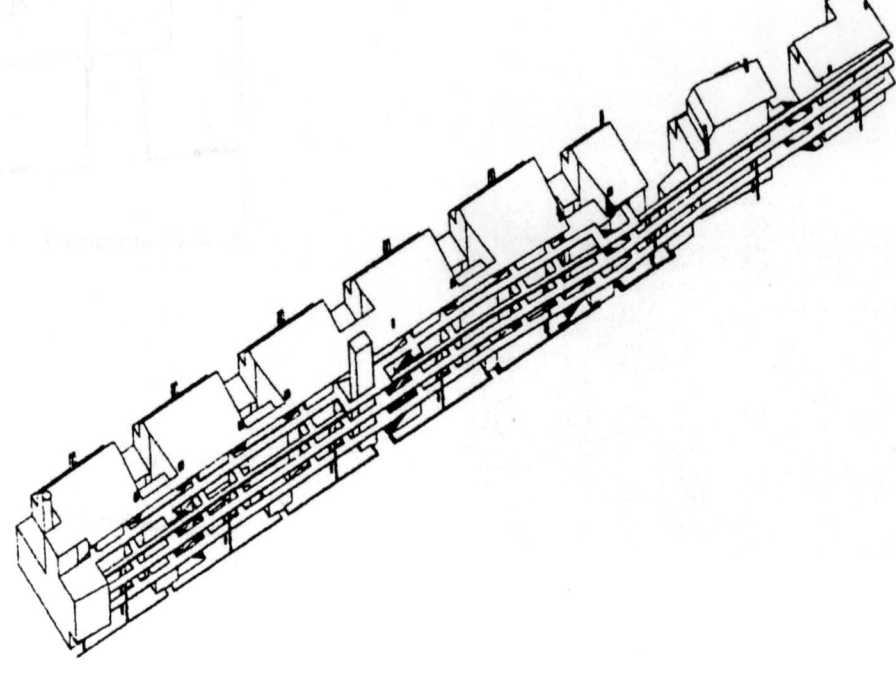

Der Straßenraum der mäßig befahrenen Brunner Straße wird durch eine glatte Glaswand geschlossen. Laubengänge bilden zusammen mit dieser Glaswand eine frei vor das Haus gestellte zweite Fassade, die einen nach oben offenen Vorraum definiert. Zwischen den Gängen und der Fassade erschließen einläufige Treppen und ein Aufzug die Obergeschosse.

Über kleine Brücken erfolgt der Zugang zu den zweiseitig orientierten Wohnungen. Die Zimmer und Naßräume sind entlang der Fassade gereiht und werden von einer Flurfläche in der Mitte der tiefen Grundrisse erschlossen. Ein eingestellter Schrankraum definiert hier die Vorbereiche der Zimmer. Der Lichthof und eingeschnittene Dachterrassen belichten die Räume zusätzlich. Küche und Wohnraum liegen in einer Flucht und ermöglichen Durchwohnen über die gesamte Haustiefe von der Laubengangseite im Westen zur Hofseite im Osten. Durch die leichten Verdrehungen entstehen fließende Raumzusammenhänge, was durch raumhohe Schiebeelemente unterstützt wird. Fixpunkte der Grundrisse sind eine Stütze, eine Wandscheibe und eine Installationsöffnung. Der Entwurf wurde mit Corbusiers Modulor proportioniert – die Verwendung von Primärfarben und elementierten Bauteilen verstärken den klassisch modernen Charakter des Gebäudes.

Straßenseite mit abgerücktem Laubengang

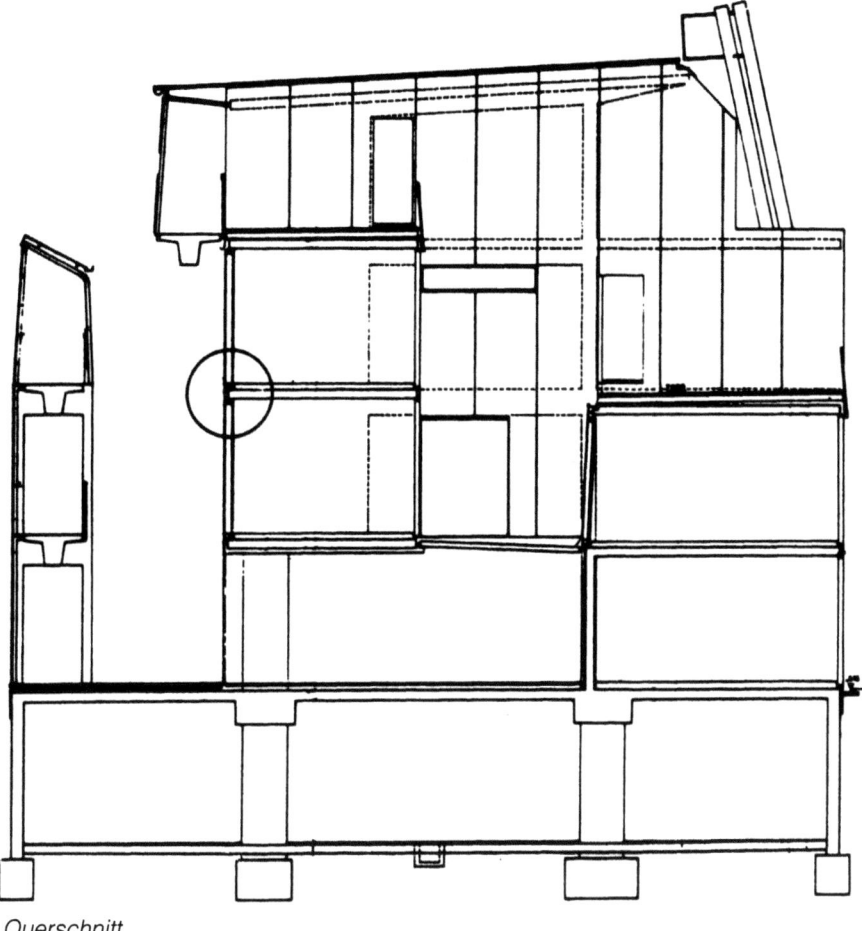
Querschnitt

Innenräume

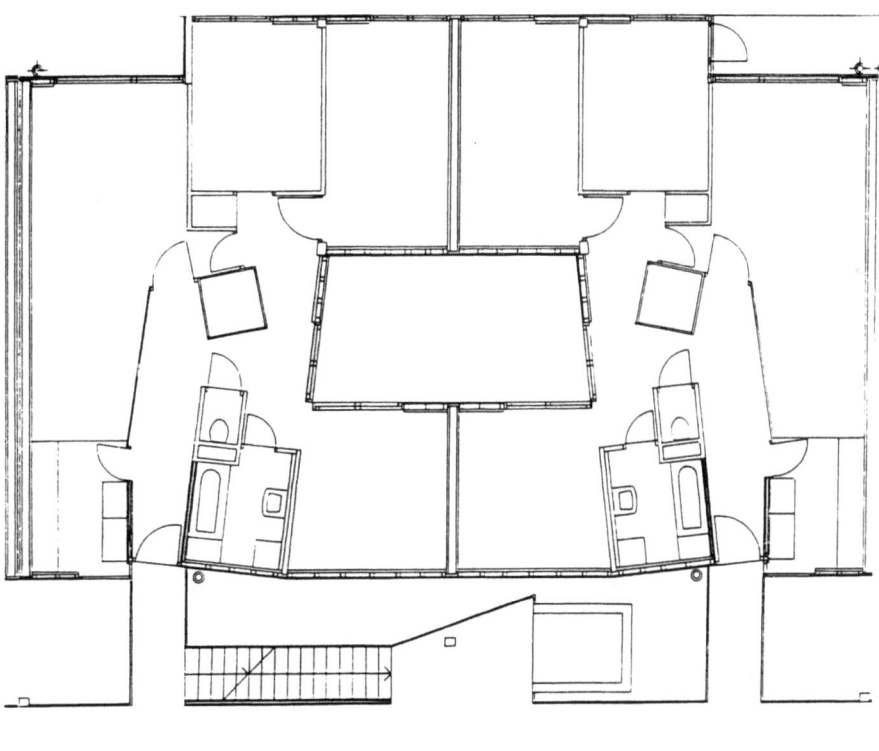
1. Obergeschoß 1:200

Projekt:	Osloer Straße
Architekt:	Casa Nova Architekten Berlin: Dietmar W. Reinhold, Klaus A. von Lengerke, Franz Schulze
Ort:	Berlin, Wedding
Baujahr:	1991
Finanzierung:	geförderter Wohnungsbau (1. Förderungsweg)
Städtebau:	straßenparallele Zeile
Freiflächen:	Terrassen, Balkone, Wintergärten, Dachterrassen
Erschließung:	im EG direkter Zugang, kurze Laubengänge 2.–4. OG, durchgehender Laubengang 5. OG
Wohnungen:	Maisonetten, zweiseitige Orientierung, gleichwertige Zimmer, fassadenparallele Gliederung
Konstruktion:	Kreuzwand, tragende Fassaden, Querwände
Parken:	Tiefgarage

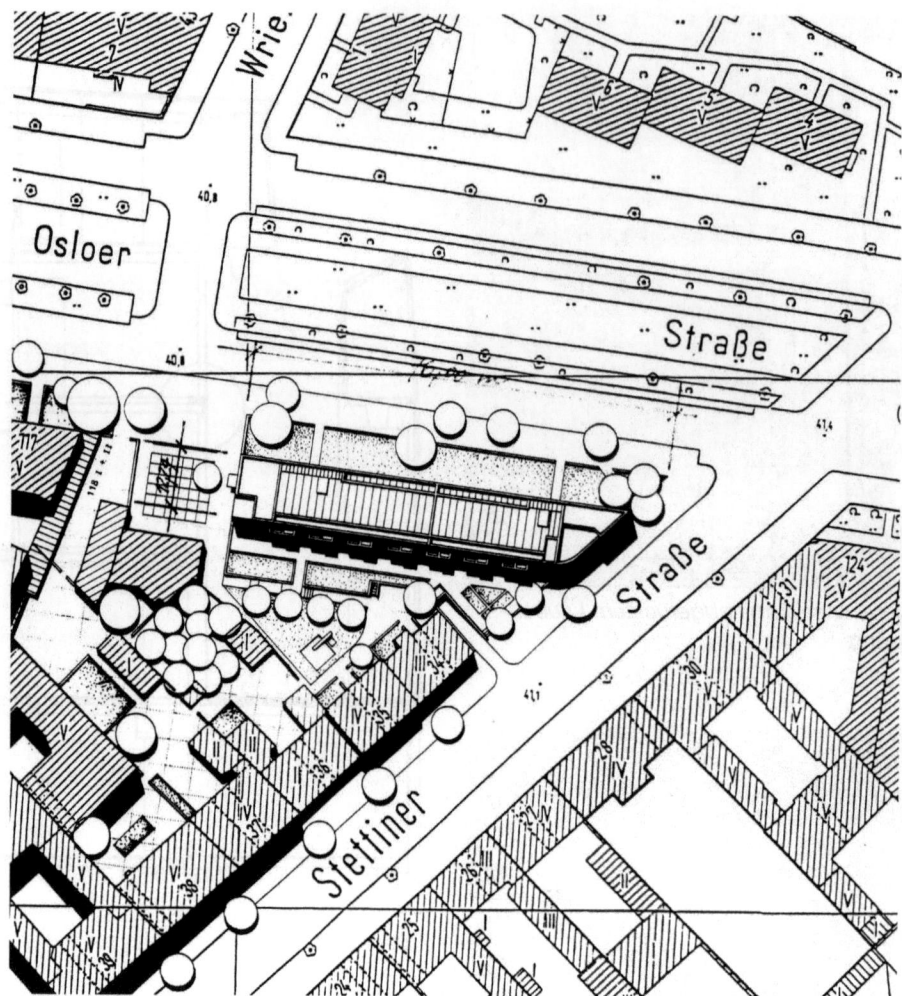

Lageplan

Der langgestreckte Baukörper definiert die spitze Straßenecke und schließt den Straßenraum an der Osloer Straße. Die Nordseite ist als glatte, geklinkerte Lochfassade im Kontrast zur plastisch gegliederten Südseite ausgeführt.

Die großen Familienwohnungen sind als Maisonetten mit einem Höhenversatz direkt von der Straße aus erschlossen und haben auch ebenen Zugang zu kleinen Privatgärten. Eine Arkade differenziert den Übergang zwischen Wohnung und Straße zusätzlich.

Zwei Treppenhäuser erschließen die Wohnungen der Obergeschosse über kurze Laubengänge als Vier- und Fünfspänner. Im 5. OG sind die Treppenhäuser durch einen langen Laubengang für kleinere Wohnungen verbunden. Die Wohnungen sind fassadenparallel gegliedert, die Zimmer der Laubengangwohnungen nach Süden orientiert. In der spitzen Straßenecke und der nicht angebauten Stirnseite zur Nachbarbebauung sind die Wohnungen auch mehrseitig orientiert.

Alle Wohnungen haben gleichwertige Räume und sind damit flexibel nutzbar. Durch Schiebetüren oder über den Wintergarten sind die Zimmer zusätzlich miteinander verknüpft.

Ecke Stettiner/Osloer Straße

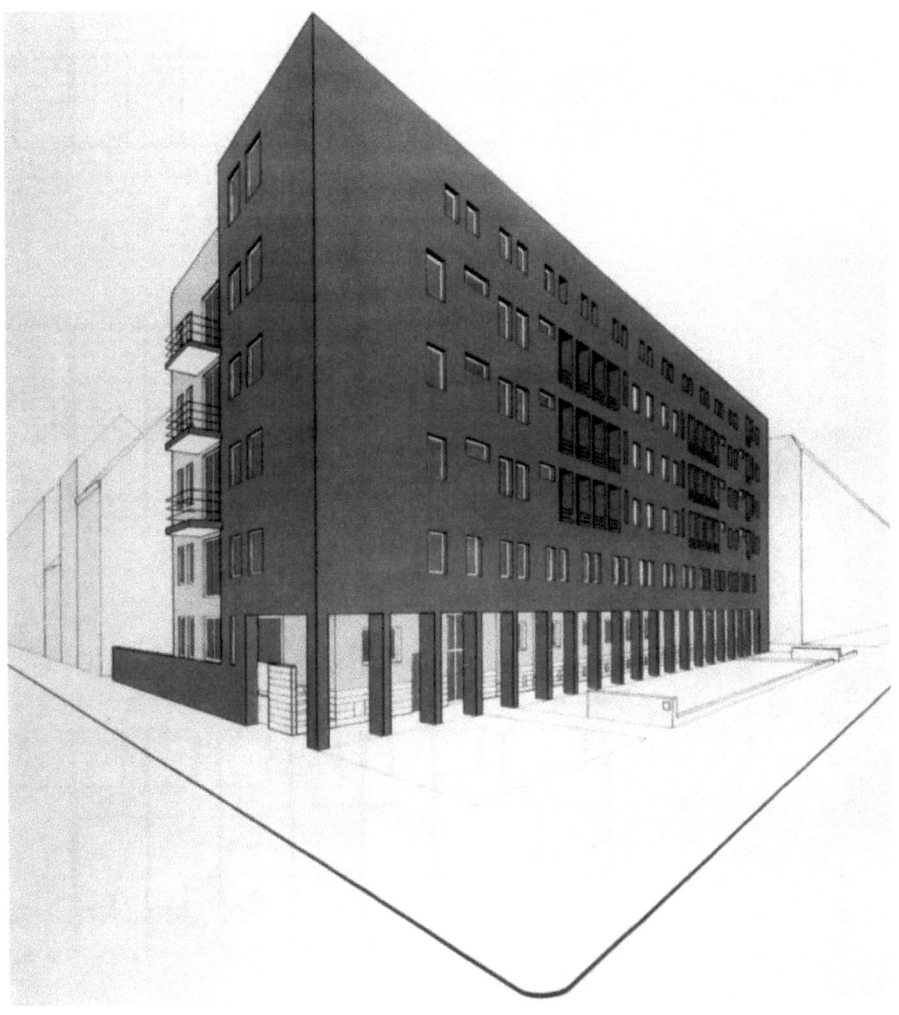

Entwurf

Ansicht von Norden (Osloer Straße)

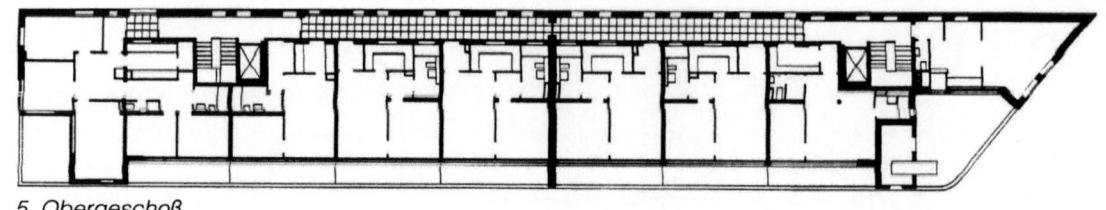

5. Obergeschoß

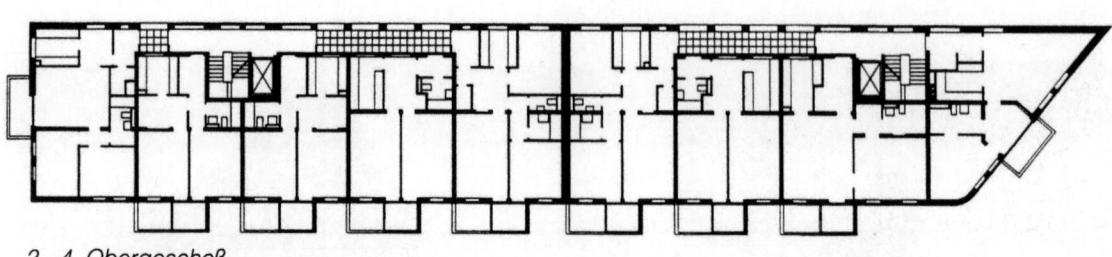

2.–4. Obergeschoß

1. Obergeschoß

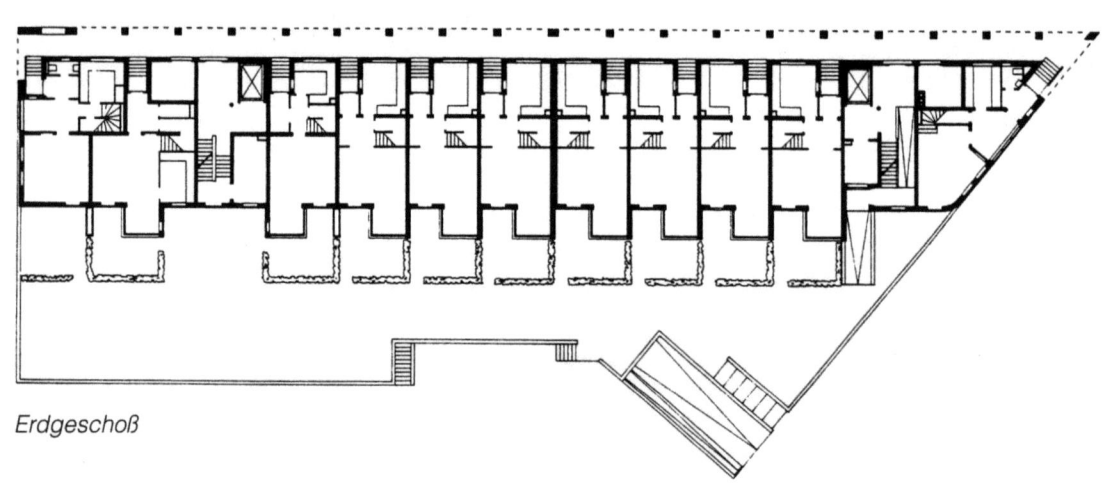

Erdgeschoß

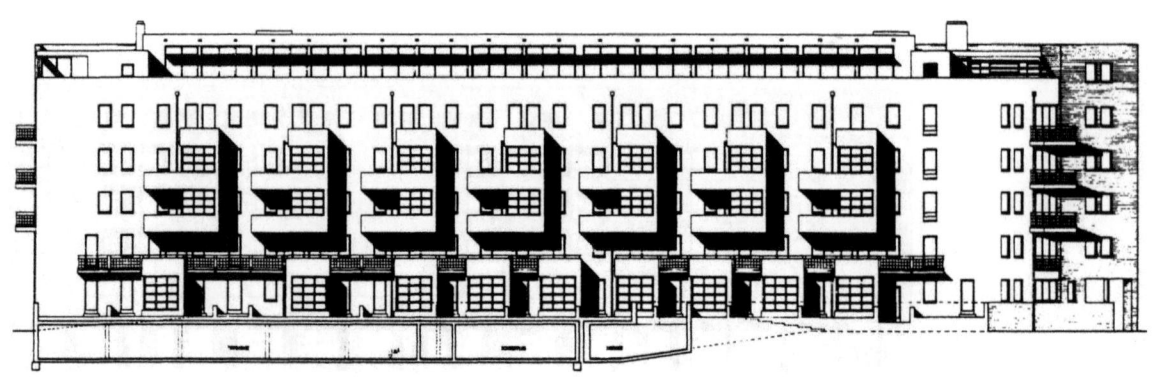

Südseite 1:500

110   *Casa Nova, Osloer Straße*

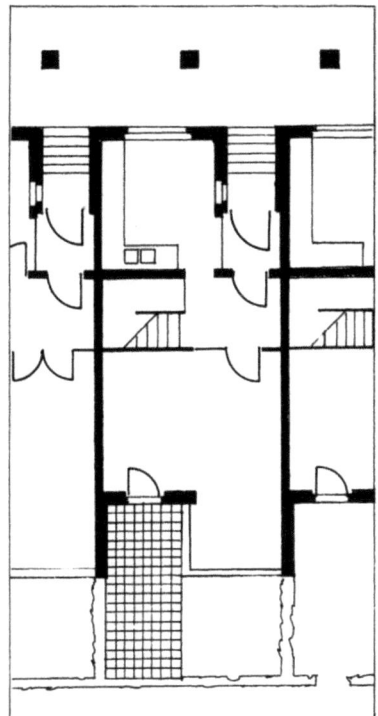

Erdgeschoß

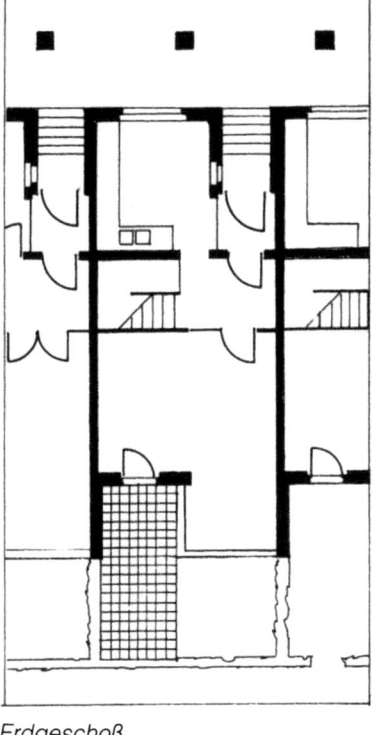

1. Obergeschoß

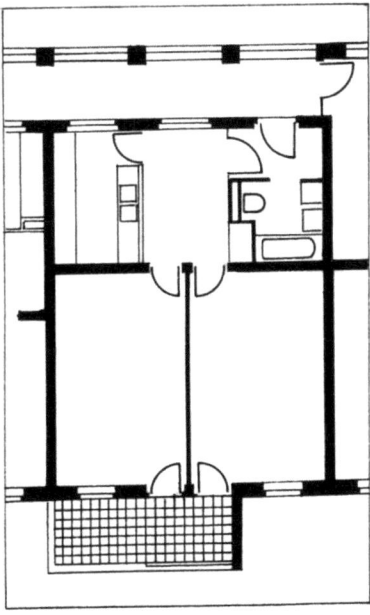

2.–4. Obergeschoß

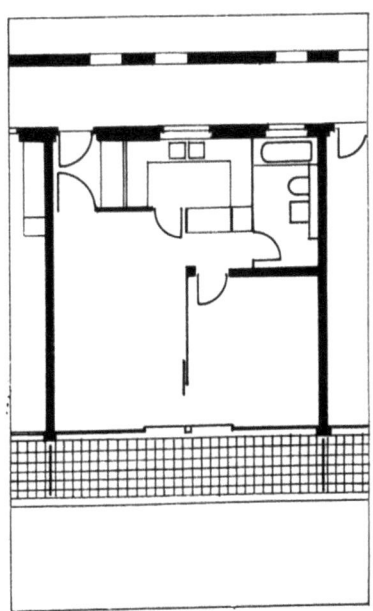

5. Obergeschoß 1:200

Gemeinschaftsraum

Casa Nova, Osloer Straße

Projekt:	Reihenhäuser Siedlung Pilotengasse
Architekt:	Jacques Herzog + Pierre de Meuron, Basel
Ort:	Wien, Aspern
Baujahr:	1992
Finanzierung:	geförderter Wohnungsbau
Städtebau:	Zeilen
Freiflächen:	private Gärten/Hof
Erschließung:	direkt über Freitreppe
Wohnungen:	ein-, zweiseitige Orientierung, Innenecke, split-level
Konstruktion:	Längswand
Parken:	zentral am Rande der Siedlung, offene Stellplätze und TG

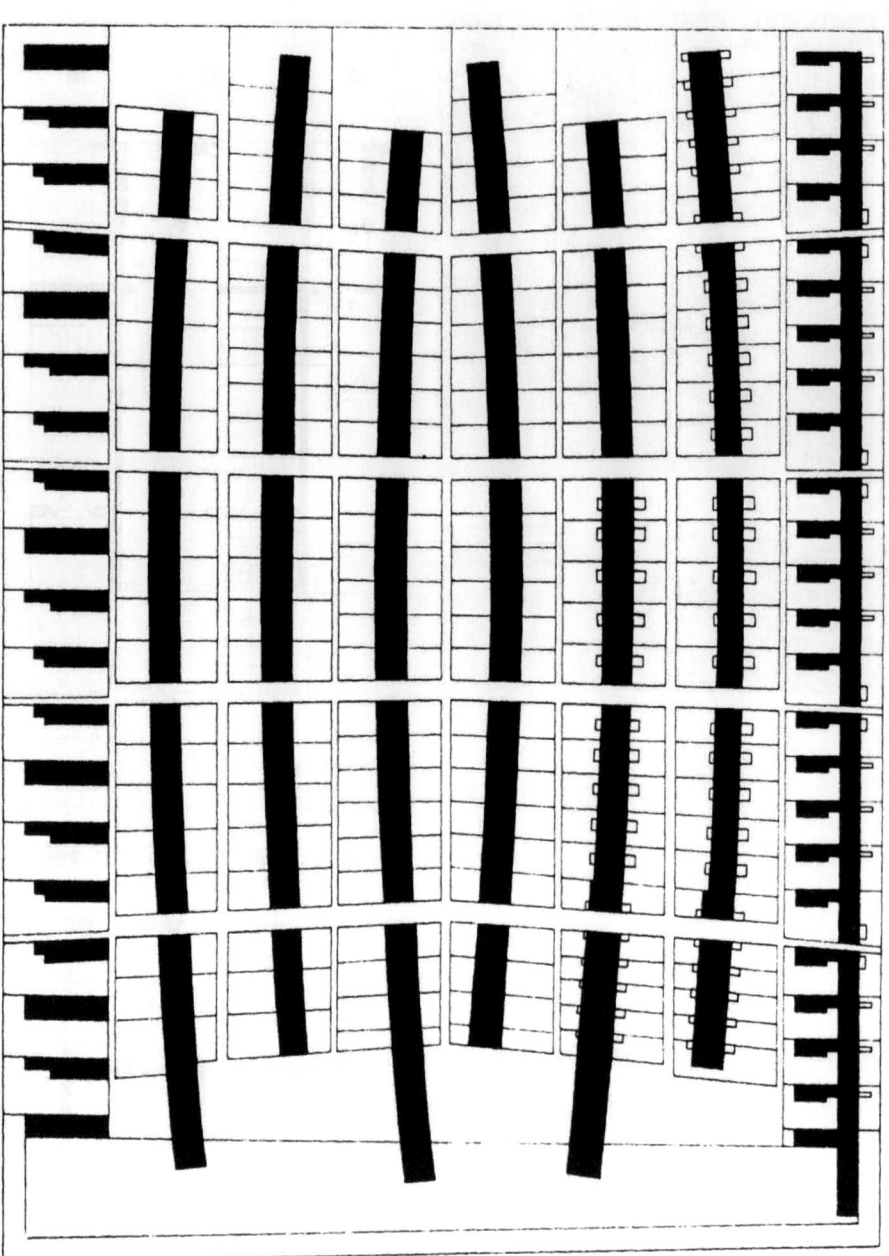

Die Siedlung liegt weit ab vom Zentrum Wiens im südöstlichen Stadtteil Aspern in der Ebene. Die Umgebung ist durch Höfe und inhomogene Einzelhausbebauung geprägt.

In dieser „unwirtlichen" Situation entwickelten die Architekten die Vorstellung einer „Innenorientierung" der Siedlung auf eine fiktive Mitte, die durch die linsenförmige Krümmung der Nord-, Süd-Zeilen dargestellt wird. Die Gemeinschaftseinrichtungen liegen hingegen am Rande der Siedlung. West- und Ostrand werden unterschiedlich (offen-geschlossen) ausgebildet. Am Nord- und Südrand laufen die Zeilen in Gemeinschaftsanlagen (Grünanlage, Gemeinschaftshäuser, Parkierung) aus.

Die in Nord-Süd-Richtung verlaufenden Wohnwege wechseln im Zweierrhythmus: breiter Weg (Wohnweg, zur Andienung befahrbar), schmaler Weg (Gartenweg). Dem städtebaulichen Entwurf liegt das Prinzip des straßenbegleitenden Zeilenbaus zugrunde: ein Erschließungsstrang erschließt zwei Zeilen, jeweils zwei Gartenzonen schließen aneinander an. Kleine Quergassen gliedern die langen Zeilen und verbinden die Wohnwege untereinander.

Die Reihen-Atriumhäuser von Herzog + de Meuron bilden eine sehr geschlossene „Westmauer", im Kontrast zur östlichsten, offen bebauten Zeile (von Adolf Krischanitz, Wien).

Man betritt das Haus über eine Treppe, die Assoziationen zum Thema Stadtmauer auslösen mag. Durch die Treppe wird das Wohngeschoß auf einen Sockel erhoben, von dem aus man wiederum einen um 1/2 Geschoß tieferliegenden, dem Hof/Garten zugewandten Wohnraum erschließt. Dieser „Gartenflügel" ist eingeschossig. Das Obergeschoß erreicht man direkt vom Windfang aus über eine angewendete einläufige Treppe. Während sich das untere Geschoß nahezu ausschließlich, wie für ein Atriumhaus typisch, nach innen öffnet, findet im Obergeschoß eine Umkehrung statt. Die Fenster öffnen sich als langes Band nach Westen – allerdings nur als Oberlicht. Dieses lange, in der Fassade zurückgesetzte Band erzeugt den Effekt des „abgehobenen" Dachs.

Eingangsseite

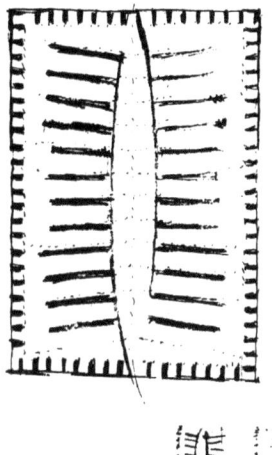

Konzeptskizzen

Hofseite

Herzog und de Meuron, Pilotengasse

Obergeschoß *Eingangsgeschoß* *Kellergeschoß*

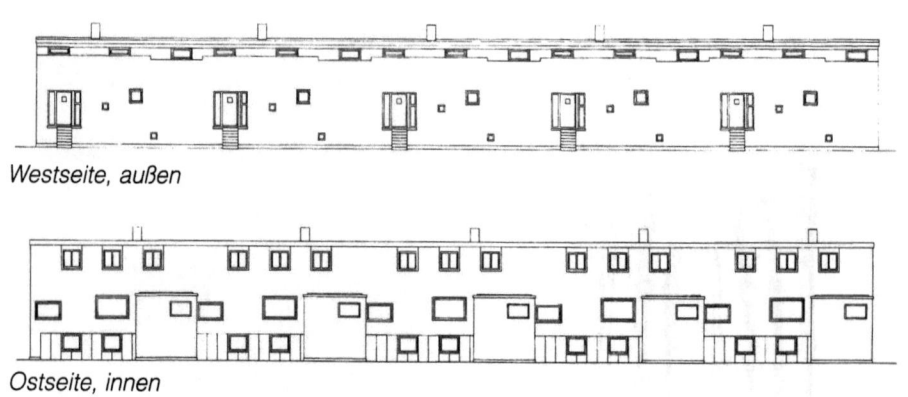

Westseite, außen

Ostseite, innen

Herzog und de Meuron, Pilotengasse

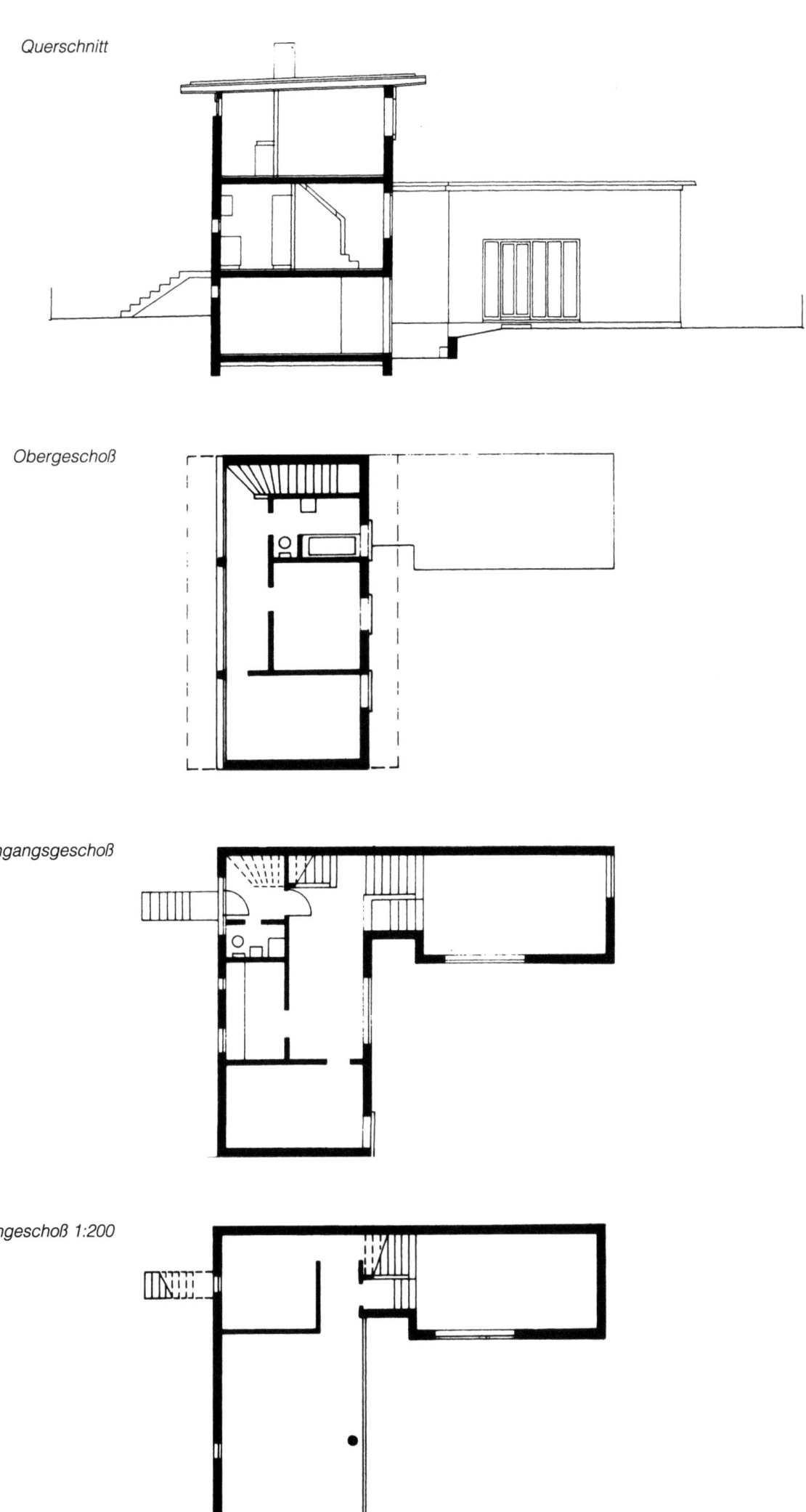

Herzog und de Meuron, Pilotengasse

Projekt:	Vogelbach
Architekt:	Michael Alder, Basel Partner: Roland Naeglin
Ort:	Riehen, Basel, CH
Baujahr:	1992
Finanzierung:	gefördert
Städtebau:	hofbildender Kamm
Freiflächen:	gemeinsame Hofflächen, private Terrassen, Balkone
Erschließung:	Südzeile, Laubengang Querzeilen, Einspänner
Wohnungen:	ein-, zweiseitige Orientierung, gleichwertige Räume, parallele Schichten, Maisonetten
Konstruktion:	Querwände, Längswände
Parken:	TG Nachbargrundstück

Modellfoto von Süden

Die Wohnanlage in einer Stadtrandlage Basels erstreckt sich auf einem schmalen Grundstück in Ost-West-Richtung. Sechs Zeilen werden durch einen zweigeteilten Riegel im Süden zu einer kammförmigen Anlage verbunden. Die mittige Querung reagiert auf eine Straße im Norden. Es entstehen zwei symmetrische Teile mit je zwei Höfen. Quer zwischen die Nordenden der Zeilen gestellte „Balkonregale" geben dem Kamm einen durchlässigen zweiten Rücken. Die Etagenwohnungen in den Zeilen erhalten dadurch einen großzügigen Freiraum, und die Zeilen werden zu einem Gesamtgebäude zusammengefaßt. Es entsteht ein Blockgefüge mit den Mitteln des Zeilenbaus.

Den Erdgeschoßwohnungen der Längszeilen sind kleine Grünflächen zugeordnet, die Höfe sind gemeinschaftliche Grünflächen. In der Längszeile erschließen ein überdachter Weg im EG und ein Laubengang im 2. OG die Wohnungen und verbinden zugleich die Treppenhäuser im Kopf der Zeilen. Die Wohnungen der Längszeile sind einseitig nach Süden orientierte Kleinwohnungen am Laubengang und erdgeschossig zugängliche Maisonetten mit gleichwertigen Aufenthaltsräumen. Die Wohnungen der Querzeilen sind als einseitige Reihung von Räumen organisiert. Der Flur an der Fassade ist sehr gut belichtet und hat durch seine Breite eine gewisse Aufenthaltsqualität.

Nordseite

Fuge zwischen Zeile und Kamm

Erschließungsgasse

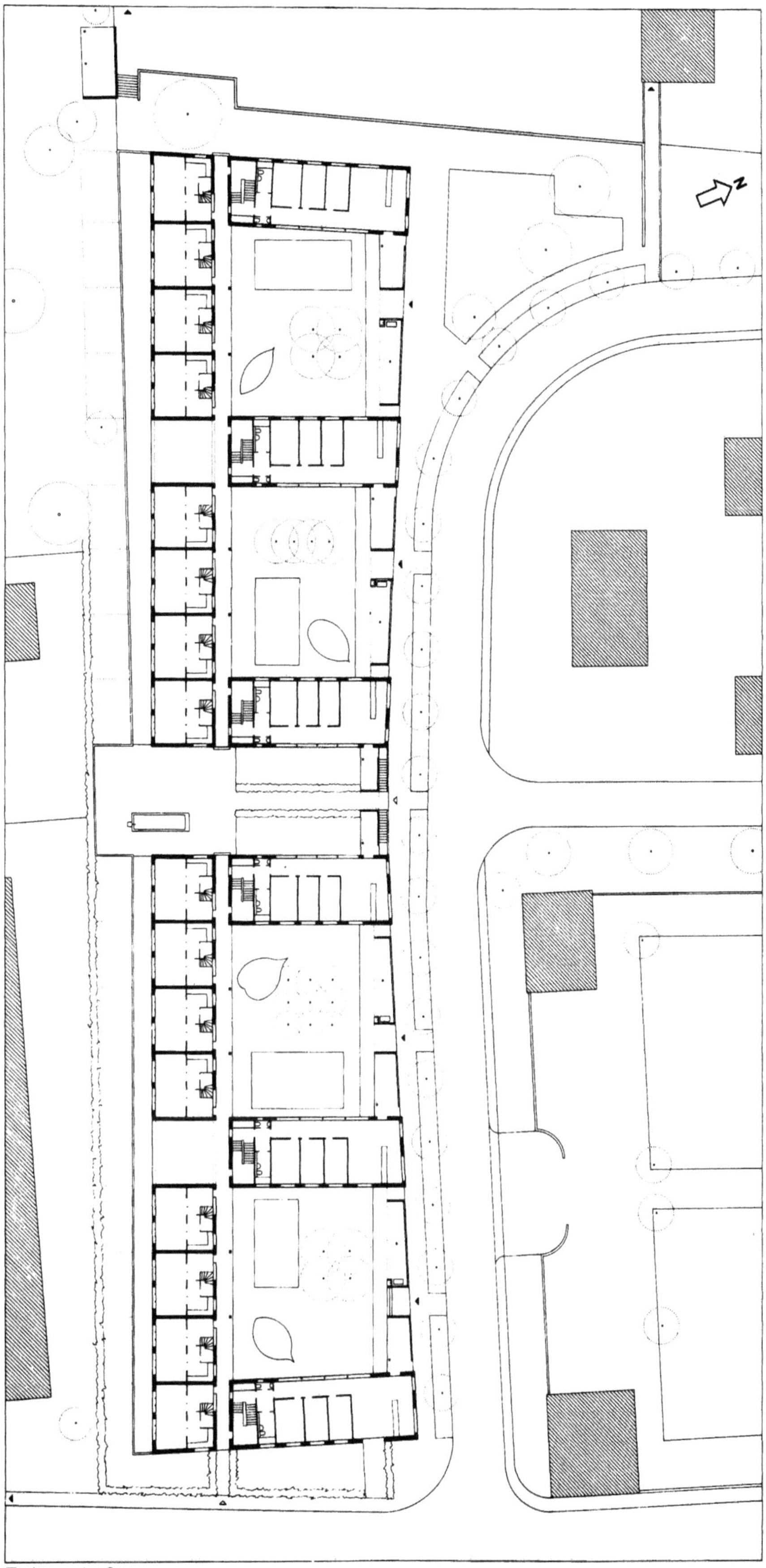

Erdgeschoß

Alder, Vogelbach

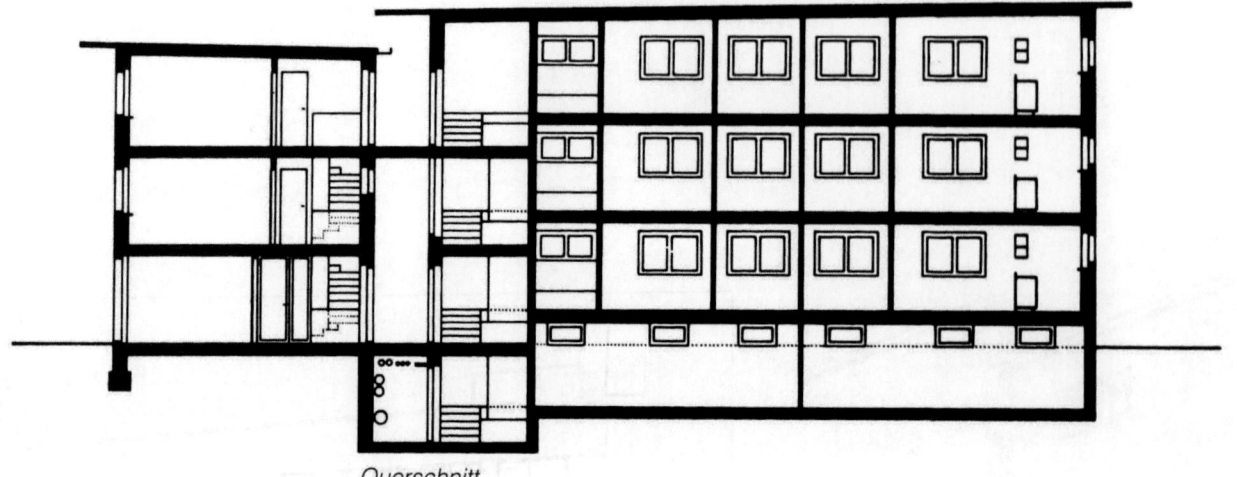

Querschnitt

Hof und Erschließungsgasse

Laubengang im 2. Obergeschoß

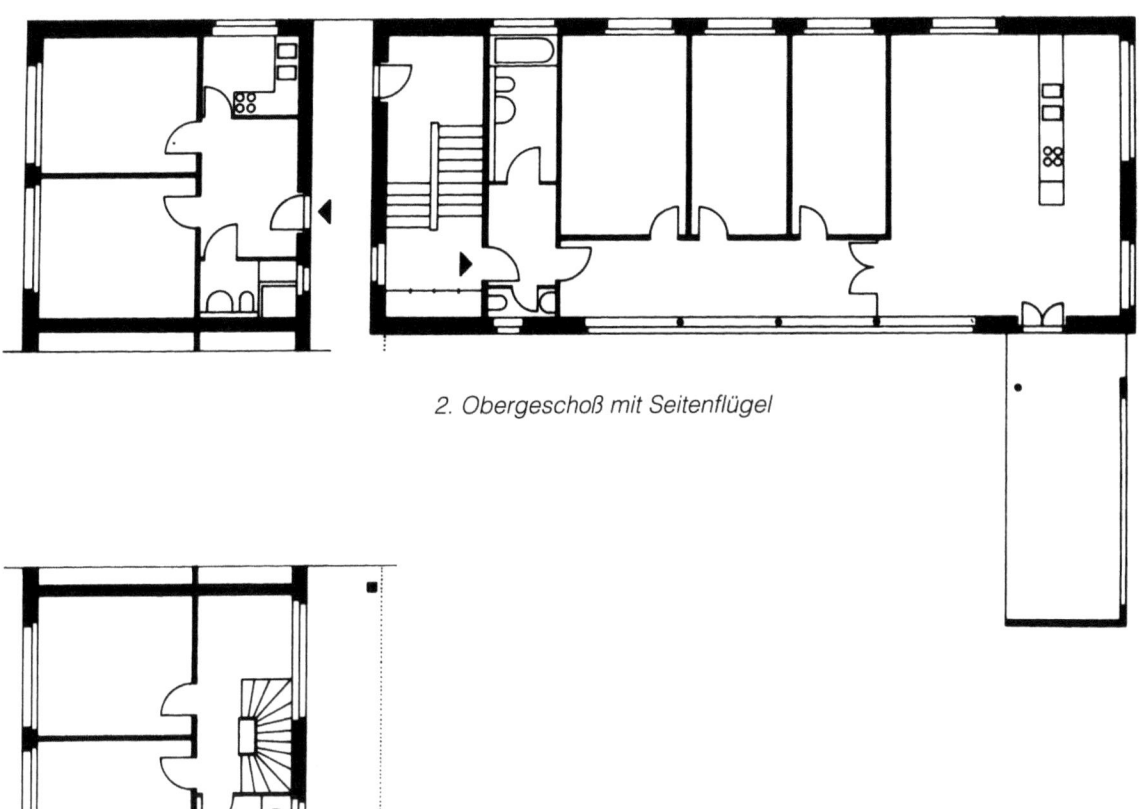

2. Obergeschoß mit Seitenflügel

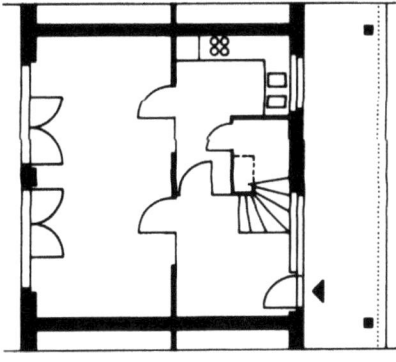

1. Obergeschoß Südriegel

Erdgeschoß Südriegel 1:200

Flur im Seitenflügel

Alder, Vogelbach

Projekt:	Wienerberggründe
Architekt:	Otto Steidle und Partner, München
Ort:	Wien
Baujahr:	1992
Finanzierung:	geförderter Wohnungsbau
Städtebau:	hofbildende Doppelzeile
Freiflächen:	private Gärten, Balkone, Dachterrassen
Erschließung:	Vierspänner
Wohnungen:	Reihung der Wohnräume an den Außenseiten, Innenecken, zweiseitige Orientierung, teilbare Maisonetten
Konstruktion:	Schotten, Kreuzwand
Parken:	TG und oberirdisch

Lageplan

Der Wiener Architekt Otto Häuselmayer erarbeitete den Bebauungsentwurf mit unterschiedlichen Gebäudetypen: Punkthäuser als Übergang zum Grünzug, reformierte Blöcke und Zeilen im Bezug auf die Haupterschließungsstraße. Ein innerer „grüner Weg" verbindet den Park und die Wohnhöfe nördlich der Erschließungstraße mit den öffentlichen Einrichtungen (Kindertagesstätten, Schule, Gemeindezentrum).

Die Anlage Otto Steidles bildet eine Folge von Höfen, bei denen die Gebäudeerschließung auch der EG-Wohnungen vom Innenhof her erfolgt. Man betritt zuerst den vergleichsweise engen Hof und das Gebäude dann durch den Eingang im Querbau. Dieser Hauseingang ist gleichzeitig Durchgang zu den dahinterliegenden Höfen.

Die Vertikalerschließung ist ein abwechslungsreicher Weg über einläufige Treppen mit mehreren Richtungswechseln. Das Gebäude ist ein 4-Spänner mit Wohnungen, die zweiseitig orientiert sind. Alle Wohnräume liegen an den Außenseiten, Sanitärbereiche liegen am Treppenkern oder wie die Küchen zum Hof.

Es entsteht ein sehr differenziertes Wohnungsgemenge für sehr unterschiedliche Bedürfnisse und mit langfristiger Flexibilität (Trennung der Maisonetten in zwei kleine, eingeschossige Wohnungen).

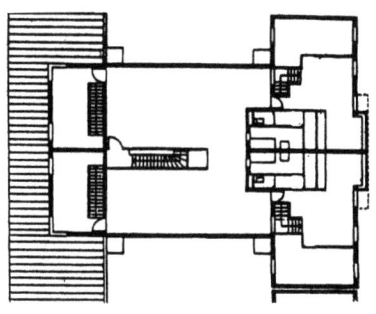
3. Obergeschoß

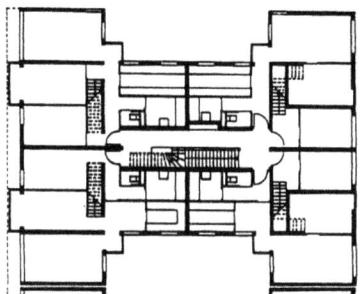
2. Obergeschoß

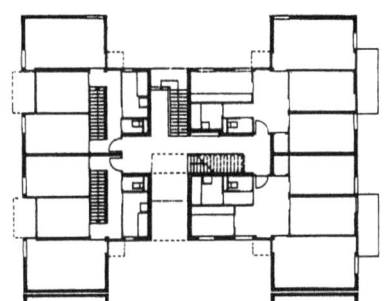
1. Obergeschoß

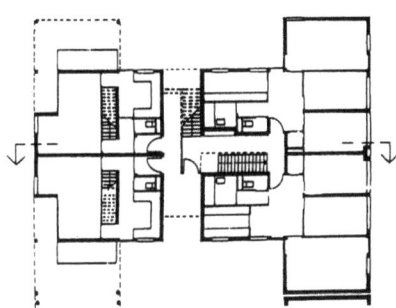
Erdgeschoß

Grundrißausschnitte 1:500

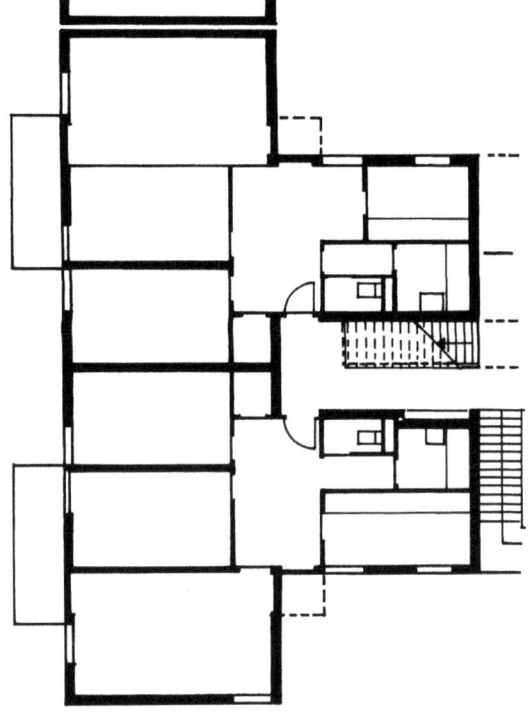
1. Obergeschoß 1:200

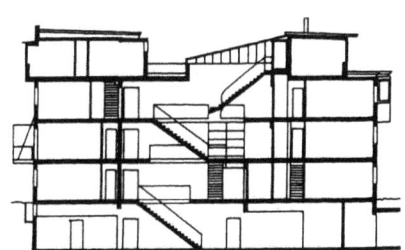
Querschnitt

Steidle, Wienerberggründe 121

Projekt:	Labyrinth
Architekt:	Kunihiko Hayakawa, Tokio
Ort:	Suginami, Tokio
Baujahr:	1989
Finanzierung:	freifinanzierter Wohnungsbau
Städtebau:	Hof
Freiflächen:	Loggien, halböffentlicher „Treppenhof"
Erschließung:	direkter Zugang über Außentreppen
Wohnungen:	zweiseitig orientiert, Innen- Außenecken
Konstruktion:	Kreuzwand
Parken:	Tiefgarage

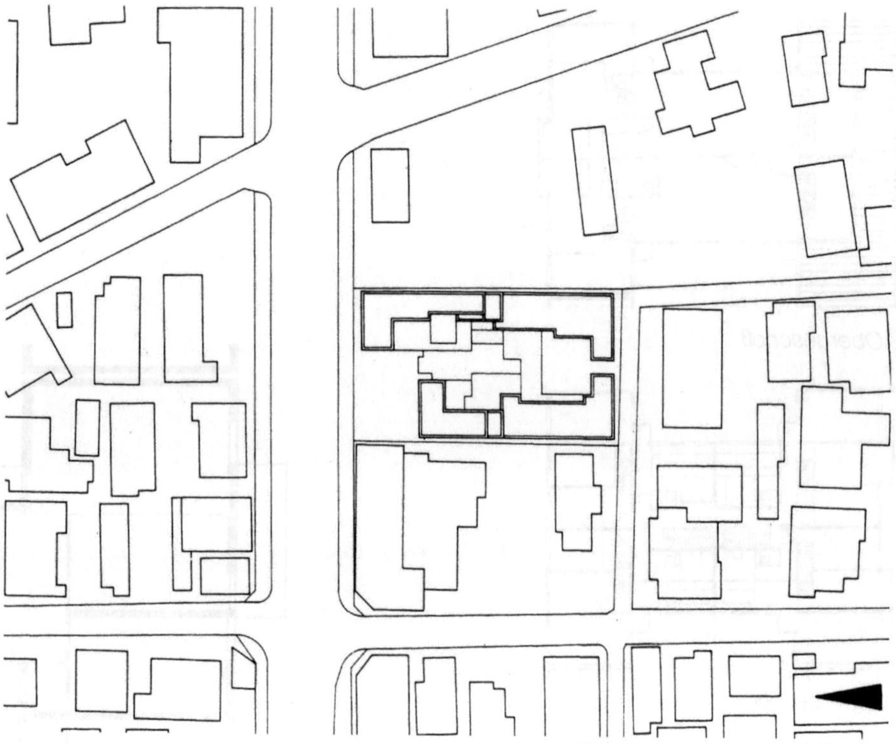

Lageplan

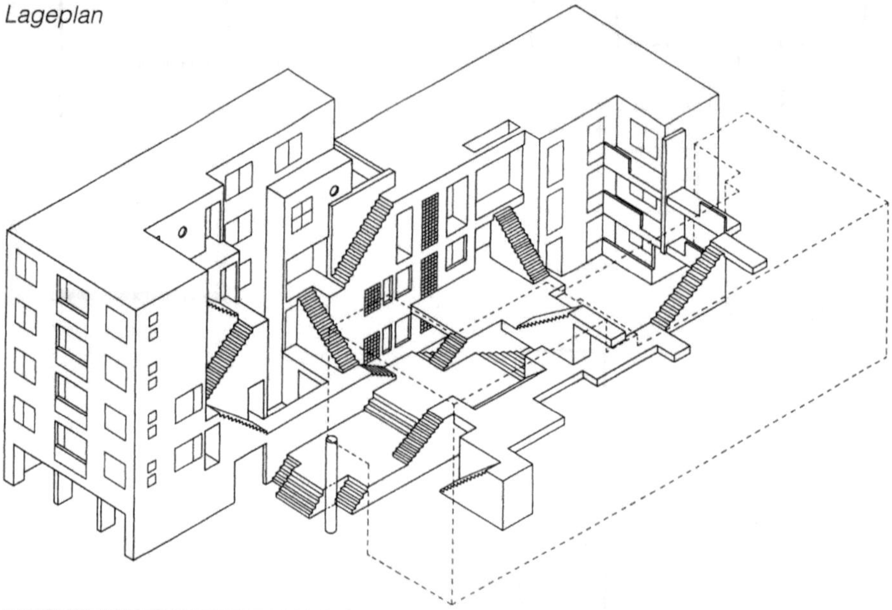

In der suburbanen Umgebung eines Tokioer Vororts bietet die Wohnanlage ein eigenes Stück geschlossenen Stadtraums. Als Kontrast zur der klar begrenzten Außenseite mit einzelnen Lochfenstern bildet das Innere ein komplexes räumliches Gefüge aus Podestplatten, Treppen und der kubisch gegliederten Fassade der Randbebauung.

Verbunden durch eine Vielzahl von Treppen staffelt sich die Hofebene als Abfolge von öffentlich zugänglichen Terrassen nach oben. Einzelne offene Treppen erschließen von den verschiedenen Niveaus die Zugänge zu den Wohnungen.

Als Längspassage bietet der Hof zugleich die fußläufige Verbindung zweier Straßen und wird damit auch zu einem öffentlichen Ort und einer Bereicherung der Umgebung. Die steinerne Topographie ist differenzierte Erschließung und Freiraum zugleich.

Die nur raumtiefen Wohnungen der Längsseiten orientieren sich weitgehend auf diesen Innenraum. Nur die Stirnseiten des Gebäudes bieten auch Loggien nach außen. Korrespondierend zum introvertierten städtebaulichen Konzept, betont die Grundrißgliederung die familiäre Gemeinschaft. Die räumliche Mitte ist hier der Wohnraum, über den die einzelnen Zimmer erschlossen werden.

Treppenbühne

Eingang des Wohnhofs

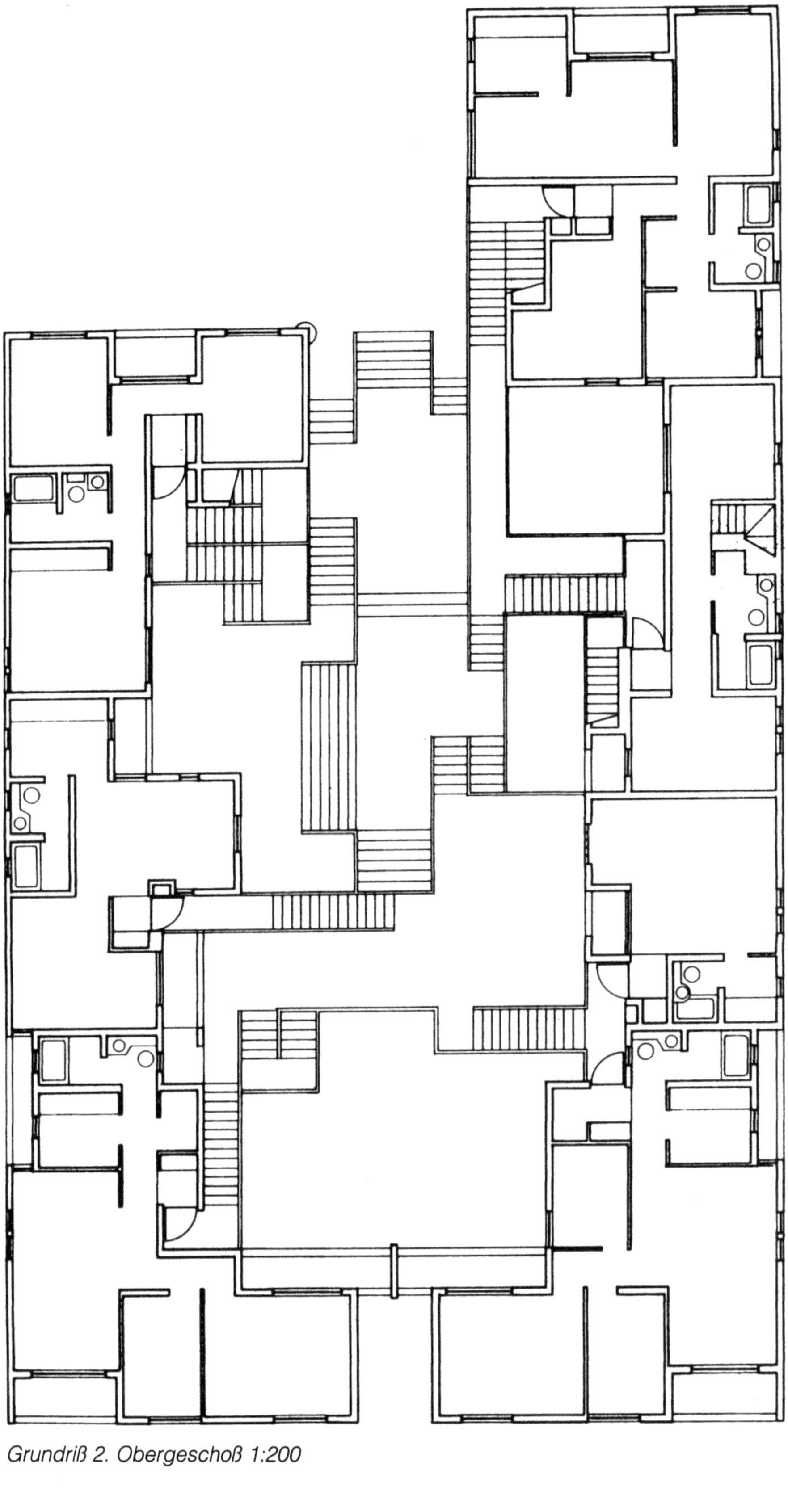

Grundriß 2. Obergeschoß 1:200

Projekt:	Ried W 2
Architekt:	Atelier 5, Bern
Ort:	Niederwangen, CH
Baujahr:	Fertigstellung 1990
Finanzierung:	Eigentumswohnungen
Städtebau:	Blöcke, Erschließung durch den Hof, Ateliers und Gewerberäume
Freiflächen:	halböffentlicher Hof, private Terrassen und Gärten
Erschließung:	direkte Erschließung EG, Spännertreppenhäuser in den Ecken
Wohnungen:	zweiseitig orientierte Etagenwohnungen mit durchgestecktem Wohnraum, Maisonetten mit Quertreppe, einseitig orientierte Kleinwohnungen in den Blockecken
Konstruktion:	Querschotten
Parken:	Parkdeck am Siedlungsrand, Tiefgarage unter einem Hof

Lageplan

Alle Wohnungen werden von den quadratischen Höfen als zentralem, halböffentlichen Raum erschlossen: die Maisonettewohnungen ebenerdig – in Abhängigkeit von der Himmelsrichtung entweder vermittelt über eine erhöhte Schwelle oder einen erhöhten Vorgarten; die Wohnungen im 2. OG über offene Treppen/ Aufzüge in den Blockecken.

Alle Wohnungen haben direkten Blickbezug zum Hof und dem Hof zugeordnete Freibereiche (Terrassen / Loggien), können also am sozialen Leben des Hofes teilnehmen. Gleichzeitig orientieren sich die Privatgärten der EG-Wohnungen und die „Zweit-Terrassen" der OG-Wohnungen konsequent nach außen. Damit der Blick nach draußen unverbaut bleibt, müssen die Höfe diagonal – über Eck – addiert werden. Die Eckvolumen sind mit Durchgängen von den gereihten Wohnungen abgesetzt. Ein Gemeinschaftsraum liegt in der „gemeinsamen Schnittmenge" beider Höfe. Der Neigung des Geländes folgend sind sie in zwei Niveaus gegliedert. Die höherliegende „Galerie" wird über eine Rampe vom tieferliegenden größeren Teil des Hofes erschlossen. Dieser etwas intimere Bereich ist mit Tischen und einem Grillplatz ausgestattet.

Durch den Zugang über den Eßbereich ist die Flexibilität der Wohnungsnutzung eingeschränkt bzw. analog zum Erschließungskonzept der gemeinschaftliche Aspekt baulich betont.

Blick in den Hof

Erschließungstreppen auf der Hofseite

Pergola und Sichtschutzlamellen

Zugang der Hofecke

Gärten und Terrassen auf der Außenseite

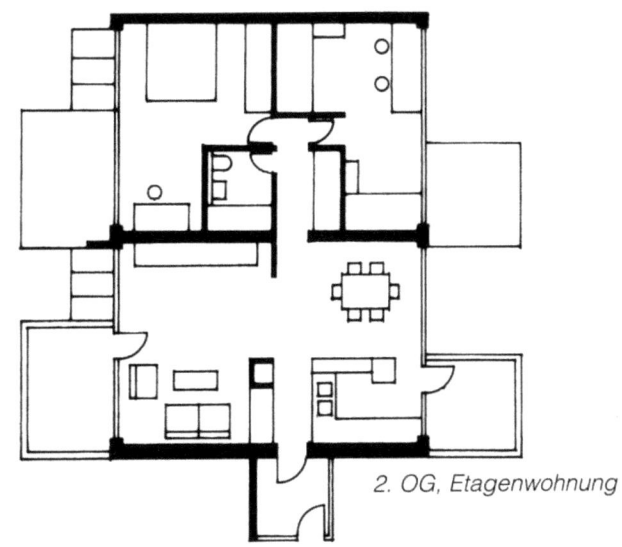
2. OG, Etagenwohnung

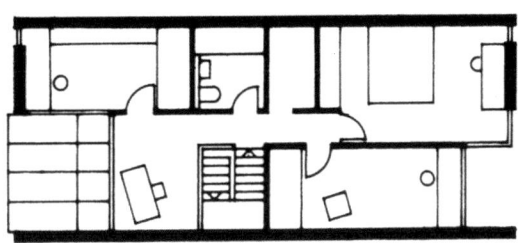
Obergeschoß Maisonette

Blick aus der Küche

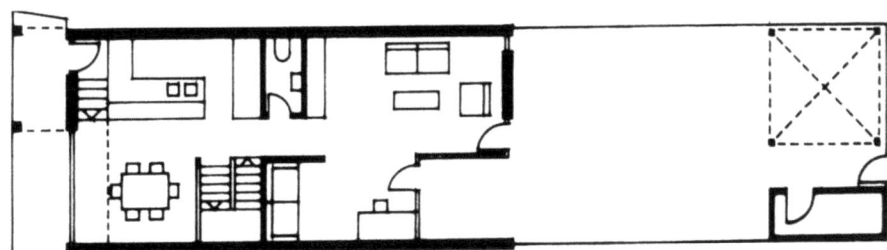
Erdgeschoß Maisonette

Eingangstreppe

Wohnzimmer

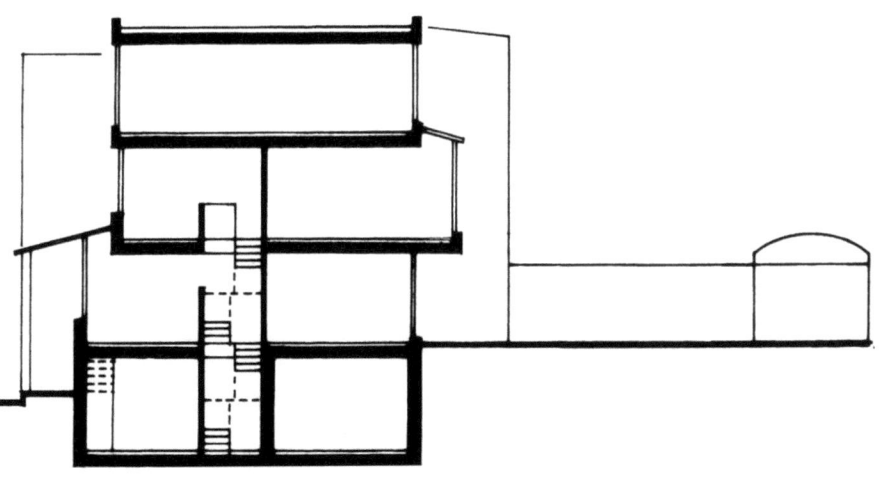
Querschnitt 1:200

Atelier 5, Ried W 2

Projekt:	Wien-Hernals
Architekt:	Dieter Henke, Marta Schreieck
Ort:	Wien
Baujahr:	1994
Finanzierung:	frei finanziert
Städtebau:	Blockecke, erdgeschossig überbaute Hoffläche (Tanzsaal)
Freiflächen:	Loggien, begrüntes Flachdach als Hoffläche
Erschließung:	direkter Zugang, Laubengänge
Wohnungen:	ein-, zweiseitige Orientierung, Längszonierung, eingestellte Kerne
Konstruktion:	Schotten
Parken:	TG unter dem Saal

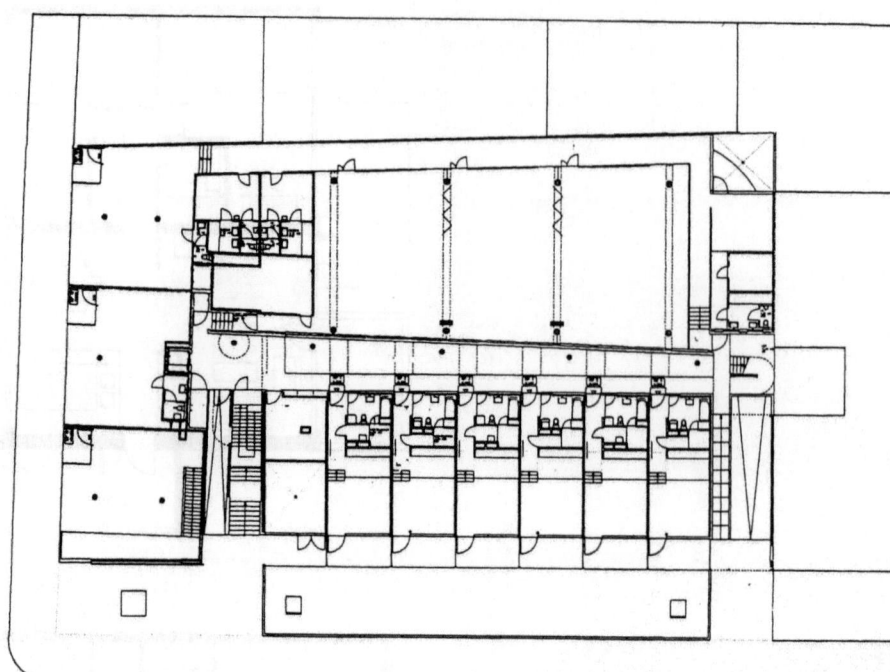

Erdgeschoß 1:500

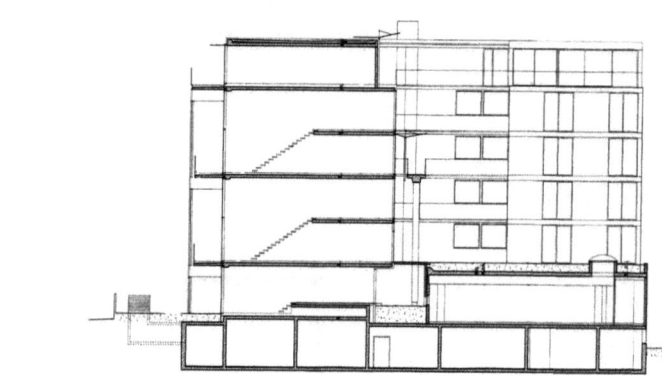

Querschnitt Südflügel 1:500

Die beiden rechtwinkelig zueinander angeordneten Hauszeilen sind mit einem durchgesteckten Treppenhaus verknüpft und schließen so die Blockecke. Die beiden Flügel bleiben in den unteren Geschossen getrennt und sind nur im eingerückten Dachgeschoß eckumgreifend verbunden.

Das zentrale Treppenhaus erschließt Laubengänge zu den Etagenwohnungen im Westflügel und Maisonetten und kleine Appartements (EG und DG) im Südflügel. Die unteren Maisonetten werden direkt von der Hofebene (1. OG) – der begrünten Decke des Tanzsaals – erschlossen. Die obere Lage im 3. OG hat einen von der Fassade abgerückten Laubengang.

Die Zimmer der kleineren eingeschossigen Wohnungen orientieren sich zur Straßenseite – nach Westen und Süden. Bei den Maisonetten wird in der oberen Etage die Möglichkeit der störungsfreien zweiseitigen Orientierung genutzt. Der Zugang zu dieser Etage erfolgt über einläufige Längstreppen oder angewendelte Quertreppen jeweils aus dem Wohnraum. Die Naßzellen sind als eingestellte Körper in der Wohnungsmitte plaziert. Geschoßhohe Schiebetüren aus Glas oder lackiertem Holz und der Verzicht auf Laibungen betonen Raumzusammenhänge und Volumina. Zur Süd- und Westseite sind die Räume über die gesamte Breite brüstungsfrei verglast und damit opulent belichtet. Sie öffnen sich an der Südseite zu zweigeschossigen Loggien mit einem eingehängten Balkon im Obergeschoß. Schiebeläden mit verstellbaren Horizontallamellen erlauben die differenzierte Regulierung von Aus- und Einsicht.

Einläufige Längstreppe

Wohnraum mit Loggia

Zugangsbrücken auf der Hofseite

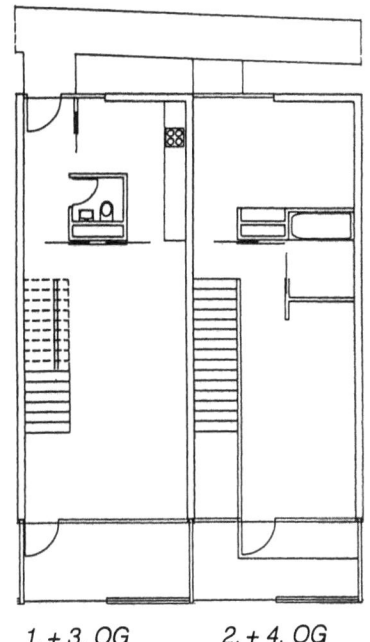

1. + 3. OG   2. + 4. OG

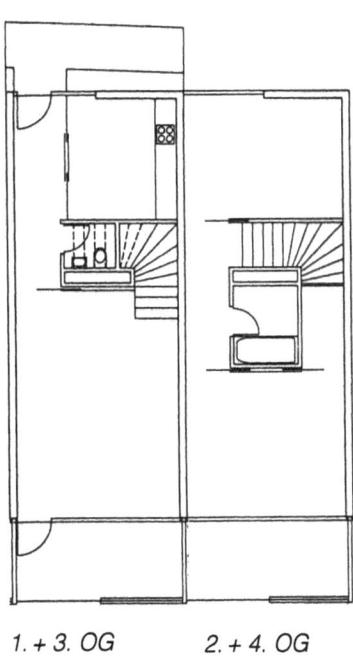

1. + 3. OG   2. + 4. OG

Grundrisse 1:200

Henke und Schreieck, Wien-Hernals

Projekt:	Riehenring
Architekt:	Diener und Diener, Basel
Ort:	Basel
Baujahr:	1985
Finanzierung:	geförderter Wohnungsbau
Städtebau:	Blockrandbebauung, Mischnutzung
Freiflächen:	gemeinsamer Hof, Dachterrasse, Balkone
Erschließung:	Zweispänner
Wohnungen:	zweiseitige Orientierung – parallele Schichten, durch Einschnürungen belichtete Mittelzone
Konstruktion:	Querschotten
Parken:	Tiefgarage

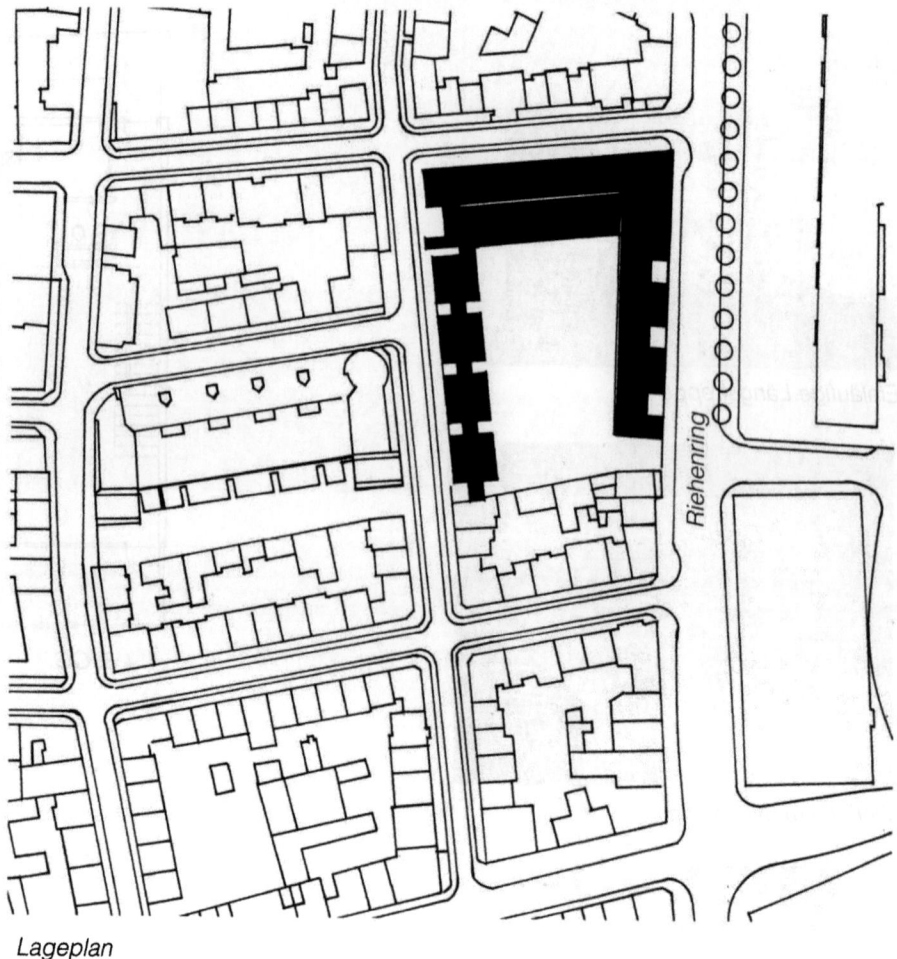

Lageplan

Die Wohnanlage liegt in einem gemischten Quartier an der Grenze zum Baseler Industriegebiet-Nord.

Im Norden grenzt das Grundstück unmittelbar an den Riehenring an, eine stark befahrene Hauptverkehrsstraße, die sowohl das Mischgebiet als auch Teile der Industrieflächen erschließt.

Die Baumaßnahme war Bestandteil eines Stadterneuerungskonzeptes für das Quartier. Diener + Diener nahmen die Blockbebauung der Umgebung auf. Im Erdgeschoß wurden Läden und Büros vorgesehen, und in der neu entstehenden Blockecke am Riehenring wurde ein Kaufhaus eingefügt, das von der gestalterisch betonten Ecke her angedient wird. Die Anlage fügt sich in der Baumassengliederung in die Umgebung ein, setzt sich in der Materialwahl (Metallverkleidung) und Detailgestaltung bewußt ab, um die „Intervention", die Hinzufügung eines Neubaus deutlich zu machen.

Die nördliche, am Riehenring gelegene Blockrandbebauung wird über kleine Höfe erschlossen. Diese Höfe bewirken die Abtrennung der Treppenhaus- und Bürozugänge vom Riehenring: Zwischen die stark befahrene Straße und die Eingänge schiebt sich eine kleine, halböffentliche Zwischenzone als Puffer. Durch diese „Einschnürung" des Baukörpers entsteht eine Rhythmisierung, die Proportionen der Einzelgebäude am Riehenring aufgreift. Die am Hof liegenden Treppenhäuser können, obwohl sie in der Mitte der Zeile liegen, natürlich belichtet werden. Die Wohnungen sind als „klassische" Spännertypen mit innenliegenden Sanitär- und Verkehrszonen organisiert.

Auf der Südseite sind durchlaufende Balkone vorgelagert, von denen aus man eine Dachterrasse erreichen kann. Der Innenhof wird von einer kleinen, öffentlichen Passage tangiert, hat jedoch halböffentlichen Charakter. Das Kaufhaus ist vollständig zum öffentlichen Raum hin orientiert und vom Blockinnenbereich nur als geschlossener Kubus mit Dachterrasse erlebbar.

Ecke Auersbachstraße/Riehenring

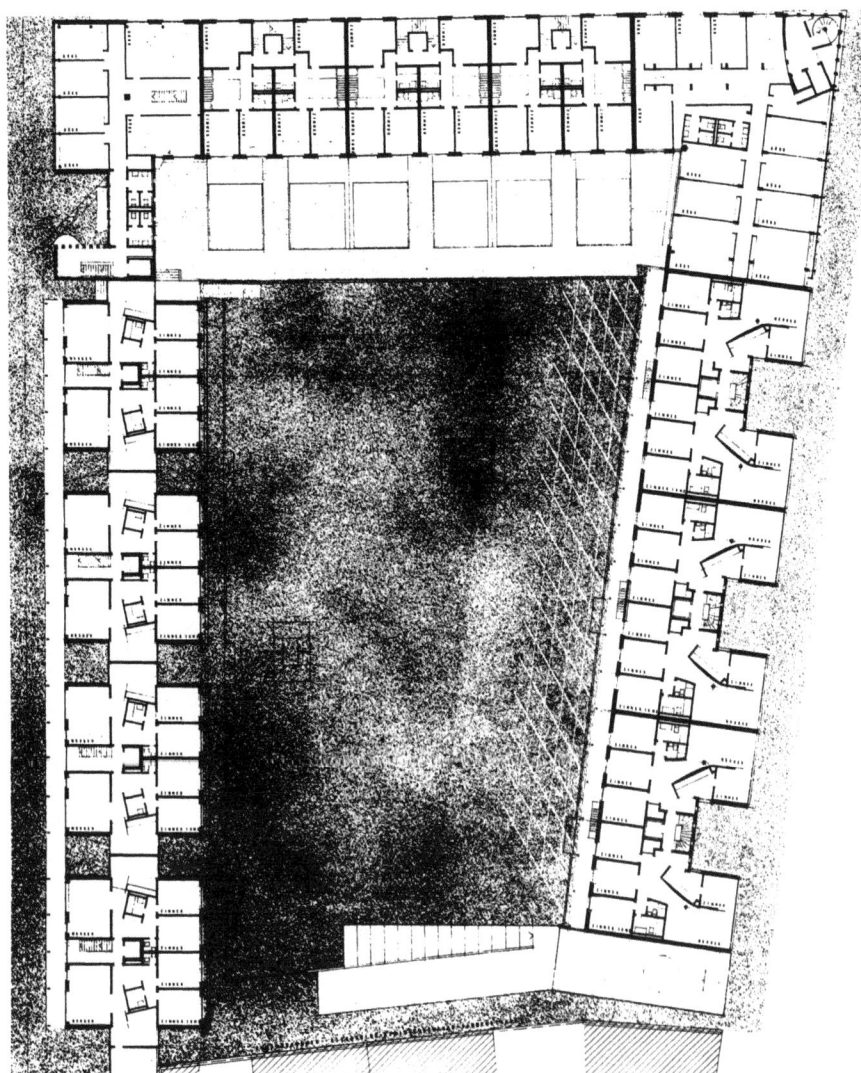

Gebäudeform und Grundrißorganisation

Querschnitt

Diener und Diener, Riehenring

Gemeinschaftliche Dachterrasse

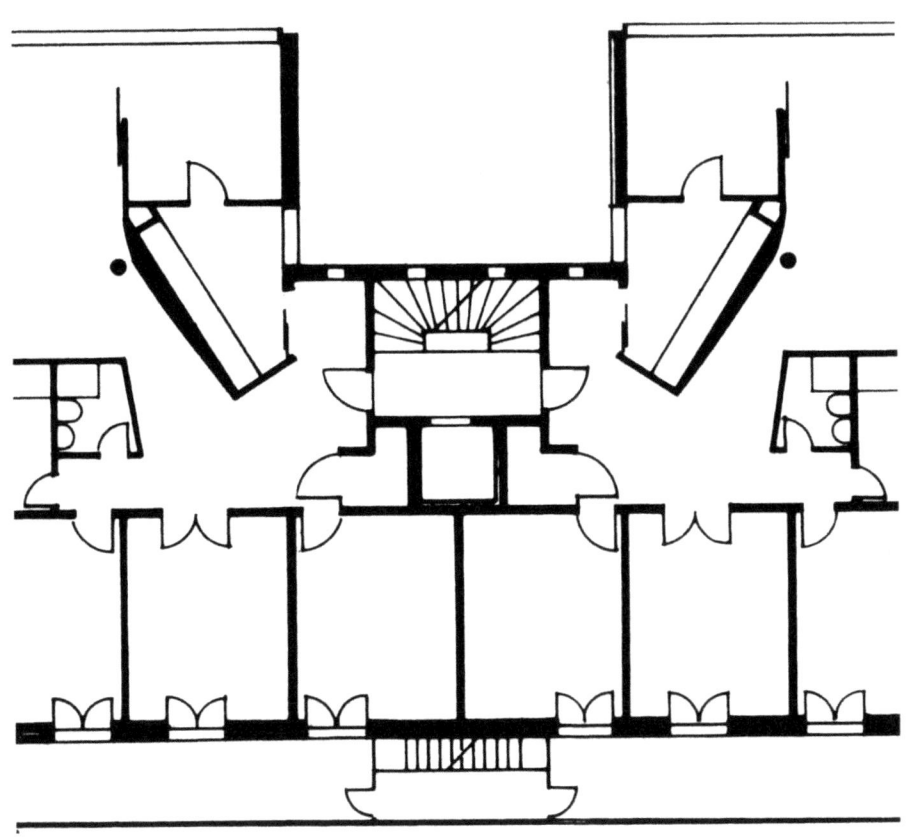

Obergeschoß Westseite

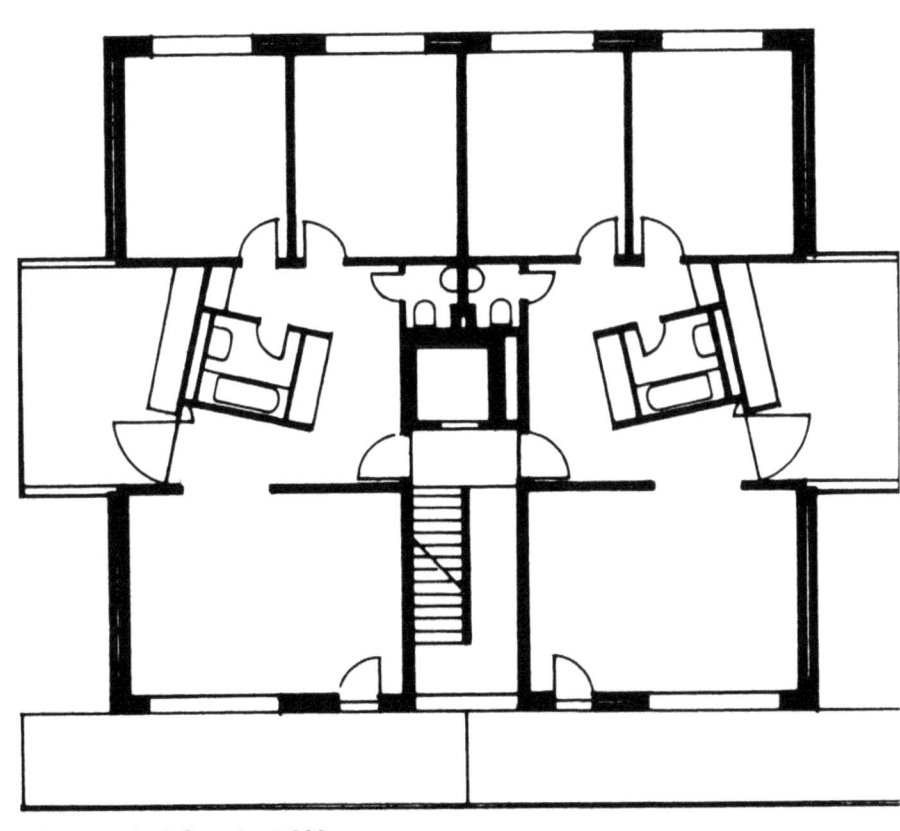

Obergeschoß Ostseite 1:200

Diener und Diener, Riehenring   133

Projekt:	Tramdepot Tiefenbrunnen
Architekt:	Willi Kladler, Zürich
Ort:	Zürich, CH
Baujahr:	1991
Finanzierung:	geförderter Wohnungsbau
Städtebau:	Block mit erdgeschossigen Läden
Freiflächen:	gemeinschaftliche Grünfläche, private Terrassen, Loggien, Dachterrassen
Erschließung:	Mittelgang, Spännertreppenhäuser
Wohnungen:	alle Orientierungstypen, gleichwertige Räume, teilweise zentraler Wohnraum
Konstruktion:	Längs- und Querwand
Parken:	Tiefgarage unter der Hoffläche

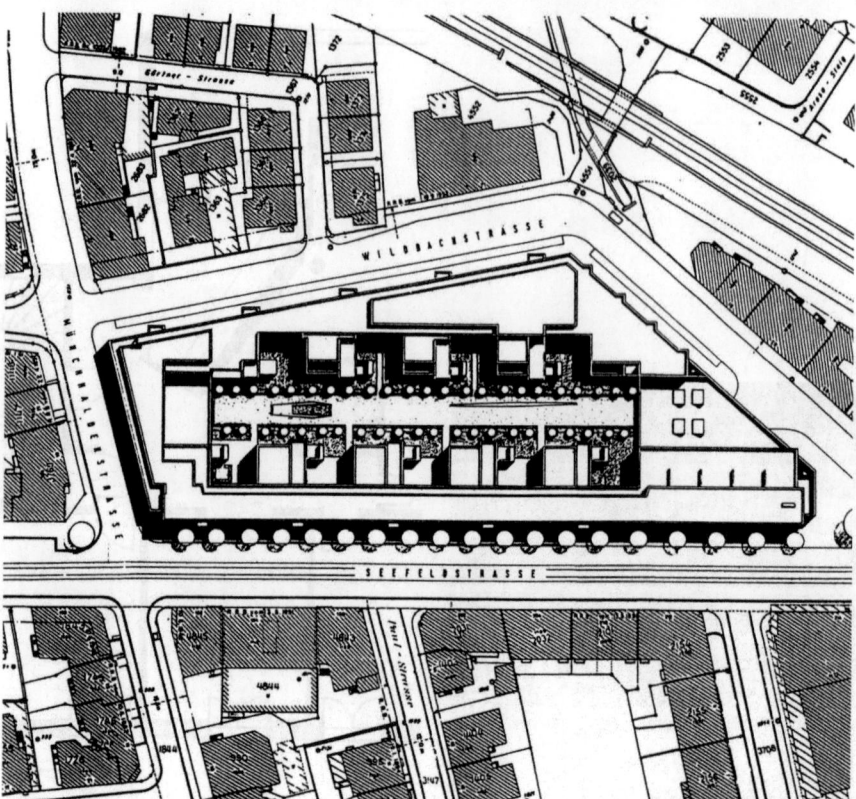

Die Grundrißfigur des Baublocks folgt straßenbegleitend der polygonalen Kontur des Grundstücks. Die innere Gliederung ist rechtwinklig und parallel zur dominierenden Seefelder Straße ausgerichtet. Zwischen der rechteckigen inneren Freifläche und den Rändern entstehen so dreieckige Bauvolumen unterschiedlicher Tiefe.

Die Längsseiten verzahnen sich durch kurze kammartige Erweiterungen mit der Hoffläche. Es entsteht eine rhythmisierte, informelle Rückseite mit Eckorientierungen der Wohnungen.

Hinter den erdgeschossigen Laden- und Büroflächen erschließt ein Mittelgang mit breiten Öffnungen zum Hof die Wohnungen in Form einer internen Arkade. Zugleich erfolgt von hier der Zugang zu den Spännertreppenhäusern der Obergeschosse.

Durch das zurückgestaffelte Bauvolumen entstehen kleine Dachflächen als private Terrassen. Über dem großflächigen Supermarkt in der spitzen Südecke wurde eine besondere Erschließung gewählt. Ein kurzer zweigeschossiger Mittelgang teilt den tiefen Baukörper und erschließt Maisonetten direkt oder über einzelne Stichtreppen.

Durch Nutzungsmischung und Wohnungsvielfalt schafft das Projekt eine zeitgemäße innerstädtische Dichte.

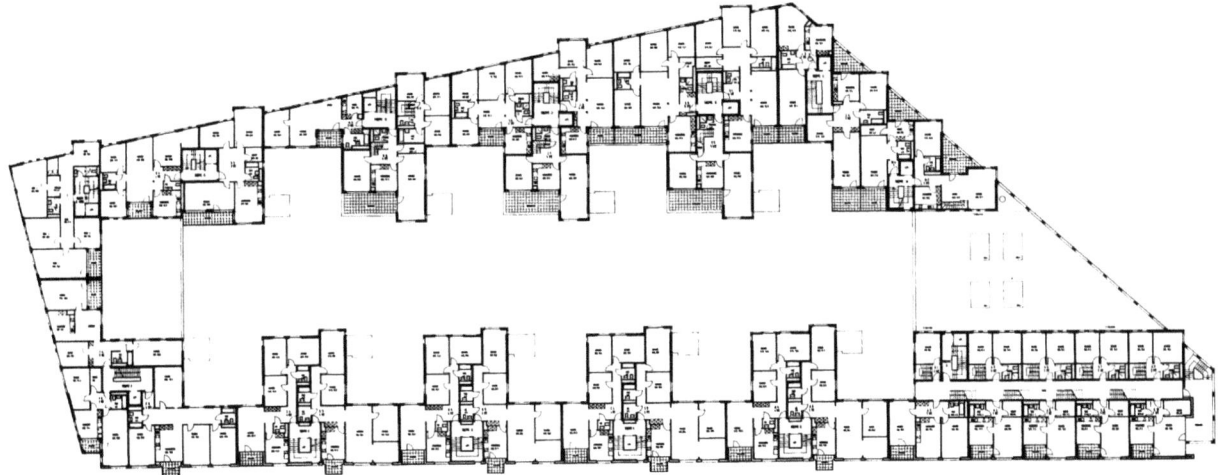

3. Obergeschoß

Hoffassade

Obergeschoß Nordseite 1:200

Hofseite mit Loggien und Terrassen

Projekt:	Piraeus, KSM Eiland
Architekt:	Hans Kollhoff mit Christian Rapp, Berlin
Ort:	Amsterdam
Baujahr:	Fertigstellung 1993
Finanzierung:	geförderter Wohnungsbau
Städtebau:	skulpturaler Block mit erdgeschossigen Läden
Erschließung:	Laubengänge, Spänner
Freiflächen:	Loggien, Balkone, offener Park
Wohnungen:	fassadenparallele Zonierung, eingestellte Kerne
Konstruktion:	Querwand
Parken:	Tiefgarage unter dem Haus und der Platzfläche

Modellfoto von Süden

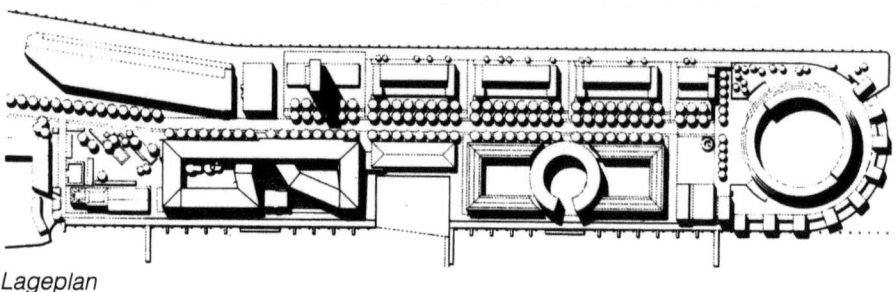

Lageplan

Städtebauliche Grundlage für die Neubebauung der ehemals als Hafen- und Industriegelände genutzten Halbinsel östlich der Amsterdamer City war ein Entwurf des niederländischen Architekten Jo Coenen. Dessen Plan schlug zwei große, durch kreisförmig aufgeweitete Querverbindungen geteilte Blocks parallel zur südlichen Uferkante vor. Eine Projektgruppe mit Vertretern der Stadtplanung, des Investors und der Anwohner entschied sich für Kollhoff als Architekt des westlichen Blocks.

Sein Entwurf transformiert die städtebaulichen Vorgaben in einem „Prozeß morphologischen Reagierens" zu einem skulptural durchgearbeiteten Stadtblock. So reagieren die abknickenden Baufluchten auf einen erhaltenswerten Altbau, die nach Süden abfallende Traufkanten verbessern Belichtung und Aussicht der Nordwohnungen, und die aufgeständerte westliche Stirnseite verbindet den Hof mit einem angrenzenden kleinen Park.

Die Erschließung der unteren vier Geschosse erfolgt zweispännig über innenliegende Treppenhäuser. Von diesen erfolgt auch der Zugang zu internen Treppen der Wohnungen im 5. OG. Zwei große Treppenhäuser mit Aufzug erschließen die Eckwohnungen und die oberen Wohnungen der Nordseite und der Stirnseite über Laubengänge.

Innerhalb der Standardschottenmaße von 5,4 m und 2,5 m und einer Haustiefe von 15,40 m ergibt sich je nach Lage im Gebäude und Art der Erschließung eine große Anzahl von Wohnungszuschnitten. Grundprinzipien sind die zweiseitige Orientierung, die fassadenparallele Reihung der Aufenthaltsräume und die frei-

stehenden Kerne mit den Naßräumen in der Gebäudemitte. Unter dem abfallenden, zweiseitig geneigten Dach ergeben sich in der obersten Etage Wohnungen von besonderem Zuschnitt und luxuriösen Raumhöhen. Einige der Eckwohnungen wurden als Kompensation für die schlechte Belichtung größer ausgelegt.

Im Kontrast zur kostensparend rationalisierten Rohbauausführung mit Tunnelschalungen (Guß der Decken und Wände in einem Arbeitsgang) wurden die Oberflächen mit handwerklichem Anspruch ausgeführt. Klinkermauerwerk, Naturholzfenster und sorgfältig durchgearbeitete Eingangsbereiche geben der Großform Gestaltqualität im Detail.

Südseite zum Wasser

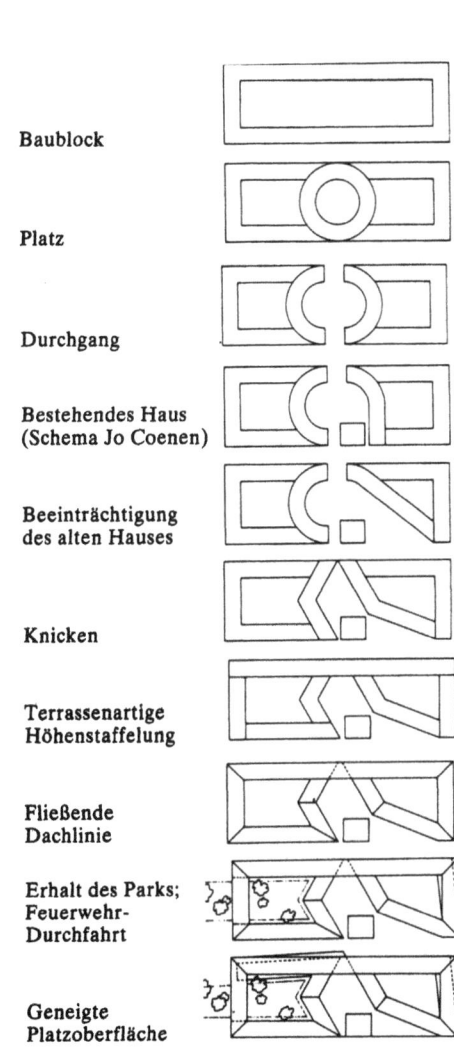

Baublock

Platz

Durchgang

Bestehendes Haus (Schema Jo Coenen)

Beeinträchtigung des alten Hauses

Knicken

Terrassenartige Höhenstaffelung

Fließende Dachlinie

Erhalt des Parks; Feuerwehr-Durchfahrt

Geneigte Platzoberfläche

Portal auf der Nordseite

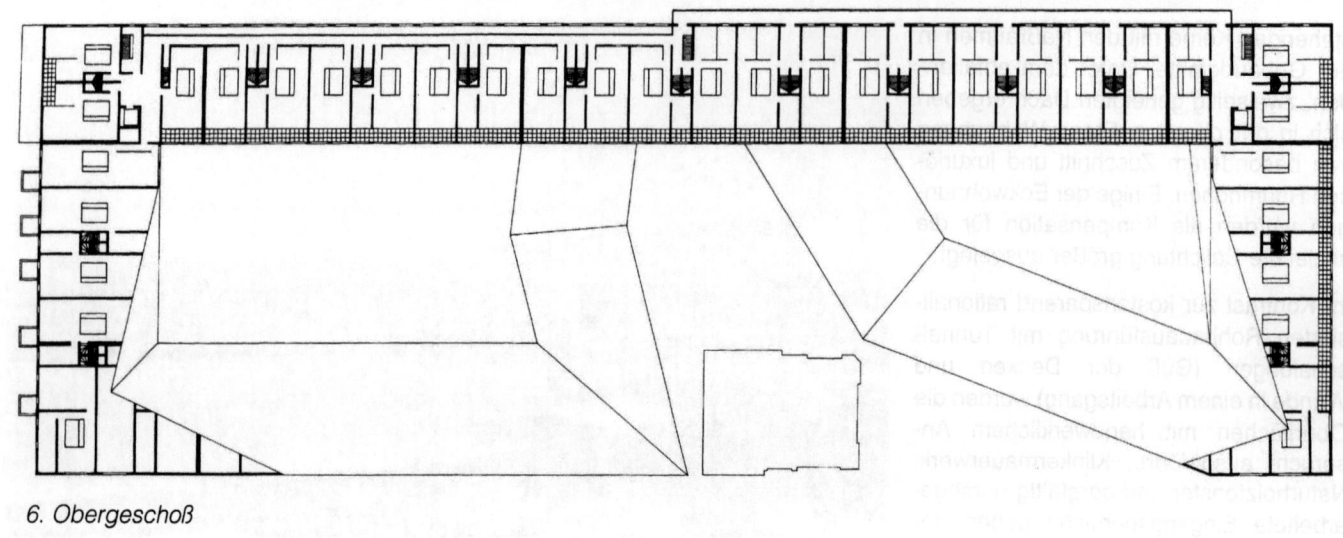

6. Obergeschoß

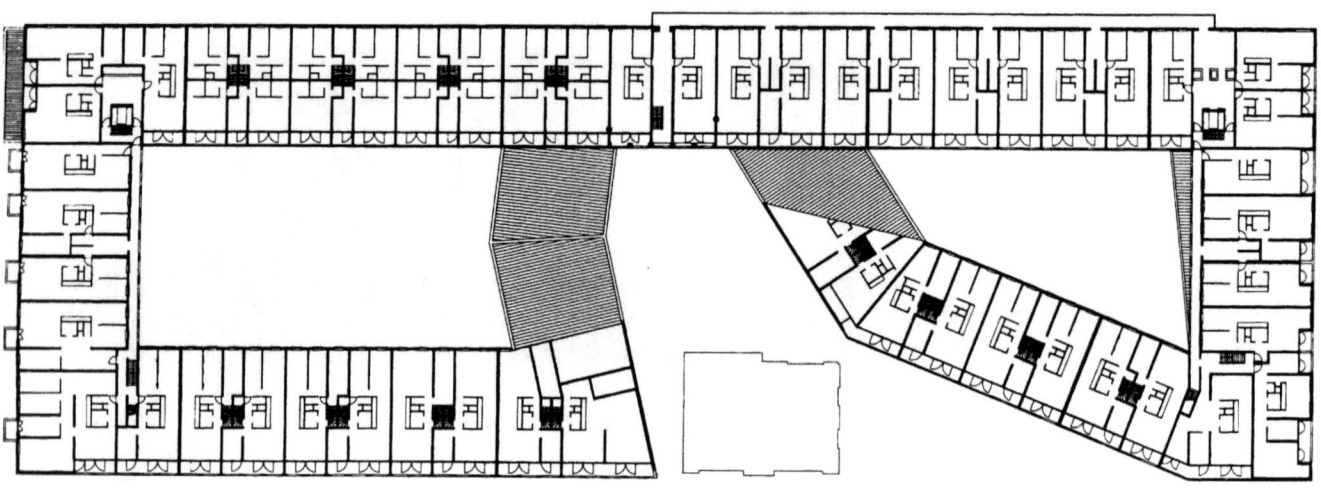

4. Obergeschoß

2. Obergeschoß

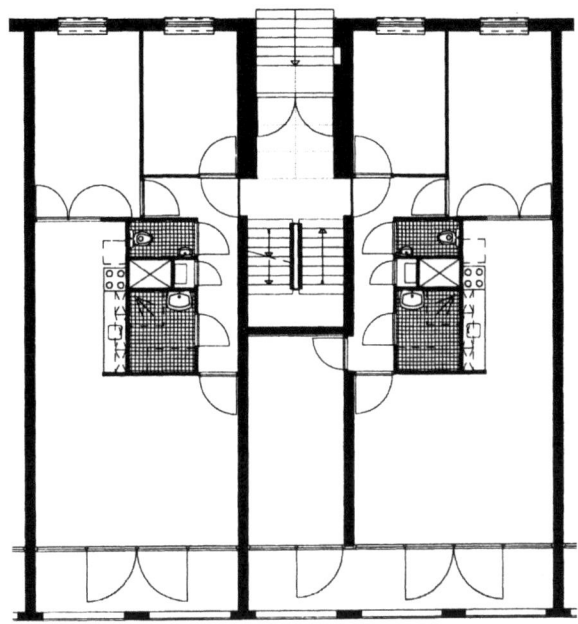

Zweispänner, Nordseite 1:200

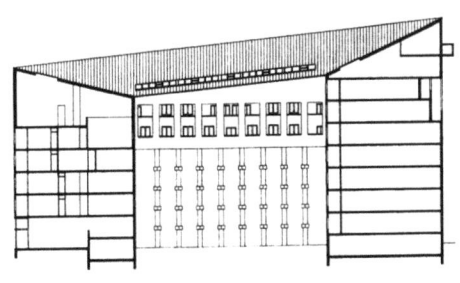

Querschnitt westlicher Hof

Projekt:	Reihenhäuser in Passau
Architekt:	Hermann Schröder, Sampo Widmann, München
Ort:	Passau, Neustift, Sickenberger Straße
Baujahr:	Fertigstellung 1992
Finanzierung:	geförderter Wohnungsbau
Städtebau:	Doppelzeile, aufgeweitetes „back to back"
Freiflächen:	Quartiersplatz, Mittelgasse, Privatgärten
Erschließung:	direkter Zugang von der Mittelgasse
Wohnungen:	Maisonetten, gewichtete Orientierung
Konstruktion:	Querschotten
Parken:	an der Erschließungsstraße

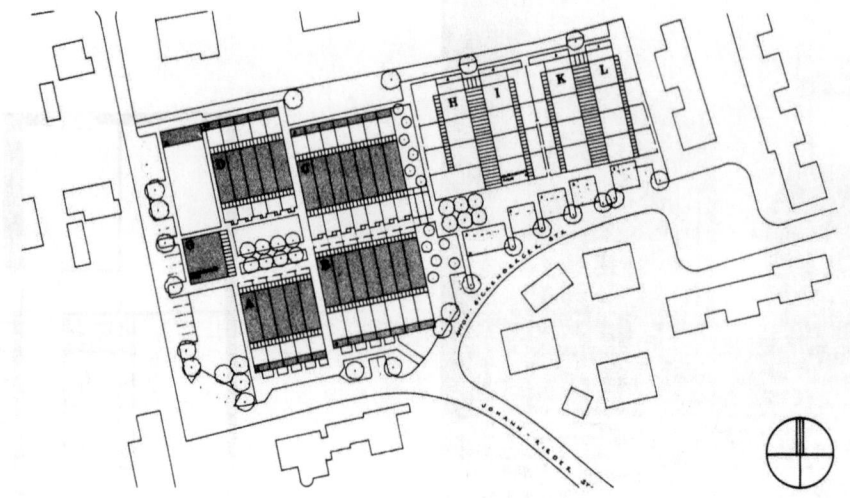

Lageplan

Die beiden Hausgruppen sind der zweite Bauabschnitt einer kleinen Siedlung mit schmalen, tiefen Reihenhäusern der gleichen Architekten.

Die vier Reihenhauszeilen sind zu zwei Doppelzeilen zusammengerückt. Dieser flächensparende Ansatz vermeidet die beidseitigen Abstandsflächen normaler Reihenhauszeilen.

Es entstehen zwei verglaste Mittelgassen, die – anders als beim echten „back to back" – eine gewisse sekundäre Belichtung und Querlüftung der Häuser erlauben. Der überdachte Raum ist als halböffentliche Freifläche zu allen Jahreszeiten nutzbar.

Die haustiefen Wohnräume werden nach außen (Osten oder Westen) zu den Gartenhöfen orientiert, die Bäder hängen als Brücken im Luftraum zwischen den Zeilen. So bleiben die quadratischen Wohnetagen weitgehend frei von Installationen. Eine eingestellte Wendeltreppe gliedert den Grundriß und ist zugleich flächensparende Erschließung der Räume.

Das Gebäude ist mit 18,5 Tiefe sehr kompakt und durch die überdachte Pufferzone energiesparend konzipiert.

Gartenseite

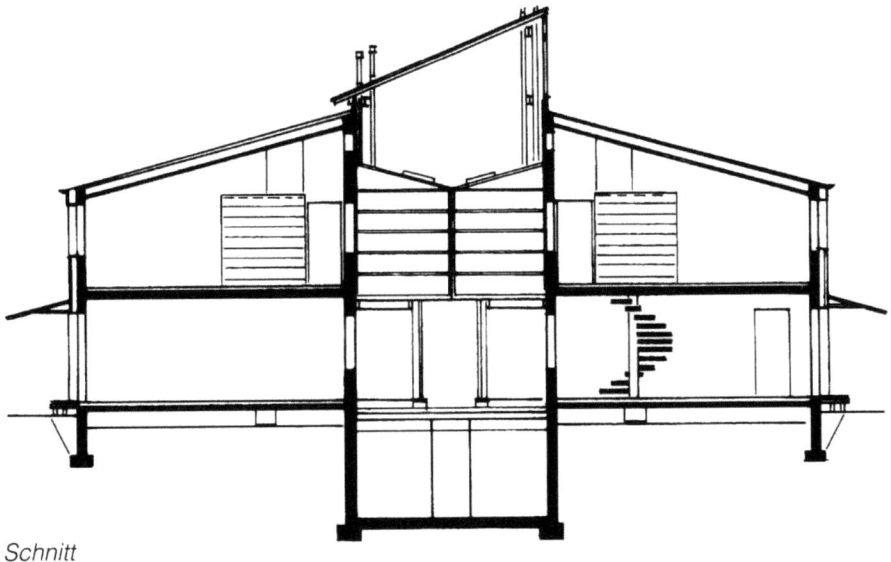
Schnitt

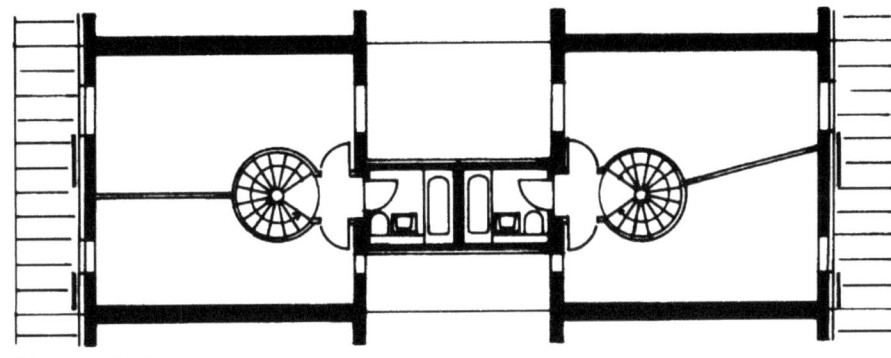
Obergeschoß

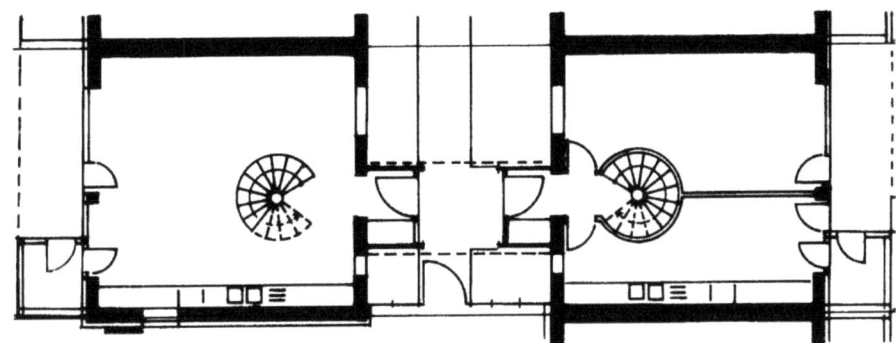
Erdgeschoß 1:200

Nordseite

Projekt:	Apartementhaus Plantijnkaai
Architekt:	Jan Willem Neutelings, Marc de Koning, Rotterdam
Ort:	Antwerpen
Baujahr:	1992
Finanzierung:	frei finanziert
Städtebau:	„back to back", Brandwandbebauung
Erschließung:	Einspänner
Freiflächen:	Dachterrasse
Wohnungen:	fassadenparallele Schichtung, Großraum ohne Zimmerteilung, nutzungsneutral
Konstruktion:	Skelett
Parken:	im aufgeständerten EG

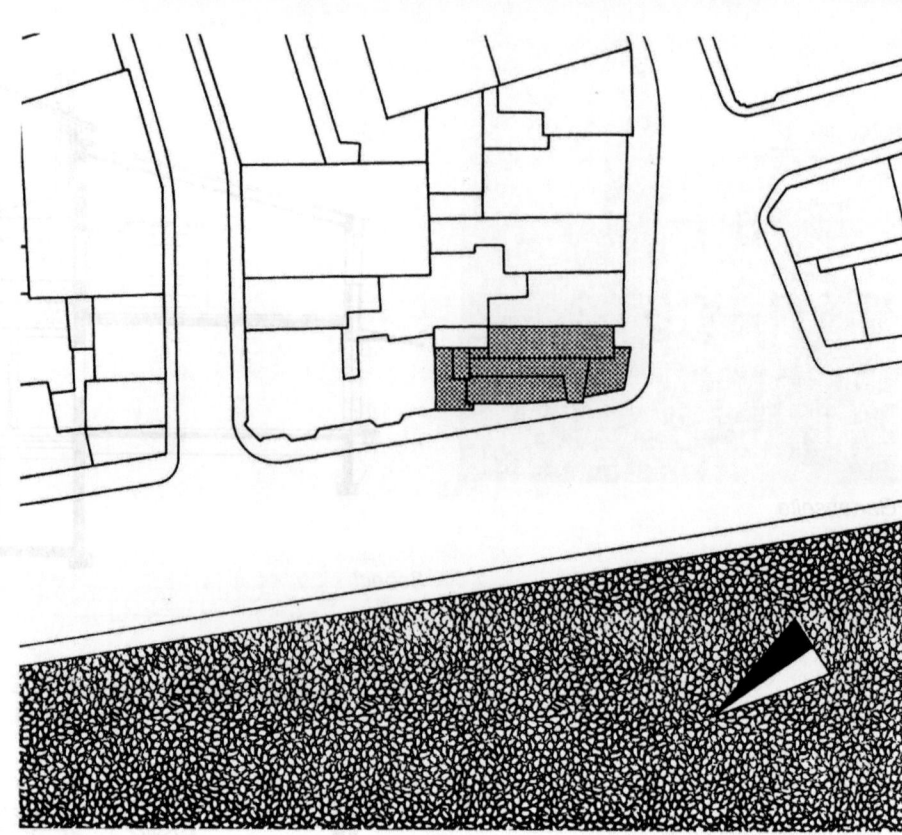

Lageplan

Das Gebäude arrondiert einen Block am Ufer der Scheide in der Antwerpener Innenstadt. Aus dem langgestreckten Eckgrundstück mit zwei Brandwänden ergibt sich eine Orientierung nach Nordwesten – mit einem prächtigen Ausblick auf den Fluß und die alten Kaianlagen. Nur eine kleine Lücke zwischen den Brandwänden gewährt Ausblick zum Blockinnenbereich. Die stirnseitigen Öffnungen ergeben eine gewisse Übereckorientierung mit dem Blick entlang des Flusses.

An der nördlichen Schmalseite erschließt ein Treppenhaus einspännig die Etagen. Die völlig identischen Grundrisse sind klar gegliedert in zwei Bereiche. Eine eingerückte Naßraumzone entlang der südlichen Brandwand und einen offenen Raum zur Fassade. Dieser wird nur durch eine Reihe von vier Stützen gegliedert.

Zwischen der Stützenreihe und der Fassade definiert die Lage der Eingangstür eine Erschließungszone. Die loftartigen Etagen können in vielfältiger Weise unterteilt werden – mit eingestellten Möbeln, Schiebewänden oder einem Trennwandsystem. Die Geschosse sind damit sowohl zum Wohnen als auch zum Arbeiten nutzbar. Die klare Baukörpergestaltung und die Bandfenster der Längsfassade unterstreichen dieses Konzept.

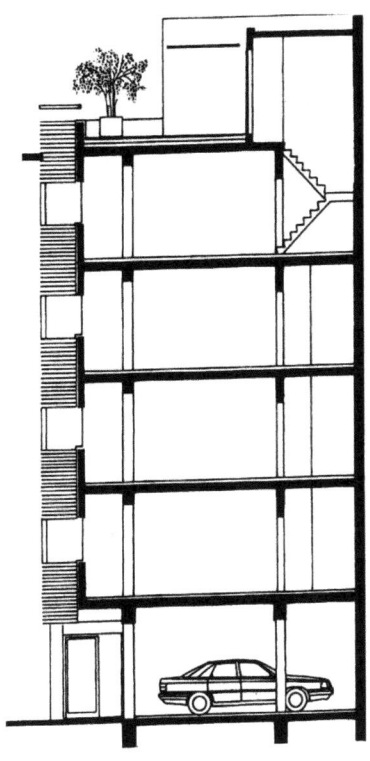

Querschnitt

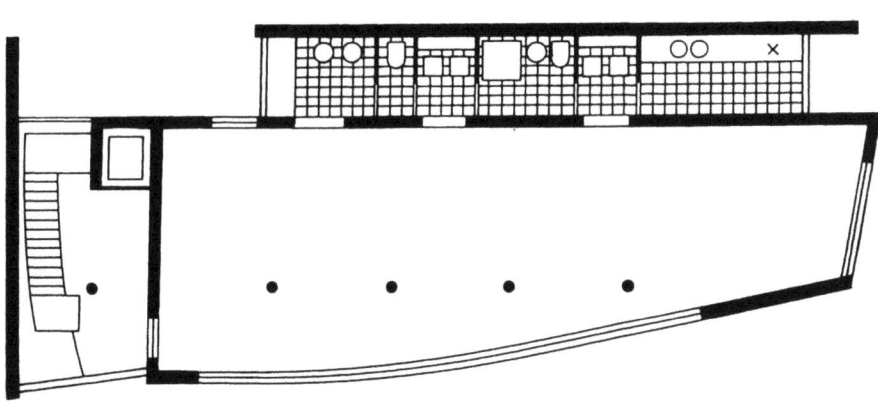

Dachgeschoß

Obergeschoß

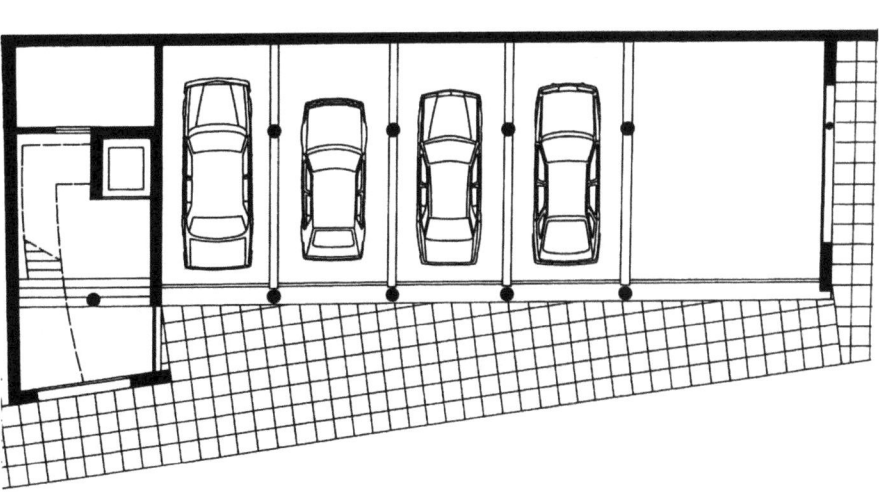

Erdgeschoß 1:200

Neutelings und Koning, Antwerpen

Projekt:	Nexus World
Architekt:	Rem Koolhaas, OMA Rotterdam
Ort:	Kasahi, Japan
Baujahr:	1992
Finanzierung:	frei finanziert
Städtebau:	gereihte Hofhäuser, in zwei geschlossenen Ensembles, Galerie und Café im EG
Freiflächen:	private Höfe
Erschließung:	direkter Zugang
Wohnungen:	Innenorientierung, zwei dreiseitig umbaute Höfe, Maisonetten
Konstruktion:	Kreuzwand, Innenstützen
Parken:	oberirdische Stellplätze am Nordrand

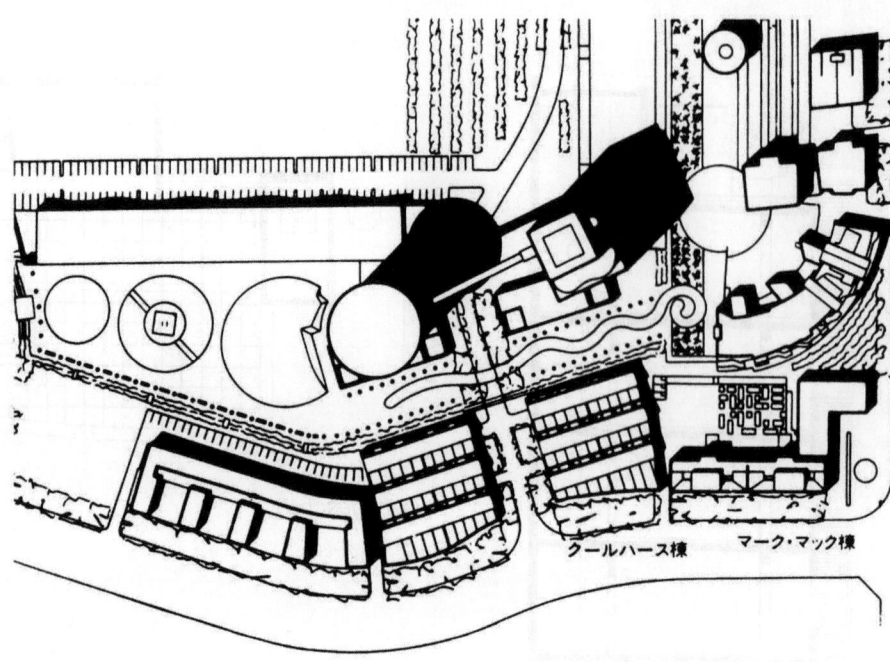

Lageplan

Das Projekt entstand als Teil der privaten internationalen Bauausstellung eines japanischen Bauunternehmens.

Zwischen den beiden Eckgebäuden erfolgt die Zufahrt in das Ausstellungsgelände. Dem geschwungenen Straßenverlauf folgend thematisieren Wände aus expressivem schwarzem Bruchstein (ein Zitat japanischer Palastarchitektur) das introvertierte Wohnen in unwirtlicher Umgebung.

Unter diesen schwebenden Steinbändern erfolgt von Norden der Zugang zu jeder der Hauseinheiten über einen eigenen Vorraum im Erdgeschoß. An der Südseite ergänzen ein Café und eine Galerie das Raumprogramm.

Die Wohneinheiten sind hier zweigeschossig, in den nördlichen beiden Reihen dreigeschossig. Bei gleicher Tiefe variieren die Hausbreiten, die Höfe werden zwei- oder dreiseitig angebaut. Die Nebenraumzone im Norden wird durch einen zusätzlichen schmalen Luftraum belichtet und belüftet. Alle Aufenthaltsräume haben Zugang zu kleinen Dachterrassen, Balkonen oder Ausblick in die Höfe.

Die schmalen geneigten Dachbänder sind in Längsrichtung leicht gewellt – durch die versetzten Amplituden entsteht eine lebendige Dachlandschaft über der rationalen Grundrißstruktur. Die sich kontinuierlich ändernde Dachneigung dynamisiert die Bänder zusätzlich, gewährleistet eine gute Belichtung und schafft spannende, teils zweigeschossige Innenräume.

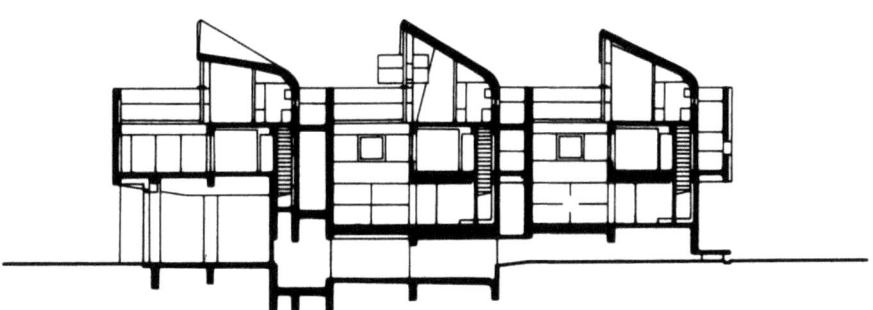

Querschnitt durch die Hofseite

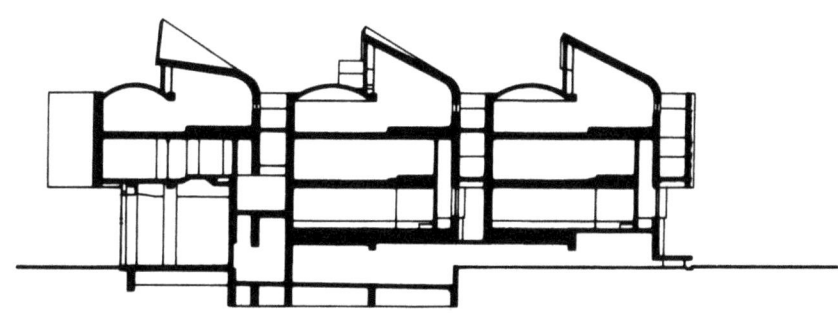

Querschnitt durch die Seitenflügel

Gesamtansicht

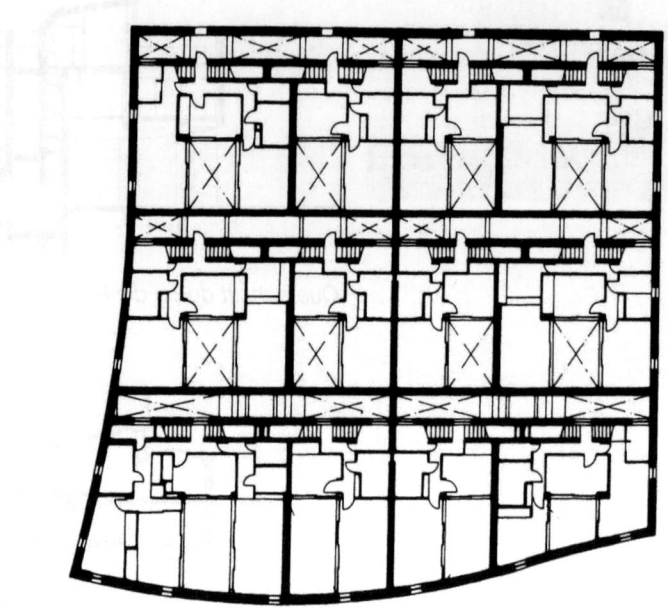

Obergeschoß

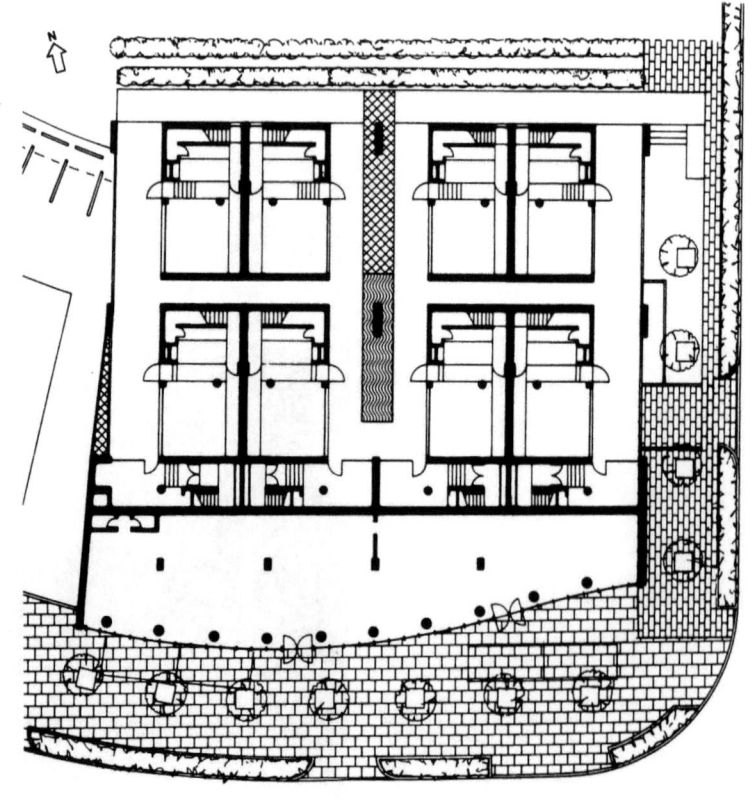

Erdgeschoß 1:500

146 Koolhaas, Nexus World

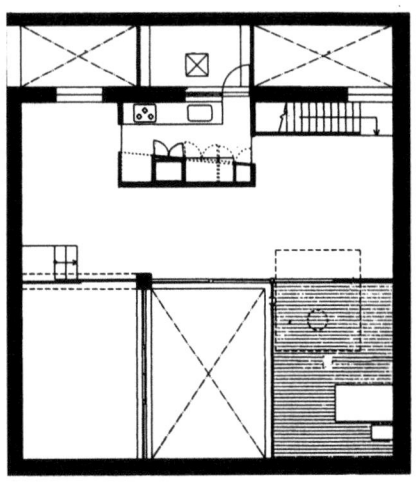

2. Obergeschoß

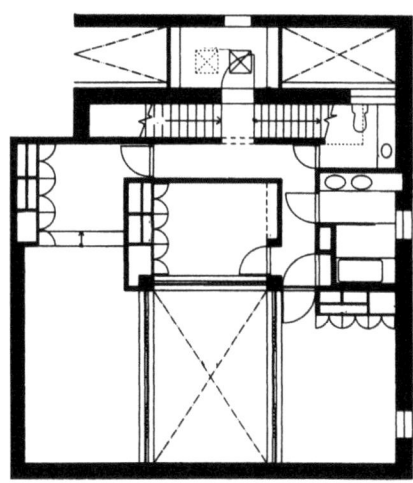

1. Obergeschoß

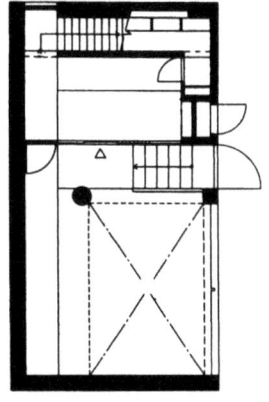

Erdgeschoß 1:200

Projekt:	Traviatagasse, Wien
Architekt:	Carl Pruscha
Ort:	Wien
Baujahr:	1988–91
Finanzierung:	geförderter Wohnungsbau
Städtebau:	zu quadratischem Solitär addierte Hofhäuser
Freiflächen:	private Höfe, Dachterrassen, Platzflächen
Erschließung:	direkter Zugang, zusätzliche Außentreppe
Wohnungen:	einseitig auf ein Atrium orientierte Maisonette, EG separat nutzbar
Konstruktion:	Kreuzwand
Parken:	oberirdisch am Siedlungsrand

Der Gesamtentwurf für die Siedlung Traviatagasse versteht sich als ein autonomes Stück Stadt. Von außen kommend durchschreitet man „Tore", die in „geschlossene Wände" (Randzeilen) geschnitten sind. Den Kern der Siedlung bildet eine quadratische, von mehreren Schichten Zeilenbauten umschlossene „Zitadelle", die in eine zentrale Freianlage einbeschrieben ist. Der Entwurf löst stadtbaugeschichtliche Assoziationen aus, arbeitet mit urbanen „Archetypen" (Castrum, Idealplanungen der Renaissance), bleibt in der Architektur jedoch konsequent modern.

Die „Zitadelle" Pruschas wird durch ein Achsenkreuz zweier Wege in 4 Quadrate mit je 9 Hofhäusern gegliedert. Zur Erschließung der rückwärtigen, vom Achsenkreuz abgewandten Hofhausschicht dienen zusätzlich enge Gassen. Diese Quadrate schließen sich nach außen völlig ab, nur das oberste Geschoß bietet Fernblick. Man betritt das Haus von der Gasse über einen kleinen teilweise überbauten Hof. Beim Laufen durch die Gasse erlebt man also einen ständigen Wechsel von Licht und Schatten. Im Erdgeschoß sind Räume, die als Arbeitsräume, Büros etc. genutzt werden können, direkt zugänglich. Eine offene Treppe zum 1. OG oder das interne Treppenhaus erschließen zwei Obergeschosse. Vom 2. Obergeschoß führt nur noch eine interne Treppe zum Atelierraum unter dem aufgeklappten Dach. Die Wohnungen wenden sich konsequent nach innen und bieten trotz Belichtungsproblemen mit Hof-, Terrassen- und Dachflächen ein interessantes Angebot an privaten Freiräumen.

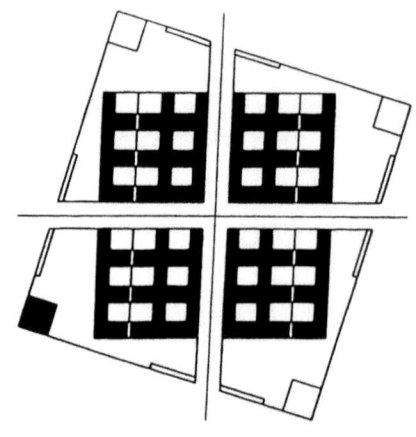

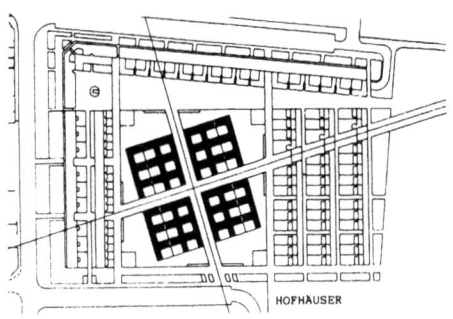
HOFHÄUSER

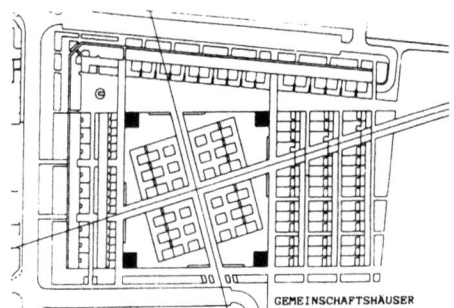
GEMEINSCHAFTSHÄUSER

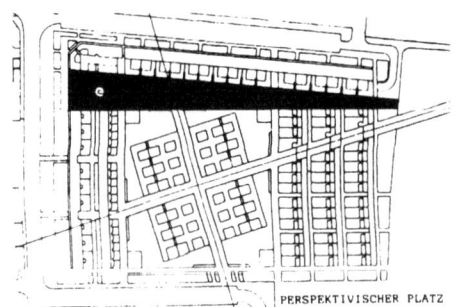
PERSPEKTIVISCHER PLATZ

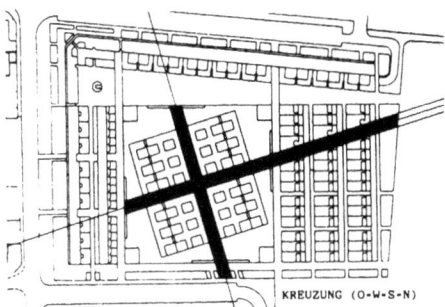
KREUZUNG (O-W-S-N)

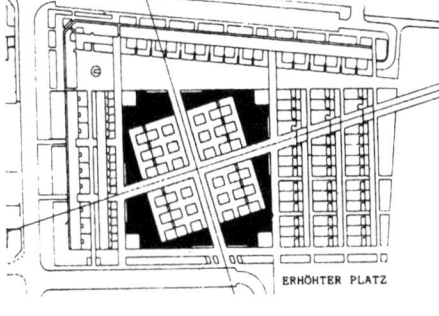
ERHÖHTER PLATZ

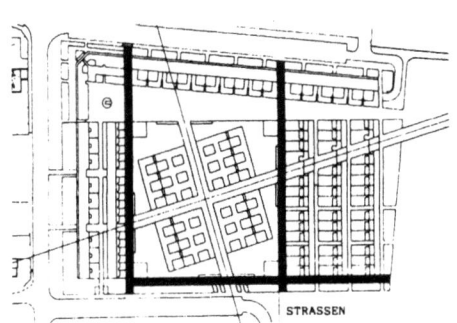
STRASSEN

Innenhof

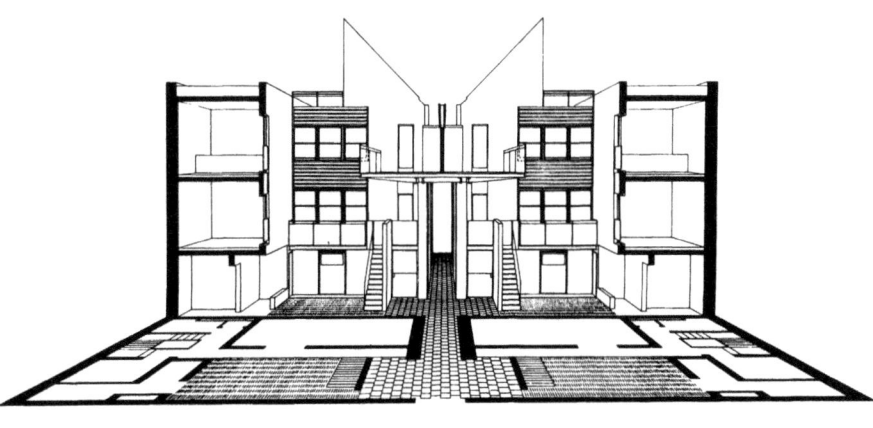
Perspektivischer Schnitt

Pruscha, Traviatagasse   149

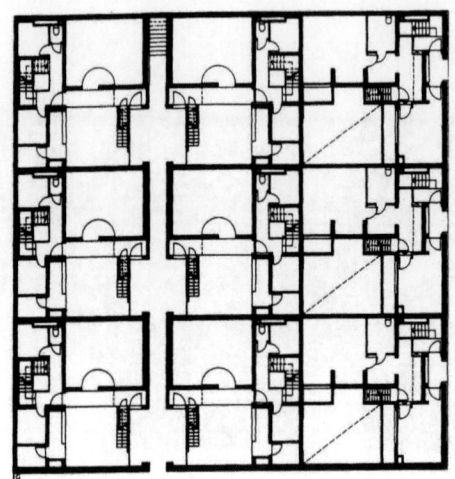
Erdgeschoß

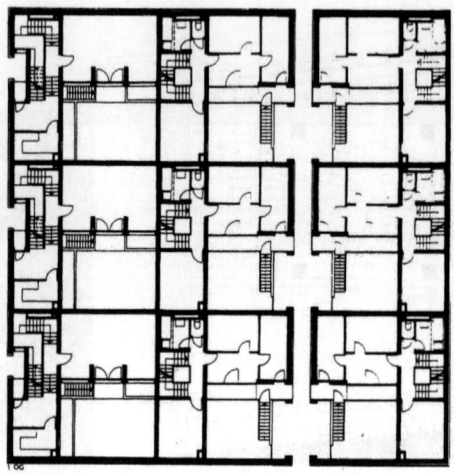
1. Obergeschoß

2. Obergeschoß

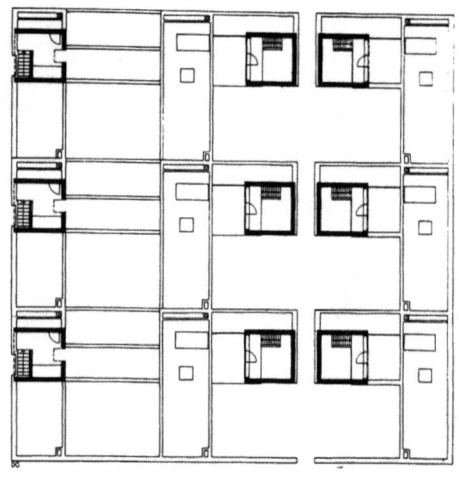
3. Obergeschoß

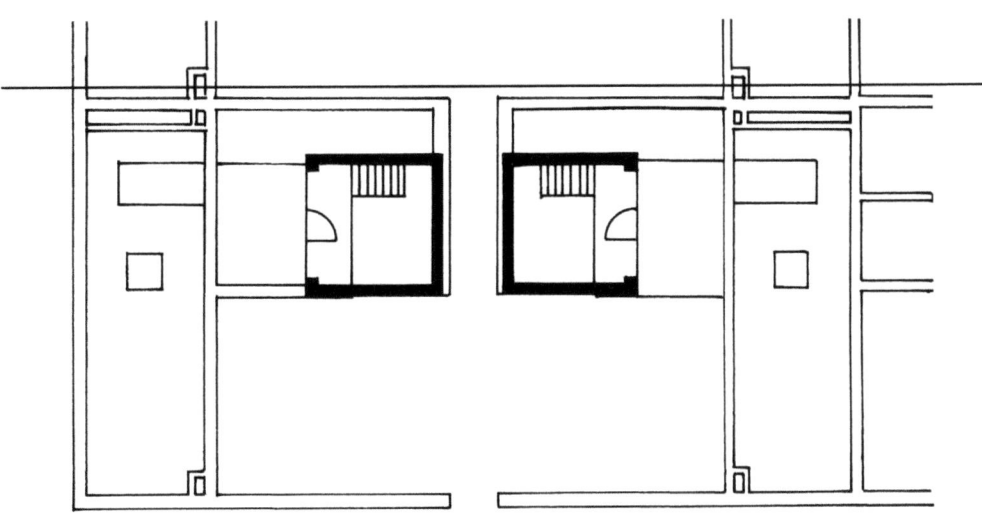

3. Obergeschoß

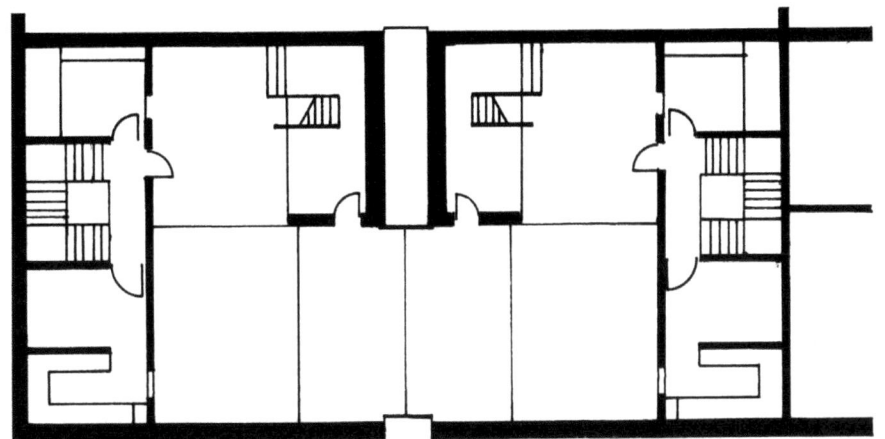

2. Obergeschoß

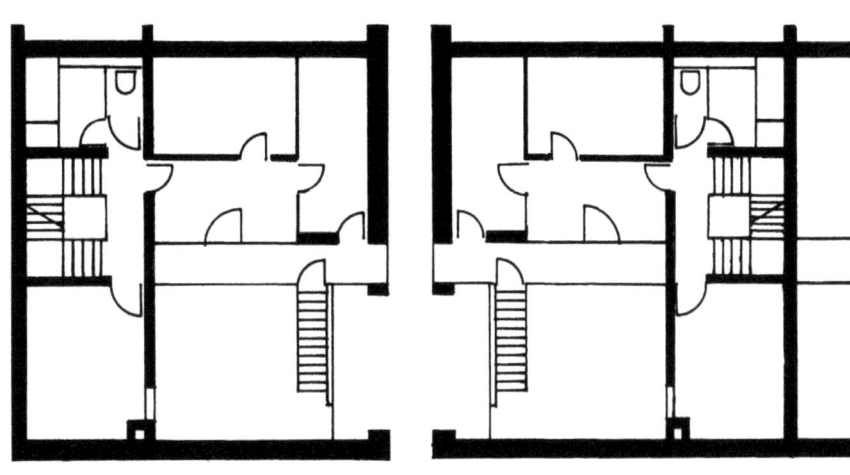

1. Obergeschoß

Haupt- und Nebenwege durch die Wohnanlage

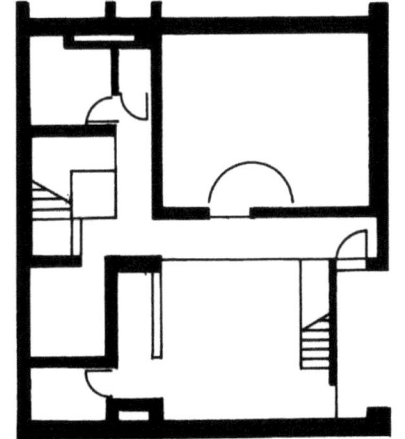
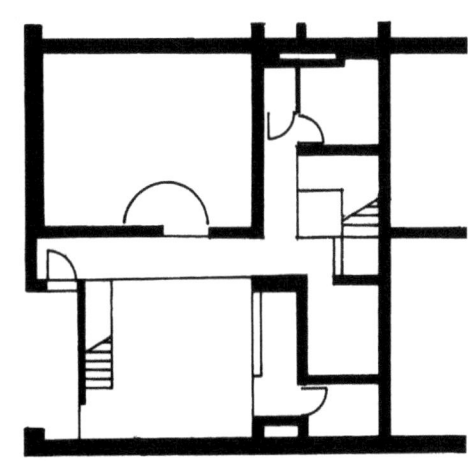

Erdgeschoß 1:200

Pruscha, Traviatagasse

Literatur

33 Titel zum Thema

Arch + 100/101: Service Wohnung. Grundriß nach Gebrauch. Aachen 1989.
Atelier 5: Siedlungen und Städtebauliche Projekte. Wiesbaden 1994.
Dieter Axthelm: Die dritte Stadt. Frankfurt am Main 1993.
Hans Paul Bahrdt: Die moderne Großstadt. Soziologische Überlegungen zum Städtebau. Hamburg 1969.
Franziska Bollery: Architekturkonzeptionen der utopischen Sozialisten. Berlin 1991.
Daidalos 60: Urbane Behausung. Gütersloh 1996.
Harald Deilmann; Jörg C. Kirschenmann; Herbert Pfeifer: Wohnungsbau. Stuttgart 1980.
Peter Fischli; David Weiss: Siedlung, Agglomeration. Zürich 1993.
Jürgen Friedrich: Stadtanalyse. Soziale und räumliche Organisation der Gesellschaft. Reinbeck 1977.
Johann Friedrich Geist; Klaus Krüvers: Das Berliner Mietshaus 1862–1945. München 1984.
Gesellschaft durch Dichte. Kritische Initiativen zu einem neuen Leitbild für Planung und Städtebau 1963/1964 (= Bauwelt Fundamente 107). Wiesbaden 1995.
Sigfried Gideon: Befreites Wohnen. Zürich 1929 (Nachdruck: Frankfurt 1985).
Grundrißatlas Wohnungsbau. Hrsg. von Friederike Schneider. Basel 1994.
Grundriß der Stadtplanung. Hrsg. Akademie für Raumforschung und Landesplanung. Hannover 1983.
Karin Kirsch: Werkbund-Ausstellung „Die Wohnung", Stuttgart 1927. Die Weißenhofsiedlung. Stuttgart 1993.
Jörg C. Kirschenmann; Christian Muschalek: Quartiere zum Wohnen. Stuttgart 1977.
Christoph Mohr; Michael Müller: Funktionalität und Moderne. Das neue Frankfurt und seine Bauten 1925–1933. Frankfurt 1984.
Frits Palmboom: „Doel en Vermaak" in het Konstruktivisme. Nijmegen 1979.
Philippe Panerai; Jean Castex; Jean-Charles Depaule: Vom Block zur Zeile (= Bauwelt Fundamente 66). Braunschweig 1985.
Ulrich Pfeiffer; Jürgen Aring: Stadtentwicklung bei zunehmender Bodenknappheit. Stuttgart 1993.
Pere Joan Ravellat: Block Housing. Barcelona 1992.
Dietmar Reinborn: Städtebau im 19. und 20. Jahrhundert. Stuttgart 1996.
Peter G. Rowe: Modernity and Housing. Cambridge, Mass. 1993.
Jörn P. Schmidt-Thomsen; Ivan Reiman: Archen. Grundseminar. Hrsg. Aedes Galerie und Architekturforum. Berlin 1990.
Roger Sherwood: Modern Housing Prototypes. Cambridges, Mass. 1978.
Friedrich Spengelin u. a.: Wohnen in den Städten. Lamspringe 1984.
Leonhard Christoph Sturm: Vollständige Anweisungen alle Arten von Bürgerlichen Wohnhäusern wohl anzugehen. Augsburg 1715.
Überall ist Jemand – Räume im besetzten Land. Hrsg. Museum für Gestaltung Zürich. Zürich 1992.
Lieselotte Ungers: Die Suche nach einer neuen Wohnform. Stuttgart 1983.
Werk, Bauen + Wohnen: Das ideale Heim I + II (10/11). Zürich 1995.
Wohnmodelle Bayern 1984–1990. Hrsg. Bayerisches Staatsministerium des Innern – Oberste Baubehörde. München 1990.
Wohnungsbau, Beispiele und Hintergründe. Hrsg. Architektenkammer Hessen. Hamburg 1994.
Wohnungsbau für Berlin. Hrsg. Senatsverwaltung für Bau- und Wohnungswesen. Berlin 1993.

Abbildungsnachweis

Akademie für Raumforschung und Landesplanung (Hrsg.): Grundriß der Stadtplanung, Hannover 1983, S. 151, 161, 150, 149,172: Abb. S. 20 (unten), 21, 26, 29 (oben), 31 (unten), 38 (unten). Atelier 5, Siedlungen und städtebauliche Projekte, Braunschweig 1994 (Friedr. Vieweg & Sohn Verlagsgesellschaft), S. 170, 173, 31, 42, 180: Abb. S. 14, 18, 29, 35. Baufrösche (Fotos: Wolfgang Schumann): Abb.: S. 88, 89. Bayerisches Staatsministerium des Innern, Oberste Baubehörde (Hrsg.): Parkplätze (= Arbeitsblätter für die Bauleitplanung Nr. 11), S. 19, 20, 40: Abb. S. 40 (oben), Seite 42. Bayerisches Staatsministerium des Innern, Oberste Baubehörde (Hrsg.): Wohnumfeld (= Arbeitsblätter für die Bauleitplanung Nr. 10), S. 21, 42: Abb. S. 40 (oben), 40 (Mitte). Bayerisches Staatsministerium des Innern, Oberste Baubehörde (Hrsg.): Wohnmodelle Bayern 1984–1990, München 1990, S. 30, 32, 103, 116, 117, 118, 120: Abb. S. 26 (Mitte), 27 (links), 30 (links), 64, 65. Casa Nova: Abb. S. 108, 109, 110, 111. El Croquis 62/63, 1993, S. 41, 42: Abb. S. 74, 75. Harald Deilmann u. a.: Wohnungsbau, the Dwelling, L'habitat. Stuttgart 1980 (3. Auflage) (= Dokumente der modernen Architektur 8), (Karl Krämer Verlag), S. 71, 98, 139: Abb. S. 22 (unten), 23 (oben), 59 (unten und oben). Diener & Diener, Bauten und Projekte 1978–1990, Basel 1991 (Wiese Verlag), S. 90, 91, 94: Abb. S. 132, 131, 130. Engel und Zililch: Abb. S. 68, 69. Gullichsen, Kairamo, Vormala, Barcelona 1990, (Editorial Gustavo Gilli), S. 42: Abb. S. 50 (links). Herzog und de Meuron (Fotos: Margherita Spiluttini): Abb. S. 112, 113, 114, 115. Jörg C. Kirschenmann/Christian Muschalek: Quartiere zum Wohnen. Bauliche und sozial-räumliche Entwicklung des Wohnens. Stuttgart 1977 (Deutsche Verlagsanstalt), S. 85, 159, 90 (unten), 92 (oben), 50, 30, 159: Abb. S. 15 (Mitte), 19 (unten), 32 (oben), 32 (unten), 33 (Mitte), 37 (Mitte). Hans Kollhoff: S. 43, 66, 67. Kramm + Strigl: Abb. Umschlag, S. 94, 95, 96, 97. Leon und Wohlhage (Fotos: Christian Richter): Abb. S. 70, 71, 72, 73. Rodolphe Luscher: Abb. S. 82, 83, 84, 85. Morger und Degelo: Abb. S. 98, 99, 100, 101. Philippe Panerai u. a.: Vom Block zur Zeile. Wandlungen der Stadtstruktur. (= Bauwelt Fundamente 66). Braunschweig 1985 (Friedr. Vieweg & Sohn Verlagseselslchaft), S. 52, 109, 125, 117: Abb. Seite 15 (oben), 28 (Mitte), 29 (oben), 30 (unten). Günter Pfeiffer: Abb. S. 80 (Foto: Erich Meyer), 81 (Fotos: Francesca Giovanelli). Ulrich Pfeiffer /Jürgen Aring: Stadtentwicklung bei zunehmender Bodenknappheit. Stuttgart 1993, S. 56, 57: Abb. S. 8. Helmut Richter: Abb.: 106, 107. Riegeler und Riewe: Abb. S. 92, 93. Peter G. Rowe: Making a Middle Landscape, MIT 1991, S. 208: Abb. S. 39 (unten). Senatsverwaltung für Bau- und Wohnungswesen, Berlin (Hrsg.): Wohnungsbau für Berlin (= Städtebau und Architektur Bericht 19), 1994, S. 166. Abb. S. 36 (unten). Roger Sherwood: Modern Housing Prototypes. Havard 1978, S. 8, 101, 103, 100: Abb. S. 52, 16. Margherita Spiluttini: Abb. S. 128 (unten), 129. Giuseppe Terragni, Bologna 1980 (Zanichelli), S. 28: Abb. S. 50. Woningbouw Kruisplein. Anders wonen in Rotterdam. Delft 1985, S. 18, 17: Abb. S. 40, 48.

FACHVERLAG FÜR ARCHITEKTUR/BAUWESEN

Das „Phänomen Stadt"
Ein Streifzug durch zwei Jahrhunderte Städtebau

Dietmar Reinborn
Städtebau im 19. und 20. Jahrhundert
1996. 334 Seiten, 582 Abbildungen. Kart.
DM 78,- / öS 577,- / sFr 78,-
ISBN 3-17-012547-8

Das Bild der Stadt - die Struktur und Form gebauter Umwelt - kann wie ein historisches Dokument entziffert werden. Das setzt Wissen voraus, warum unsere Städte so entstanden sind, wie wir sie erleben. Dieses Buch über fast zwei Jahrhunderte Städtebau beleuchtet die wichtigsten Phasen und Grundtendenzen der urbanen Entwicklung vom umwälzenden Neu- und Ausbau der Städte im Industriezeitalter bis zu den scheinbar chaotisch wuchernden Stadtlandschaften unserer Tage.

Seit den frühen Unternehmersiedlungen und Gartenstädten über die urbanen Entwürfe der 20er Jahre bis zu den Trabantenstädten der Nachkriegszeit wechseln Zielvorstellungen und Leitbilder im Städtebau. Es verändern sich die Grundrisse der Stadtquartiere, die Bauweisen der Gebäude und dadurch die jeweiligen Lebensbedingungen. Die komplexen Zusammenhänge, aus denen diese Konzepte und Planungen hervorgingen, ihre politischen und sozioökonomischen Hintergründe, aber auch die sie prägenden formalen Ideen und Ideologien werden präzise herausgearbeitet.

Der historische Streifzug bis in unsere Gegenwart - mit zahlreichen Dokumenten, Lageplänen, Zeichnungen und Bildern angereichert - regt nicht nur zu einer vertieften Beschäftigung mit dem "Phänomen Stadt" an. Das materialgesättigte Buch zeigt ebenso, daß die urbanen Problemstellungen und Lösungsansätze der Vergangenheit uns heute noch beschäftigen und sich daraus Kriterien und Handlungsmuster für die künftigen Entscheidungen im Städtebau gewinnen lassen.

W. Kohlhammer GmbH · 70549 Stuttgart · Tel. 0711/78 63 - 280 · Fax 0711/78 63 - 430

FACHVERLAG FÜR ARCHITEKTUR/BAUWESEN

Umweltverträglich
Energieeffizient
Der Standard von morgen

Huber/Müller/Oberländer
Das Niedrigenergiehaus
Ein Handbuch
Mit Planungsregeln zum Passivhaus
144 Seiten. Kart. DM 58,-/öS 429,-/sFr 58,-
ISBN 3-17-013527-9

Der gesamte Bereich der Gebäudeplanung beinhaltet ein hohes Potential zur Einsparung und optimalen Nutzung von Energie. Der Stand der Technik erlaubt heute die Realisierung von alltagstauglichen Niedrigenergie- und Passivhäusern ohne wesentliche Mehrkosten und Einbußen an Komfort.

Dieses Handbuch liefert dem planenden, ausführenden und bauleitenden Architekten, aber auch dem Bauhandwerker und interessierten Bauherrn praxisnahe und praxisbewährte Information.

Vom konzeptionellen Ansatz, den wichtigsten Planungsregeln und -elementen über weitere Maßnahmen zur Senkung des Energiebedarfs, Beurteilungskatalogen für Baustoffe und Konstruktionen, Alternativen in Ausführungsdetails, Wirtschaftlichkeitsberechnungen bis hin zur konkreten Veranschaulichung an gebauten Beispielen bietet dieses Buch leicht auffindbare Hilfen und Hinweise für eine energieeffiziente und umweltverträgliche Baupraxis, die heute schon die Standards von morgen erfüllt.

W. Kohlhammer GmbH · 70549 Stuttgart · Tel. 0711/78 63 - 280 · Fax 0711/78 63 - 430

If you have any concerns about our products,
you can contact us on
ProductSafety@springernature.com

In case Publisher is established outside the EU,
the EU authorized representative is:
**Springer Nature Customer Service Center GmbH
Europaplatz 3, 69115 Heidelberg, Germany**

Printed by Libri Plureos GmbH
in Hamburg, Germany